国家科学技术学术著作出版基金资助出版

江浙沿海平原晚第四纪地层沉积与天然气地质学

林春明　张　霞　著

科学出版社

北　京

内 容 简 介

本书立足于江浙沿海平原大量钻井及岩心资料,结合静力触探、地震、电磁和分析化验等资料,以现代沉积学、第四纪地质学、层序地层学和天然气地质学为理论指导,剖析江浙沿海平原晚第四纪地层格架、下切河谷充填物沉积特征和沉积环境演变,恢复了晚第四纪以来下切河谷的形成演化历史。在此基础上,对分布在下切河谷内生物气的形成、富集成藏条件和有效的勘探方法进行深入研究,概算生物气的资源潜量,并与中国其他地区生物气的成藏特征进行了对比,对生物气的成藏模式和影响控制因素进行深入探讨。

本书在河口三角洲晚第四纪地层沉积序列和地层结构、下切河谷充填物沉积相变、下切河谷形成与演化,以及浅层生物气形成及富集成藏的特殊性、封闭机制、有效的生物气勘探方法和步骤等方面,均有重要创新,同时为河口三角洲第四纪地质学、沉积学、微体古生物学和天然气地质学等方面的研究提供了重要材料,可供相关地质科技工作者、高等院校师生阅读和参考。

图书在版编目(CIP)数据

江浙沿海平原晚第四纪地层沉积与天然气地质学 / 林春明,张霞著.
—北京:科学出版社,2018.3
ISBN 978-7-03-056683-6

Ⅰ.①江… Ⅱ.①林… ②张… Ⅲ.①晚第四纪-地层学-研究-江苏②晚第四纪-地层学-研究-浙江③晚第四纪-石油天然气地质-研究-江苏④晚第四纪-地层-石油天然气地质-研究-浙江 Ⅳ.① P535.2 ② P618.130.2

中国版本图书馆CIP数据核字(2018)第042294号

责任编辑:王 运 姜德君 / 责任校对:何艳萍
责任印制:肖 兴 / 封面设计:铭轩堂

科 学 出 版 社 出版
北京东黄城根北街16号
邮政编码:100717
http://www.sciencep.com

北京汇瑞嘉合文化发展有限公司 印刷
科学出版社发行 各地新华书店经销
*
2018年3月第 一 版 开本:787×1092 1/16
2018年3月第一次印刷 印张:15 1/2
字数:368 000

定价:158.00元
(如有印装质量问题,我社负责调换)

序

天然气是清洁的绿色能源，在世界环境污染严峻的情况下，天然气的研究、勘探开发日益得到加强。非常规生物成因气在当今天然气资源量中占有相当分量，亟待开发的非常规天然气水合物资源量97%分布在陆坡和大洋中，其主要是生物成因气。因此，生物成因气无疑是天然气中的最多者，在未来能源研究、勘探开发中将逐渐突显其越来越重要的地位以及在能源结构上的重大意义。

《江浙沿海平原晚第四纪地层沉积与天然气地质学》著者主要从事沉积岩石学、沉积学、第四纪地质学和石油地质学等相关领域教学和科研工作，其学风严谨，善于实践，勇于探索，富于创新，在江浙沿海平原晚第四纪地层沉积与浅层生物气研究领域耕耘二十余年，主持多个国家科学研究项目，取得了丰硕成果，该书正是这些成果的升华和结晶。

该书的学术精华体现在以下两个方面：一是对江浙沿海平原和河口三角洲晚第四纪地层格架进行了深入解剖，特别是对业已埋藏的下切河谷形成过程与演化机制做了系统研究，推动了中国晚第四纪地层研究的向前发展，提供了典型河口三角洲晚第四纪地层沉积学、层序地层学和微体古生物学等科学素材；二是对晚第四纪下切河谷内浅层生物气成藏地质条件进行了系统研究，揭开了浅层生物气富集成藏的谜底，对浅层生物气勘探方法有了新认识，有助于其勘探开发取得更大突破，补齐了经济发达江浙沿海地区能源匮乏的短板，惠及当地百姓民生。该书的最大特点是将地层沉积和环境演化研究与浅层生物气成藏研究有机结合起来，完善了世界生物成因气成藏理论体系。

"将今论古"是地质科学基本指导思想，"古今结合"也同样重要，该书虽然是针对河口三角洲晚第四纪地层及其资源的研究，但对国内外古代河口湾、三角洲研究也有重要的借鉴意义。

《江浙沿海平原晚第四纪地层沉积与天然气地质学》展示了我国在晚第四纪沉积学和浅层生物气勘探领域的新进展、新观点和新水平，是该领域内一部系统的学术专著。该书出版必将丰富中国乃至世界河口三角洲地层沉积和浅层生物气地质学，推动这一领域的研究更加广泛深入，故该书的出版是可喜可贺的，值得大家一读，阅后定受益匪浅。

戴金星

中国科学院院士

2017 年 7 月 30 日

前　言

　　中国河口三角洲晚第四纪地层的研究大多集中在东部沿海地区,早期主要依据地貌学,后来采用沉积学、层序地层学、古生物学、地球化学和古地磁学等手段,研究地层的结构和演化史。河口三角洲是海岸带对海陆相互作用及全球气候变化最敏感地区,其所在的下切河谷体系可将这些地质记录较完好地保存下来。海岸背景下的下切河谷是由一个或多个海平面升降旋回形成的,被定义为与海平面下降有关、由河流下切作用形成、在海平面上升时期被充填的长条状地形,以区域性的地层不整合面为底界。20 世纪 80 年代末以来,随着层序地层学的普遍应用,下切河谷的研究成为沉积地质学的一个热点,涉及从前寒武纪到现在几乎所有年代的地层。因河口三角洲晚第四纪地层形成时间短、侵蚀和改造作用频繁、沉积相变剧烈,国内外有关河口三角洲地区下切河谷体系的研究因缺少精细沉积序列描述,以及系统测年样品的采集和分析,而显得较为薄弱。江浙沿海平原地区有众多河流入海,其中钱塘江以潮汐汹涌、长江以含砂量大而闻名于世。晚第四纪以来,古钱塘江和古长江在江浙沿海平原以及东海大陆架上形成多期的下切河谷,内部赋存具工业开采价值的浅层生物气。对浅层生物气成藏地质条件的研究,要求把下切河谷形成演化、充填物沉积相特征和序列,以及层序地层格架的认识提高到一个精细的高度,为浅层生物气勘探和预测提供更充分的地质依据。为此,作者及研究团队成员从 20 世纪 90 年代以来先后主持了多个国家科学研究项目,项目名称及编号分别如下:

　　(1) 末次盛冰期以来钱塘江下切河谷充填物沉积序列、年代格架及古环境演化 (No. 40872075);

　　(2) 末次盛冰期以来钱塘江下切河谷充填物物源特征 (No. BK20140604);

　　(3) 杭州湾地区全新世古河口湾沉积物源示踪 (No. 41402092);

　　(4) 杭州湾地区全新世古河口湾砂体特征精细研究 (No. 41772097);

　　(5) 杭州湾地区晚第四纪下切河谷形成及演化 (No. 20090091110023);

　　(6) 浙江超浅层全新统生物气藏盖层空隙水压力封闭机理研究 (No. 40272063);

　　(7) 杭州湾地区超浅层生物气充注与成藏模式研究 (No. 41572112)。

　　在项目执行过程中,不仅有许多新的发现,也纠正了过去某些错误的观点,从而带来了认识上的突破。本书以现代沉积学、第四纪地质学、层序地层学和天然气地质学为理论指导,剖析江浙沿海平原晚第四纪地层格架、下切河谷充填物沉积特征和环境演变,恢复晚第四纪以来下切河谷的形成演化历史,在此基础上,对生物气形成、富集成藏条件,以及其封闭机理机制和有效的勘探方法进行深入研究,对典型地区生物气的资源潜量进行概算，提出生物气的成藏模式。主要研究内容体现在以下六个方面：①根据晚第四纪钱塘江与长江下切河谷充填物的岩性、沉积结构和构造、有孔虫、磁化率等资料，对下切河谷充填物的特征、沉积相类型和变化规律进行精细研究；②通过单个钻孔和孔间对比，对层序边界、初始海泛面、最大海泛面等关键界面进行研究，建立下切河谷和河口湾的充填演化模式，并与世界其他地区典型下切河谷和河口湾的充填演化特征进行对比，明确影响下切河谷和河口湾沉积的主要控制因素；③对晚第四纪浅层生物气形成、富集成藏条件、分布规律和模式，以及资源潜力进行深入解剖；④从盖层物理性质、力学性质、人工放气后储层和盖层物性变化等方面入手，对晚第四纪浅层生物气藏的盖层封闭机理进行研究，确定主要的封闭机理及其成因，并对直接盖层和间接盖层的封闭性能进行对比分析，特别是将静力触探孔隙水压力测试技术引入浅层生物气藏封闭理论研究中，提出孔隙水压力封闭可能对生物气藏保存起着最主要的封闭作用的新观点；⑤对晚第四纪浅层生物气藏的勘探方法进行分析对比，确定各种勘探方法的优劣，总结出有效的生物气勘探步骤；⑥对中国生物气成藏特征及影响因素进行总结。本书是对以上科学研究项目成果的较为全面的总结，为国内外河口三角洲晚第四纪地层研究及生物气勘探开发提供了一系列典型实例，丰富了下切河谷形成演化和生物气成藏理论。

本书是作者及研究团队成员二十多年来科研成果的总结，是集体劳动的产物。前言由林春明执笔，第1章由张霞、林春明、李艳丽执笔，第2章由张霞执笔，第3至第6章主要由林春明、张霞、李艳丽、曲长伟、邓程文、冯旭东执笔，第7章由李艳丽、林春明执笔，第8章由林春明、曲长伟、林培贤执笔，全书由林春明负责汇总编辑，江凯禧博士参加本书后期校正编辑工作。参加本书相关工作的还有卓弘春、周健、潘峰、张顺、姚玉来、李广月、漆滨汶、陈顺勇、于进和袁悦等研究生，他们在攻读学位期间对本书的完成付出了大量而艰辛的努力。衷心感谢中国科学院院士王德滋、王颖和戴金星的长期鼓励和支持，感谢李从先、业治铮、蒋维三、汪品先、周新民、冯增昭、钱奕中、黄志诚、高抒、宋岩和帅燕华等教授的指导，感谢张家强、邱桂强、关洪军、邢光福、徐振宇、郑红军、陈庆强、王红、蔡进功、范代读、杨守业、殷勇、季汉成、姜振学、李保华、殷启春、陈海云、于建国、寿建峰、沈安江、蒋义敏、曹剑和王彦周等同志的帮助，同时感谢石油及地质部门等有关单位及人员的支持和帮助。

目　　录

第1章　绪　　论

天然气对世界上许多国家的经济发展起重要作用 (Badruzzaman，2000；Surdam et al.，2003)，预计到 2020 年天然气是世界能源消耗最快的部分 (Law and Curtis，2002)。有机成因天然气主要有三种成因类型 (Martini et al.，1998；Faramawy et al.，2016)：①细菌甲烷成因气，即生物成因气，简称生物气；②煤或干酪根的热裂解成因气；③石油的二次裂解成因气。与煤或干酪根的热裂解以及石油的二次裂解成因气相比，人们对生物气的认识还比较少，研究的系统性、深度和广度也较差。随着天然气勘探开发形势的变化和认识的深入，生物气藏越来越受到重视 (Shurr and Ridgley，2002)。生物气不仅可以大量生成，还可以大规模地聚集成藏，因此，对生物气的进一步研究有重要的理论和现实意义。

生物气主要由甲烷菌与厌氧细菌等微生物分解未成熟及低成熟源岩形成，与热解气的区别在于其成分以甲烷为主，含部分二氧化碳及少量氮气和其他微量气体组分 (Rice and Claypool，1981；Warwick et al.，2008)；$\delta^{13}C_1$ 值一般小于 –55‰ (Schoell，1983；戴金星、陈英，1993)，最小可达 –110‰ (Blair，1998)。大型生物气藏主要位于白垩系至第四系地层中，埋深数百米至 1000 多米 (Rice and Claypool，1981；Anna，2011)，在美国、加拿大、德国、意大利、西班牙、日本和俄罗斯等数十个国家都发现了具有工业或商业价值的生物气藏 (Shurr and Ridgley，2002；李艳丽，2010)。在中国许多沉积盆地中也发现了具有工业或商业价值的生物气藏，包括江浙沿海平原，南海北部陆架区的莺琼盆地，广西百色盆地，云南陆良、保山、曲靖和昆明盆地，洞庭湖盆地，苏北盆地，渤海湾盆地，松辽盆地，准噶尔盆地和柴达木盆地等 (林春明等，2006a；李艳丽，2010)。此外，在中国近海也分布着大面积浅层生物气，如渤海湾、黄海、东海、珠江口、北部湾、琼东南近海、黄河水下三角洲外海海底等 (李萍等，2010；李阳，2010)。

生物气的形成途径与沉积环境密切相关，海相环境中以 CO_2 的还原作用为主，淡水环境中则以乙酸发酵为主 (Whiticar et al.，1986)，国内一些学者的试验结果也证实上述观点 (张辉等，1992)。缺氧、贫硫酸盐、低温、富有机质和适合的细菌活动空间是生物成因甲烷形成的必要条件 (Rice and Claypool，1981)。生物气生成与其所处的沉积环境、古气候、有机质类型和丰度、水介质性质、地质作用、沉积时间等众多因素密切相关，它们相互作用、相互制约，共同控制生物气的形成 (林春明、钱奕中，1997)。生物可利用的有机质通常与浅的、年轻的沉积物相伴生 (Kotelnikova，2002)，这些沉积物同时又具有足够的孔隙空间供甲烷生成菌利用 (Orange et al.，2005；García-García et al.，2007)。因此，生物气主要富集在浅的、相当年轻的未成熟阶段沉积物中，如陆相河漫滩、沼泽、稻田、缺氧的淡水湖泊、洼地淤积、河口湾、海湾、冰碛物以及硫酸盐还原带之下的海相沉积物等 (Rashid and

Vilks，1977；Albert *et al.*，1998；Lin *et al.*，2004)。浅层生物气的存在很早以前就被认识到了，在 Emery 和 Hoggan (1958) 最早报道海洋沉积物中存在生物气之后，许多研究者对海洋近表沉积物和海岸沉积物中的生物气进行了研究 (Rashid and Vilks，1977；Albert *et al.*，1998；García-García *et al.*，2007)。早期人们认为生物气虽然易于在浅层沉积物中生成，但也易于散失，难以大量聚集成藏，经济效益低，不能与深层大气田相比，因此，国内外虽有发现，但未引起足够重视。直到 20 世纪 70 ~ 80 年代，石油价格不断上涨，生物气才以其投资少、见效快的特点受到重视。国外相继从微生物学基础和地质地球化学特征方面，论述了生物气的生成机理和聚集条件，探讨了生物气的鉴别标志和远景储量 (Rice and Claypool，1981)。20 世纪 90 年代，人们对海洋沉积物中的气体成因、甲烷形成的微生物作用过程，以及气体地球化学特征、形成途径、运移特征和检测手段、成藏基本条件等给予更多关注 (Floodgate and Judd，1992；Van Weering *et al.*，1997)。由于浅层生物气分布广泛、埋藏浅、依据现有技术手段在地质上可以预测，而且是一种清洁能源，国外已将其列为研究和勘探的重要对象。

中国已发现的生物气多是其他油气勘探或开发的副产品。20 世纪 80 年代中国对生物气进行初步探讨，分析了生物气形成途径、鉴别标志、生成和聚集的控制因素等方面问题 (戚厚发、戴金星，1982；张义纲、陈焕疆，1983)，"七五"至"八五"期间，生物气的研究被纳入国家科技攻关项目，主要是从沉积学、地球化学、微生物学和天然气地质学方面，论述生物气的生成机理、形成和富集条件、地球化学特征和鉴别标志等 (陈安定等，1991；张辉等，1992；周翥虹等，1994；惠荣耀、连莉文，1994；顾树松，1996)，取得了丰硕成果，这对中国生物气勘探和成藏理论有重要意义。截至 2006 年年底，中国现有探明生物气地质储量 2843.9 亿 m^3，占总地质储量 38629 亿 m^3 的 7.36%，约为全世界所占份额的一半 (15.5%)，表明中国生物气资源潜力巨大 (卢双舫等，2008)。中国晚第四纪浅层生物气主要分布在东部地区，而东部重点又集中在江浙沿海平原。早在 50 年代，上海、浙江等长江中下游地区就曾开展过第四纪浅层天然气的勘探开发工作 (王明义，1982；戚厚发、戴金星，1982)。90 年代，浙江石油部门在系统勘探第四系生物气过程中，在国内外率先引进静力触探等技术，使勘探成本大大降低、勘探效率显著提高 (林春明，1995；蒋维三等，1997；Li and Lin，2010)，在杭州湾地区发现了夹灶、义盛、九堡 – 下沙、雷甸、黄菇、海盐和三北浅滩七个具工业价值的浅层生物气田 (林春明等，1994；Lin *et al.*，2004)。这些生物气田的开发利用使当地一些乡、镇、村实现了"气化"，取得了良好的社会和经济效益 (陈英等，1994；Lin *et al.*，2004)。长江三角洲地区迄今为止主要经历了 1958 ~ 1961 年、1995 ~ 1998 年和 2014 年以来的 3 期浅层生物气勘探阶段，取得了一定的认识和成果 (王明义，1982；郑开富，1998；林春明等，2015)。

江浙沿海平原生物气藏主要分布于晚第四纪钱塘江和长江下切河谷内 (林春明等，1997；Lin *et al.*，2004)。下切河谷的研究开始很早，但大部分早期工作者将沿不整合面分布的、孤立的下切河谷作为一个单独的连续沉积体划入更高一级地层单元，或解释为非下切河道和三角洲分流河道，从而忽略其存在。20 世纪 30 ~ 40 年代，曾有人在北美地区发现古下切河谷体系并加以描述，但大部分下切河谷是在区域地质填图过程中发现且仅出现在地质报告中，50～60 年代，因在许多下切河谷中发现了油气层，针对下切河谷的研究逐渐增多 (Dalrymple et al.，1994)。80 年代末以来，随着层序地层学概念的普遍应用，下切河谷的研究成为沉积地质学的一个热点，在此期间，人们开展了大量的下切河谷沉积研究，涉及从前寒武纪到现在几乎所有年代的地层 (Dalrymple and Zaitlin，1994；Harris et al.，2002；Vital et al.，2010)。

晚第四纪下切河谷的最早研究为密西西比河，其宽度最大达 80 km，深逾 120 m (Fisk and McFarlan，1955)，然后报道的有法国的罗纳河 (Oomkens，1970)、吉伦特河 (Allen and Posamentier，1993；Féniès et al.，2010)、夏朗德河 (Weber et al.，2004) 和莱尔河 (Féniès and Lericolai，2005)，墨西哥湾的拉瓦卡河 (Wilkinson and Bane，1977)，美国东海岸的詹姆斯河 (Nichols et al.，1991)，加拿大科波奎德海湾的萨蒙河 (Dalrymple and Zaitlin，1994)，澳大利亚北部的阿利盖特河 (Woodroffe et al.，1989，1993) 等，此外，非洲 (Cooper，1993)、西班牙 (Dabrio et al.，2000)、丹麦 (Huuse and Lykke-Andersen，2000)、印度 (Bhandari et al.，2005)、越南 (Ta et al.，2001；Tjallingii et al.，2010)、意大利 (Grippa et al.，2011；Santis Caldara，2016) 和日本 (Ishihara et al.，2012；Tanabe et al.，2013) 等地也相继报道了晚第四纪下切河谷的存在。前期研究集中于对下切河谷的识别及其内部充填物的描述，这些研究所提供的下切河谷充填层序至今仍是多砂性河流下切河谷的重要实例，明确指出海平面下降时期是下切河谷的形成阶段，而海平面上升期为充填阶段 (Wescott，1993；Weber et al.，2004; Breda et al.，2007)，也有人认为河谷的下切可能发生在海侵期 (Khadkikar and Rajshekhar，2005)。下切河谷体系中可识别出低水位、海侵和高水位体系域沉积 (Allen and Posamentier，1993；Weber et al.，2004)。不同下切河谷，其内部沉积物充填模式各异，但一般沉积环境自下而上可从陆相经由河口湾相，转变为开阔海相，其中河口湾相很常见且非常重要 (Dalrymple et al.，1994；Hori et al.，2001a)；有时下切河谷仅被河流相 (Simms et al.，2006) 或开阔海相沉积物 (Allen and Posamentier，1991) 充填，或未被充填 (Posamentier et al.，1992)。随后下切河谷的研究则集中于控制和影响下切河谷位置、形态和充填模式的因素，包括海平面的变化、构造运动、气候、沉积物供给、水动力条件、基岩地质和古地貌等 (Dalrymple，2006；Tessier，2012)。因下切河谷体系形成的影响因素众多，下切河谷的形成和充填过程极为复杂，至今仍没有令人满意的充填模式。Allen 和 Posamentier (1993，1994) 对法国 Gironde 河口湾进行研究，识别出了层序界面、海侵面、最大海泛面和不同体系域，并建立了晚第四纪 Gironde 河下切河谷的层序地层学演化模式，在这类实例分析基础上，Zaitlin 等（1994）提出了下切河谷的层序地层学模式和地层格架。之后，Lericolais 等（2001）利用高分辨率地震剖面，证实了吉伦特河口湾近海处存在的下切河谷在离河口湾口岸 50 km 处逐渐减弱，底部层序边界的深度向海逐渐减小，而且局部被波浪冲刷作用面截断至平均海平面以下 70 m，由此认为在低水位期，河流不总是形成连续跨大陆架的下切河谷。Simms 等 (2006) 认为下切河谷的相结构是体系域类型、沉积物供应速率和海平面变化相互作用的结果，可进一步划分出欠补偿和超补偿两种类型，前者的充填结构可以用 Zaitlin 等 (1994) 提出的模型解释，主要受河流、波浪和潮流作用的相对强度控制；而后者缺少中部的河口湾段，由外部河流——三角洲段和内部河流段组成，在整个海平面升降过程中都形成三角洲沉积。然而这些模式和层序地层学研究主要是以浪控型或波浪－潮汐混合控制型下切河谷为研究对象，仅包括简单的波浪作用为主的河口湾下切河谷体系的基本因素，且这些下切河谷都是由一些小型的山前河流所形成的，关于潮控型下切河谷模式的研究相对较少，尚需深入研究。

中国晚第四纪下切河谷的研究起步较晚，主要从 20 世纪 80 年代开始，相继在长江及东海大陆架 (李从先等，1979；陈中原、杨文达，1991；刘振夏等，2000；李广雪等，2004)、钱塘江 (李从先等，1993；林春明，1996；Lin et al.，2005)、珠江 (李春初，1981；韦惺、吴超羽，2011)、滦河 (李从先等，1985)、南流江 (孙和平等，1987) 等河口三角洲地区发现了晚第四纪下切河谷，并对其形成、充填演化，以及控制和影响下切河谷位置、形态和充填模式的因素等方面进行了研究 (Zhang et al.，2014)。晚第四纪以来，随着海平面变化，下切河谷演化主要经历了深切、快速充填和埋藏三个阶段 (Lin et al.，2005)。强潮型的钱塘江下切河谷体系由陆向海纵向上可划分为陆向段、近陆段、近海段和海向段，表现为不同的沉积相组合 (Zhang et al.，2014)。由于不同地点及不同时空尺度、河谷形态、沉积坡度、沉积物供应和海面变化幅度、速度的影响，强潮型的钱塘江下切河谷体系模式与 Zaitlin 等 (1994) 建立的波浪型下切河谷体系模式具有许多不同之处 (张霞，2013)：①最大海侵时，海水淹没下切河谷及大片的古河间地，海水通常直达该区的山麓地带，在其上沉积了广泛的近岸浅海相沉积；②该模式代表了贫砂的小河河口湾，由于泥砂量少，河口湾在最大海侵线附近，而钱塘江本身虽然泥砂量不大，但它靠近水浊砂丰的长江，长江三角洲南翼的前展，使河口湾不断向海扩展，同时也使河口湾较下切河谷的范围要大得多；③在波浪作用为主的下切河谷体系中存在河口砂坝、中央盆地、湾顶三角洲，可以用它们来划分这种下切河谷，但在强潮型的钱塘江下切河谷体系中，则没有这些沉积单元，因此其分段依据也不尽相同；④虽然 Zaitlin 等 (1994) 建立的波浪型下切河谷体系模式涉及溯源堆积在下切河谷充填中的作用，但对其强度估计不足。钱塘江河口湾的实例表明，溯源堆积可形成厚达数十米的河流相沉积，而且这一充填过程发生在下游河段，时间上在河口湾形成之前。因此，只有正确认识和评价溯源堆积在下切河谷中的作用，才能建立反映真实情况的充填沉积模式。

第 2 章 区域地质背景

江浙沿海平原地区位于中国东部，地处长江下游，包括江苏省、浙江省和上海市，东濒黄海和东海，气候具有明显的季风特征 (图 2-1)。江浙沿海平原地区是中国典型平原河网地区，水系发达，江滩、河滩和湿地众多，大小不一的河流纵横交错。长江和钱塘江是江浙沿海平原最为著名的河流。本书主要以钱塘江和长江第四纪下切河谷及其赋存的生物气资源为研究对象。

图 2-1 江浙沿海平原地理位置图

2.1 地 理 背 景

钱塘江源自安徽省休宁县西南部，干流流经皖、浙两省，穿杭州湾流入东海，全长 605 km，流域面积约 4.88×10^4 km²（许建平、杨义菊，2007）。钱塘江河口区位于 $120° \sim 122°$E，$29°50' \sim 30°50'$N，面积约 2.0×10^4 km²；其地处浙江省东北部、上海市南部，北与长江口毗邻，南与象山港为邻，东有舟山群岛为屏障，并与东海相接（图 2-2 和图 2-3A）(Zhang et al., 2015)，包括沪、杭、甬等 13 个市县的三角地带，是整个长江三角洲经济区的南翼，在中国的经济发展中占有重要的地理位置。现代钱塘江河口湾为中国第一大强潮河口湾，该地涌潮波澜壮阔、举世闻名，吸引了无数游客，钱塘江流域丰富的历史文化遗址更是受到了国内外人文学者的关注，其从潮区界芦茨埠至湾口全长 270 km，平面上呈典型的喇叭状（图 2-2 和图 2-3）(Zhang et al., 2015)。芦茨埠至闸口约 90 km 的河口段，两侧受山体约束，自西南往东北方向顺直流出；闸口至湾口长 180 km，河口逐渐转折向东，进入宽广的海岸平原区，于澉浦至余姚、慈溪两市交界处的西三连线汇入杭州湾（许建平、杨义菊，2007)(图 2-3B)。湾口南汇嘴至镇海宽达 100 km（平均潮位），向内逐渐收缩，澉浦处骤减为 21 km，上游八堡一带仅为 3.5 km，杭州处则缩为 1 km，该河口

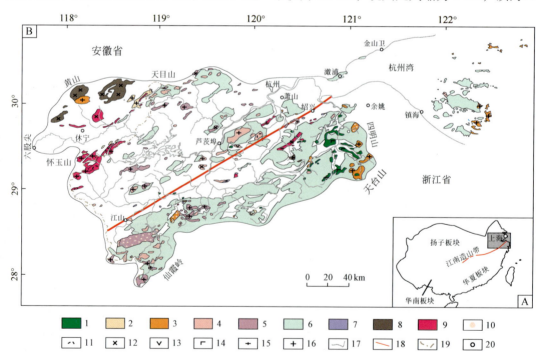

图 2-2　现代钱塘江河口湾流域地质及构造背景图（修改据 Zhang et al.，2015)

A. 现代钱塘江河口湾和长江三角洲构造背景图；B. 现代钱塘江流域地质图。1. 新生代；2. 晚白垩世；3. 早白垩世晚期；4. 早白垩世早期；5. 晚侏罗世侵入岩；6. 晚侏罗世火山岩；7. 早侏罗世；8. 三叠纪；9. 新元古代；10. 石英二长岩；11. 流纹斑岩；12. 花岗闪长岩；13. 安山岩；14. 橄榄玄武岩；15. 石英闪长岩；16. 花岗岩；17. 河流；18. 江山-绍兴断裂；19. 省边界；20. 城镇

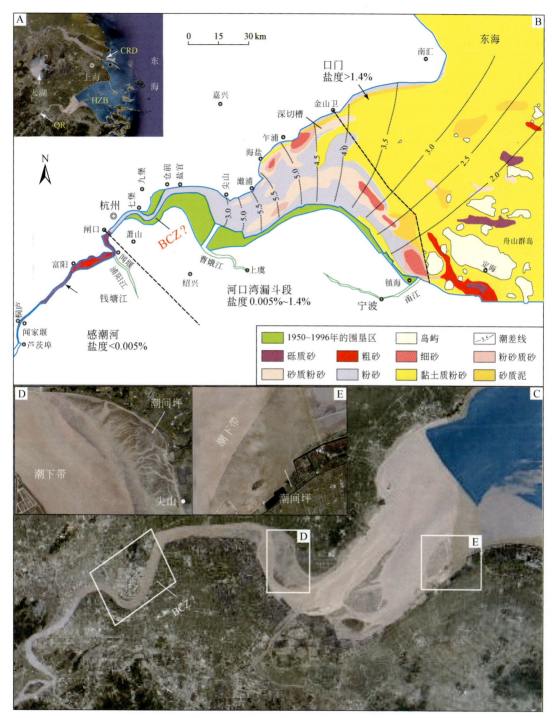

图 2-3 钱塘江河口湾地理位置及现代沉积特征

A. 现代钱塘江河口湾地理位置图（卫星图片）；B. 现代钱塘江河口湾地区平均潮差和表层沉积物分布特征（修改自 Fan et al.,
2012）；C. 现代钱塘江河口湾卫星图片，其平面呈喇叭状；D. 现代钱塘江河口湾尖山区沉积特征，主要包括潮下带粉砂质砂
和潮间带泥坪沉积，泥坪最大宽度为 2.5 km、面积超过 2.5 km²；E. 现代钱塘江庵东湿地地区沉积特征，仍主要包括潮下
带粉砂质砂和潮间带泥坪沉积，泥坪最大宽度和面积分别可达 6.5 km 和 128.7 km²。HZB. 钱塘江河口湾；CRD. 长江三角洲；
QR. 钱塘江；BCZ. 口外沉积物和陆向沉积物的交汇部位，沉积水动力最弱，粒度最细湾满河槽宽度与距芦茨埠之间的距离呈对数关系。杭州湾内岛屿众多,北部有大金山、小金山、外浦山、菜荠山、白塔山;中部有大白山、小白山、滩浒山和王盘山等;南部有七姐八妹岛礁;湾口有崎岖列岛、火山列岛、金塘岛等;两岸多为淤泥质海岸,基岩砂砾质海岸和河口岸线次之;湾内泥砂运动强烈,水体含砂量高,导致其海岸和海底冲蚀变化频繁,具有大冲大淤的特征(王颖,2012)。现代钱塘江河口湾地区水体发育,地势总体西南高东北低,包括低山丘陵和平原两大地貌单元,其中南部和西部属低山丘陵区,北部则位于长江三角洲的南翼,为一广阔的海岸平原,地势低洼平坦,除少数孤丘外,海拔一般小于 6 m (图 2-3A 和 B)。本区属亚热带温暖湿润的季风气候区,季风交替明显,风向冬季为偏北风,夏季为偏南风,春秋为过渡季节,受移动性气旋、反气旋、锋向活动和地理因素的影响,形成地区性的特殊风向;年均气温约 16℃,最高 38.8℃,最低 −15℃;年均降水量为 1363.3 mm,最高达 2018.2 mm,最少仅 837.6 mm (浙江省海岸带资源综合调查队,1986[①]),降水量分布趋势受地形影响明显,自西向东递减,表现为山区降水量大于丘陵区,丘陵区降水量又大于平原区(许丹,2010);年均湿度为 78% ~ 83%,比较湿润。目前已无原始植被,除耕地外,多为次生草本植物群、灌木丛和稀疏乔木,以及人工栽培的用材林、经济林、防护林及部分天然薪炭林(顾明光,2009)。

长江三角洲地区为一片广阔的平原,海拔一般 3 ~ 5 m,西部长荡湖一带可达 10 m,总趋势为西高东低,原始坡降约万分之一(李从先、汪品先,1998)。三角洲总面积约 5.2×10^4 km²,其中陆上部分为 2.3×10^4 km²,水下部分为 2.9×10^4 km²。三角洲从地理学角度上可分主体和两翼两大单元,主体部分的北界大致沿扬州、泰州、曲塘和吕四一线,南界大致沿现今长江的南岸,主体部分相当于末次冰期以来形成的长江下切河谷发育地带(图 2-4)。主体部分以存在不同时期的河口坝为特征,有的在地形上可以显示出来,以扬州以东高出周围 1 ~ 2 m 的狭长微高地和黄桥高亢的砂地尤为突出。三角洲南翼的南界为杭州湾北岸,北翼的北界不清,大致在弶港辐射沙洲的陆上延续部分。丘陵山区主要分布于平原的西缘,高 100 ~ 200 m,最高可达 340 m,包括太湖西部边缘杭嘉湖平原北岸的茅山和天目山。两翼平原上存在 3 ~ 5 列呈 NNW—ESS 延伸、不连续分布的贝壳砂堤(李从先、汪品先,1998),长约 80 km,宽 4 ~ 10 km,是距今 7000 ~ 4000 年以来古岸线遗留物。砂堤地势稍高,顶部最高 5.5 m。东西两侧平原高程差异明显:东部冈身及其以东两翼前缘的滨海地区,地势较高,高程 4 ~ 5 m,冈身后缘为大片低地,分别为南翼的太湖碟形洼地和北翼的下里河地区,地面高程仅 2 ~ 3 m,地势低洼,水系发育,水网密布,南部平原发育有太湖、洮湖、滆湖、阳澄湖、淀山湖及淀泖湖群(严钦尚、黄山,1987)。启东嘴和南汇嘴之间为现代长江口,江口首先被崇明岛分为南北两支,北支与东海相通,是行将废弃的汊道;南支河口有长兴岛、横沙岛,它们首尾相连,呈长条形展布(李从先、汪品先,1998)。

2.2 水 文 特 征

河口是海岸带陆海相互作用及全球气候变化最敏感、最强烈的地区。河流流域盆地的

[①]浙江省海岸带资源综合调查队 . 1986. 浙江省海岸带资源综合调查论文集 (内部报告).

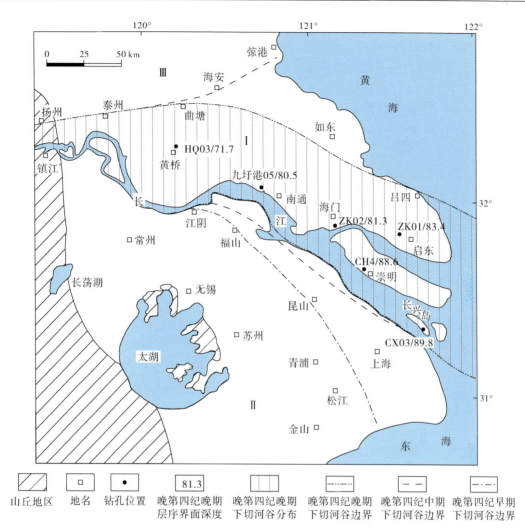

图 2-4　长江三角洲分区和晚第四纪晚期下切河谷分布图（修改据李从先、汪品先，1998）

Ⅰ.三角洲主体；Ⅱ.三角洲南翼；Ⅲ.三角洲北翼

地质、气候、土壤、植被等多种因素通过河流的径流量、输砂量和泥砂的性质影响河口；海域风浪、潮流等则直接控制和影响河口；河口的地形和岸线轮廓影响海陆各因素的强度，而各因素的强度变化又改造河口地形和岸线轮廓，从而造成河口地区异常复杂的沉积环境（李从先、汪品先，1998）。

　　钱塘江全长 605 km，流域面积大约 4.88×10^4 km²，年均径流量达 3.73×10^{10} m³ 以上（表 2-1）。钱塘江河口处于陆海过渡带，具流域水清砂少、海域水浊砂丰的特点（陈吉余等，1989）。径流和潮流是控制该区沉积的主要水动力因素，澉浦—尖山段潮差较大，潮流强劲，以潮流作用为主；尖山—七堡段潮差迅速减小，潮流减弱，径流则逐渐加强；七堡—仓前河段，潮流与径流几乎同等，但洪季径流作用可超过潮流作用（蒋国俊、张志忠，1995）。钱塘江径流为暴雨型，是塑造河床的原动力，年输砂量为 9.36×10^9 kg，年均含砂量 0.3 kg/ m³，径流量年内分配不均，主要集中在 5 ~ 10 月，占全年的 78%，其主要作用于钱塘江河口段，对口外海滨影响不大 (张桂甲、李从先，1995；王颖，2012)。但在钱塘江河口湾口门部位，潮流是塑造杭州湾地貌的主要动力条件，年均含砂量可达 1 kg/m³，且在口门南部含砂量可达 2.5 kg/ m³。钱塘江河口湾为典型的潮控河口湾，湾内潮汐为半日潮，潮区界在芦茨埠，至澉浦大约 190 km。维持钱塘江潮汐运动的能量基本来自西北太平洋，潮波从太平洋传经琉球群岛岛间水道，以近乎平行的形式进入东海和黄海，小部分沿西北偏西方向进入浙江沿海 (林炳尧、曹颖，2000)。外海潮波向钱塘江河口传播，随着水面宽度逐渐变窄，水深变浅，能力集聚，潮波变形，使高潮位沿程升高，低潮位降低，潮差增大，平均潮差从湾口附近 2 m 逐渐增加到澉浦附近的 5.5 m，实测最大潮差为 8.93 m；潮波经澉浦向西传播，河床沿程抬高，水深显著减小，潮波变形剧烈，到尖山附近形成举世闻名的钱江涌潮，潮头高 1 ~ 2 m，最高达 3.7 m；向陆潮差逐渐减小并消失于闻家堰附近 (傅光翮，2003；王颖，2012)(图 2-2B)。喇叭状的形态和水下粉砂砂坎是涌潮形成的必要条件，涌潮发育段可长达 90 km (陈沈良等，2003；Fan et al.，2012)。湾内大部分区域涨潮历时小于落潮，且越向湾顶，涨落潮历时差越大，自东向西潮流流速递增，如涨潮实测的最大流速，在南汇嘴芦潮港附近为 2.56 m/s，至中部庵东为 2.69 m/s，在杭州附近涨潮流速达到最大，为 4 m/s，涌潮段传播速度可达 8 ~ 9 m/s，实测最大为 12 m/s (刘苍字、董永发，1990；Lin et al.，2005；王颖，2012)。落潮流速也是口门附近较小，向湾内逐渐增大，大潮期间多数地区的流速可达 2 m/s 左右，最大 3 m/s (董永发，1991)。在现代钱塘江河口湾北部 (王盘山以北)，涨潮流速大于落潮流速；而在其南部 (王盘山以南)，落潮流速大于涨潮流速。虽然潮流流速和潮差变化趋势一致，但其最大值发育部位并不相同 (Lin et al.，2005)。

表 2-1 江浙沿海平原入海河流及长江的概况

河名	河长/km	汇水面积/×10⁴km²	年均径流量/×10⁸m³	年均输砂量/×10⁴t	年均含砂量/(kg/m³)	河口所在地	河口段长度/km
钱塘江	605	4.88	373[①]	658.7[②]	0.30	杭州闸口	180
曹娥江	192	0.6046	42.8[①]	128.7[②]	0.30	三江口	
甬江	121	0.4294	28.6[③]	35.9[②]	0.13	镇海游山	
长江	6380	180	9240	48600	0.54	镇江扬州	300

数据来源：前 3 条河流资料来源于浙江省海岸调查队 (1986)、许建平和杨义菊 (2007)、王颖 (2012)，长江资料来源于许世远等 (1987)。

注：①据 1952 ~ 1979 年平均值；②据 1956 ~ 1979 年平均值；③据 33 年时间平均值。

长江发源于青藏高原地区，流入东海，全长 6380 km，流域面积 1.80×10⁶ km²，年均径流量 9.24×10¹¹ m³，年均输砂量达 4.86×10⁸ t (表 2-1)，但各年径流量和输砂量差别较大，且输砂量在年内分布不均，主要集中在 6 ~ 9 月等洪水季节。现代长江河口分布在启东嘴和南汇嘴之间，平面形态呈喇叭状，进口徐六泾宽 5.17 km，口门扩展为 90 km

(汪亚平等，2006)。长江口首先被崇明岛分为南北两支，北支与东海相通，是行将废弃
的汊道，南支河口有长兴岛、横沙岛以及其水下延续的铜砂浅滩，它们首尾相连，呈长
条形展布，将南支分为北港和南港。南港口门地区又有九段沙，将南港分为南槽和北槽。
这样北支、北港、北槽和南槽成了长江的入海汊道，出现"三级分汊、四口入海"的河
势格局 (汪亚平等，2006)，同时受到苏北沿岸流、浙闽沿岸流、潮汐和波浪的共同影响
(吴丹丹等，2012)。长江河口外，5 m 和 10 m 等深线之间为一水下平台，坡度较小，不
足 0.1‰。10 m 等深线之外海底坡度变陡，为斜坡地带，坡度可达 0.7‰。长江河口外海
域形态总的趋势呈西北高东南低，北支口外水深为 5 ~ 30 m，海底较平坦，坡度 0.1‰
左右，南支口外地形比较复杂，来自东南陆架海域的槽形洼地在长江口外分为两支，一
支伸向长江口，一支伸向杭州湾。长江河口区水面比降主要受制于河流径流量，长江下
游沿城各站月平均水位与安徽大通流量呈正相关，相关系数在潮区界附近的芜湖为 0.99，
向下游有减小的趋势：江阴为 0.95，高桥为 0.89，鸡骨礁为 0.77。长江下游沿程平均水
位的变化同样向河口逐渐减小：南京站为 130 cm，江阴站为 46 cm，高桥为 26 cm，鸡骨
礁为 17 cm (谷国传，1989)。20 世纪 30 年代有学者计算出镇江以下洪、枯水季节纵比降
分别为 0.01‰ 和 0.005‰。1954 年洪水季节南京至江阴河段纵比降为 0.02 m/km，江阴以
下至河口为 0.007 m/km；枯水季节南京至吴淞水面比降为 0.0027 m/km (陈吉余、恽才兴，
1989；谷国传、胡方西，1989)。长江口潮汐属正规半日潮，日潮不等现象明显，冬半年
日潮大于夜潮，夏半年夜潮大于日潮。长江口潮差平均为 2.6 m，属中潮型潮汐河口。自
口门溯河而上，潮差增大又逐渐减小，具有河口湾潮差变化的特点，潮波溯河而上直至
离河口 624 km 的安徽大通，这里仍显示潮汐涨落，因此，大通为长江的潮区界 (李从先、
汪品先，1998)。长江口通过北支、北港和南港进潮流量为 2.7×10^5 m³/s，是长江年平均
流量 (2.93×10^4 m³/s) 的 9 倍 (沈焕庭等，1989)。径流量和潮流量在各汊道的分配也很不
一致，进出各汊道的流量南支大于北支、南港大于北港、南槽大于北槽，同时由于河口
河槽的演变，南槽和北槽的流量比例常发生短周期的变化。长江河口地区涨潮流超过落
潮流 (含径流)，石洞口以下的河口地区，溯河而上涨潮流有减小的趋势，平均流速变化
在 44 ~ 61 cm/s，落潮流速有增大的趋势，平均流速变化在 45 ~ 92 cm/s。长江口每年
夏秋季受太平洋热带气旋影响，往往发生风暴潮。长江口以风浪为主，冬季以 NW 向、
NNW 向和 N 向浪为主，夏季以 SE 向、SSE 向和 S 向浪占优势 (孙湘平，1981)。涌浪因
河口朝向 E—SE，所以主要为 E 向。

2.3　构造背景

地质构造是控制海岸发育和演化、塑造宏观地貌形态的主导因素。钱塘江和长江河口区
地处西太平洋构造活动带的边缘，构造活动比较活跃，跨越了两个一级大地构造单元，即以
江山—绍兴深断裂为界，其西南属扬子板块，东北属华南板块 (浙江省地质矿产局，1989)(图
2-2A)。因中生代以来亚洲大陆向南、太平洋板块相对向北的扭动，在中国东部产生了一系

列 NNE 向呈雁行排列的隆起带和沉降带 (钱塘江河口区位于浙闽粤隆起带),与此同时形成了与之伴生的 NNE—NE 向及 NNW—NW 向的断裂系统,构成 X 形构造断裂。它们对中国东部沿海局部地形形态的控制作用尤为明显,从海岸线的总体走向,到河口、港湾的态势,以及岛屿的排列方向,都充分显示了 NNE 向构造以及 X 形构造断裂联合控制的构造形迹。杭州湾的形成、河口湾的走向都表明了这种控制作用 (浙江省地质矿产局,1989)。

新生代早期,中国东部发生了强烈的区域性断陷活动。杭嘉湖平原及杭州湾一带,追踪中生代隆起的轴向,在 X 形构造断裂的控制下,形成 NEE 向张扭性拗陷盆地,成为当时东海伸向大陆的一个海湾,从而沉积了厚达千余米的海陆相交互的杂色复陆屑建造,同时盆地的断陷活动,还诱发了多次基性岩浆喷溢。直至渐新世三垛运动,才促使盆地上升,并发生平缓褶皱。新生代中期随着地壳的普遍隆升及引张体制的继续发展,发生岩浆的侵入和喷发,其火山活动通常是与断陷盆地相伴随的,以致反映在堆积物上为一套河湖相和火山喷溢相的混合建造 (图 2-2B)(浙江省海岸带资源综合调查队,1986[①])。晚新生代以来,钱塘江和长江河口区继承了前期构造运动的基本特征,但总体来说新构造运动强度不大,并渐趋缓和,基本表现为山区抬升,沿海平原沉降的运动形式,但升降幅度小、强度弱,以钱塘江口为界,其北部表现为扩张和沉降,其南部表现为差异性升降 (杨达源、李徐生,1998)。沉降速率缓慢,以 1 ~ 2 mm/a 居多 (胡惠民等,1992),表明沿海平原仍处于持续缓慢沉降状态。

2.4　底床形态及表层沉积物分布

现代钱塘江河口湾底床形态具深槽起伏的特点。从湾口至乍浦,湾底平坦,略有上凸,低潮位时平均底深为 8 ~ 10 m,局部较深,如沿杭州湾北岸深切槽的深度 > 40 m;从乍浦开始,以 0.1 ~ 0.2 m/km 的坡度向上游抬升,至七堡—仓前一带深度最浅;此后以 0.06 m/km 的坡降向上游降低,至闸口附近与落水槽相接形成一个长达 130 km 的巨大砂坎,最高点高出基线约 10 m (钱宁等,1964;孙和平等,1990)。沉积物的空间分布特点与一定的水动力条件相适应,即水动力条件决定沉积物的分布 (Zhou and Gao,2004)。强潮型河口湾的动力条件,决定了现代钱塘江河口湾内沉积物分选优良、颗粒均匀的特点,悬移质和推移质均以粉砂为主,但因沉积动力条件的差异及物源的变化,整个河口湾的沉积格局平面上可划分为 3 段 (图 2-2B)。第 1 段为受潮汐影响的河流段,从芦茨埠到闸口,盐度小于 0.05‰,以河流作用为主,潮流较弱 (涨潮流平均潮差为 0.39 ~ 0.72 m,平均流速为 0 ~ 0.46 m/s),河床相当稳定,潮流影响点砂坝发育,主要分布在闸口—闻家堰一带,沉积物以砂砾和含砾砂为主 (图 2-3B)。第 2 段为河口湾漏斗段,位于闸口至金山卫—镇海一线,盐度为 0.05‰ ~ 14‰;该段潮流和河流作用均很强烈 (涨潮流的平均潮差为 0.58 ~ 5.75 m,流速为 0.68 ~ 3.70 m/s),是整个河口区河床变化最大、最不稳定的地方,表现为冲刷和淤积幅度大、频率高,河床宽度和深度变化大,形成以

粉砂为主的砂坎和由潮道分隔的潮流砂脊沉积体，两侧为潮坪沉积，因 20 世纪 60 年代以来的大量围垦，潮坪相通常较窄，尖山和庵东湿地地区除外 (图 2-3C，D 和 E)。砂坎内部粉砂分选好，垂向上粒度变化不大，体积可达 4.25×10^{10} m³，长 130 km，宽 27 km (比现代钱塘江河口湾宽)，最大厚度可达 10 ～ 20 m (孙和平等，1990；李从先等，1993；Fan et al.，2012)，与长江三角洲陆向端进积层序顶部层段沉积相似 (Li et al.，2006)，内部双向交错层理，再作用面和波状层理发育 (刘苍字、董永发，1990；Yu et al.，2012)。潮流砂脊 (长 7 ～ 20 km，宽 1 ～ 4 km，高几十米) 主要发育在北部深切槽边缘，王盘山附近以及庵东湿地东部，其沉积物由分选较好的细砂组成，顶部砂丘发育，幅度可高达 1 m (图 2-3B)。第 3 段为河口湾口门段，由金山卫—镇海一线向外，盐度大于 14‰，潮流作用占主导，沉积物以泥质粉砂为主 (图 2-2B)，主要表现为粉砂和泥互层，水平层理发育 (刘苍字、董永发，1990；Lin et al.，2005)。受多次海侵 - 海退的影响，长江发生了多次下切，在河口区形成多期下切河谷充填物沉积旋回，早期沉积物往往被后期下切所破坏，大多数仅保留河床沉积物，仅最后一期 (晚第四纪晚期) 下切河谷充填物得到较完整的保存。整体上，现代长江底床形态表现为向东倾的斜面但存在起伏变化，以晚第四纪晚期沉积底界面为例，该层序界面深度为 50 ～ 96.5 m，且界面由西向东有所起伏，但深度大致呈逐渐增加的趋势，表现为自西向东倾的斜面。长江河口区表层沉积物分布在两类地区，一是长江三角洲平原，其表层沉积物横向变化甚小，主要是河泛和海泛留下的细粒沉积物，其次为湖沼生物泥质沉积；二是处于海陆动力因素的强烈作用下，沉积物变化频繁的下切河谷，其内自下而上充填河床、河漫滩、河口湾、浅海、三角洲和潮坪沉积物。河床沉积物在镇江以下以砂为主，根据 1982 年 3 月 (枯水季节) 的观测，扬中太平州以上至镇江为中细砂，平均粒径为 1.14 ～ 2.39 Φ，中砂含量可达 30%，出现细砾，含量可达 19%。太平州以下至崇明岛顶端的江心砂河床沉积物以细砂为主，平均粒径为 1.94 ～ 2.69 Φ，细砂含量为 43% ～ 98%，有砾石、粉砂和黏土层出现。河床沉积物虽然有向河口逐渐变细的趋势，但局部出现变粗现象，甚至含较多砾石 (李从先、汪品先，1998)。沉积物的粒度概率累积曲线在长江下游河段为三段型，进入河口地区出现双跳跃组分。

2.5　东海陆架沉积速率和海平面变化

20000 ～ 15000 年前东海陆架海岸线距现今岸线 550 km，海平面比现今海平面低 130 m 左右 (Liu et al.，2004)。末次冰期以来东海陆架海平面基本表现为从低海面经由快速上升至稳定阶段 (朱永其等，1979；李从先等，1986；Saito et al.，1998；Hori et al.，2001a) (图 2-5)。海平面在 12000 年前、10000 年前、8500 年前、7500 年前和 7000 年前分别位于现今海平面之下 50 m、28 m、18 m、5 m 和 4 m。6000 年前海平面比现在要高，但之后基本未变 (王宗涛，1982；蔡祖仁、林洪泉，1984；严钦尚、黄山，1987)。海平面上升速率在 15000 ～ 12000 年前、12000 ～ 7500 年前和 7500 ～ 6000 年前分别为 35 mm/a、

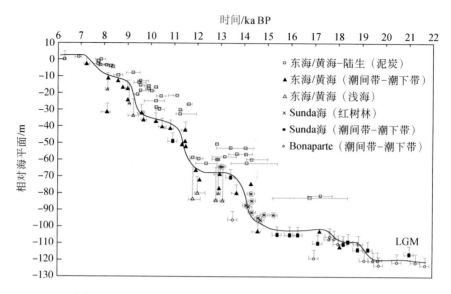

图 2-5　西太平洋冰后期海平面变化图 (据 Liu *et al.*，2004)

10 mm/a 和 3 mm/a。冰后期平均沉积速率为 2.9 mm/a (林春明等，1999a)。

第3章 晚第四纪下切河谷充填物沉积特征

前人对钱塘江和长江下切河谷充填物晚第四纪以来的古环境演化做过不少工作，主要侧重于沉积物沉积特征和形成环境研究（李从先等，1993，2008；林春明等，1999a；Lin et al.，2005），但在沉积环境的精细划分和描述、海陆过渡相–古河口湾相的精确识别及其内部砂岩透镜体的成因和分布、河口湾相的沉积特征和模式等方面仍较薄弱。本书以江浙沿海平原大量岩心、静力触探、地震、电磁、分析化验等资料为基础，立足于沉积特征和微体古生物等方面的详细分析和精细研究，对江浙沿海平原晚第四纪以来的古环境演化进行探讨，并首次在河漫滩相与近岸浅海相之间识别出了古河口湾相。

3.1 地层划分和对比

3.1.1 地层划分原则

20世纪50 ~ 60年代中国的地层划分和对比基本采用苏联的一元论，即年代地层、生物地层和岩性地层具有统一的界线，重要的构造运动也发生在地层界线上。70 ~ 80年代欧美的地层的划分和对比盛行多元论，即按不同的标准划分的地层是不统一的，岩性地层、生物地层的界线可能不一致。80年代以来，地震地层学和层序地层学的兴起 (Van Wagoner et al.，1988)，使人们对地层划分和对比有了更为深入的认识。层序地层学以全球海面变动旋回为基础，从成因上将不同的沉积环境、沉积相组合与不同的生物组合有机地结合起来，更系统地反映地层间断和地层连续性的自然形成过程，所建立起来的地层模式具有更强的预测性。本书晚第四纪地层的划分对比采用了层序地层学的原则，即以海面变动旋回来进行地层的划分和对比。

3.1.2 地层年龄

江浙沿海平原晚第四纪地层已测年龄对本区地层年代确定有一定的帮助。由表3-1可看出目前测得的绝对年龄，在萧山地区^{14}C测年材料取自钱塘江下切河谷，埋深47.1 ~ 40.3 m的河漫滩沉积物，年代为9490 ~ 8990 a BP，埋深31.54 ~ 26.7 m的近岸浅海沉积物，年代为9960 ~ 8220 a BP；东塘–雷甸地区，埋深35.3 m的河漫滩沉积物，年代为10200 a BP，埋深12.8 m的近岸浅海沉积物，年代为5970 a BP；在太湖下切河谷

表 3-1　江浙沿海平原晚第四纪地层测年表

地区	孔号	深度/m	材料	沉积相	^{14}C 年龄/a Bp
萧山	SE2	8.9	贝壳	现代河口湾	305±35
		15.9	贝壳	现代河口湾	1905±45
		16.3	植物碎屑	现代河口湾	8320±35
		26.7	植物碎屑	近岸浅海相	9810±45
		31.5	植物碎屑	近岸浅海相	9960±40
		35.5	贝壳	古河口湾	8965±45
		36.6	贝壳	古河口湾	9000±305
		36.9	贝壳	古河口湾	9055±40
		40.3	植物根茎	河漫滩	8990±35
		41.7	植物碎屑	河漫滩	9015±40
		43.3	植物碎屑	河漫滩	9340±40
		44.3	泥炭	河漫滩	9070±90
		44.7	植物碎屑	河漫滩	9490±35
		45.0	植物根茎	河漫滩	9450±35
		47.1	泥炭	河漫滩	9395±35
	萧3	34.2	贝壳	古河口湾	7770±320
		35.4	黏土	古河口湾	8720±250
	萧8	31.0	黏土	古河口湾	9600±180
	夹4	23.0	淤泥	近岸浅海	8220±1030
		38.5	贝壳	古河口湾	11985±385
	萧16	15.0	植物根茎	现代河口湾	4163±119
		37.8	贝壳	古河口湾	8816±182
慈溪	SE1	71.6	泥炭	古河口湾	32730±390

地区	孔号	深度/m	材料	沉积相	^{14}C 年龄/a Bp
慈溪	SE1	98.2	植物根茎	河床相	>43000
		98.4	植物碎屑	河床相	>43000
雷甸	东5	12.8	淤泥	近岸浅海	5970±910
		29.8	黏土	古河口湾	11490±210
	东4	30.8	黏土	古河口湾	9445±955
	雷1	35.3	黏土	古河漫滩	10210±100
启东	ZK01	29.9	淤泥	近岸浅海	5510±30
		34.6	贝壳	近岸浅海	4200±30
		60.0	黏土	河床	11110±40
		75.6	贝壳	河床	12170±60
		82.6	贝壳	河床	>43500
		100.4	炭屑层	河床	>43500
		22.3	贝壳	三角洲	2710±30
		26.9	贝壳	近岸浅海	6350±30
		30.6	贝壳	近岸浅海	4620±30
海门	ZK02	31.8	贝壳	近岸浅海	7150±30
		46.3	黏土	古河口湾	8390±30
		47.1	贝壳	古河口湾	10950±40
		51.6	黏土	古河漫滩	10690±40
		65.3	炭屑层	河漫滩	11420±40
		84.9	黏土	河漫滩	33580±220
		102.6	黑色木屑	河床	>43500
		104.5	木屑	河床	>43500

注：萧3、萧8孔测年资料来自李从先等（1993）。

以外的河间地 (埋深 15.5 m) 的年代已超过 20000 a BP (严钦尚、黄山，1987)，由此可见下切河谷与古河间地沉积年代的差异，然而它们都属同一海平面变化旋回，可相互对比。河漫滩沉积虽然为 10200 ~ 8990 a BP，但其开始形成的年龄还要早些。长江下切河谷河漫滩开始沉积的时间为 14000 ~ 10000 a BP (李从先、张桂甲，1996)。因此，下切河谷河床相砂砾应在 12000 年前形成，海侵的鼎盛时期出现在 7000 ~ 6000 a BP，现代河口湾相 (三角洲相) 和湖沼相形成于 6000 a BP。

3.1.3　地层划分

本书采用层序地层学地层划分和对比方法将本区冰后期地层划分为冰后期初早期(PG1)、冰后期中期 (PG2) 和冰后期晚期 (PG3)。下切河谷充填物自下而上划分为河床、河漫滩、古河口湾、近岸浅海和现代河口湾五套沉积 (林春明，1997b；张霞，2013)。在古河间地冰后期下段地层大体为下部滨海相；中段为海相淤泥质黏土地层，下切河谷和古河间地皆如此；上段地层包括河口湾相粉砂沉积，湖沼相黏土，粉砂土沉积及上部滨海相沉积。冰后期沉积层在剖面上显示粗—细—粗的特点，最大海泛面位于中段海相层中，以该面为界，以下属海侵层序，以上为海退层序。海侵层序和海退层序构成完整的冰后期海侵沉积旋回。下切河谷和古河间地的岩性、古生物，甚至沉积时间均不尽相同，但从海侵旋回的角度可以进行对比。

3.1.4　冰后期基底

江浙沿海平原冰后期沉积层与其基底之间为区域不整合面，不整合面或为起伏的侵蚀面，其高差可达 20 ~ 30 m，如夹灶地区，或者为以古土壤为标志的沉积间断面，如九堡、柯桥地区，其起伏较小，但有自河间地向下切河谷倾斜的自然坡度。不整合面之下的沉积物或岩石有多种类型，但与不整合面以上的松散沉积层均有明显的差异，所以不整合是地层划分的可靠标志，不整合面以下的岩石有下述几种类型 (图 3-1)(林春明，1997b)。

(1) 硬黏土层。灰色、暗绿色、杂色和黄褐色，致密较硬。硬黏土层未见海相微体化石，但可见植物根系、植物碎屑、菱铁矿和菱锰矿结核，发育裂隙和微裂隙，具暴露地表和经受成壤作用的特征，实际为古土壤层。硬黏土中孢粉为柏科、禾本科、麻栎、松属，并有地榆属、菊科、麻黄、落叶松、冷杉、铁杉等，为阔叶落叶与针叶混交林，反映气候较为干冷。该层的时代属末次冰期，时间在距今 15000 年前。硬黏土层的厚度为 3 ~ 5 m。该层可见于九堡、柯桥以南，杭州西湖等地区。本区硬黏土的埋深一般为 20 ~ 30 m，东北部埋深仅 5 ~ 7 m，埋深超过 40 m 者，一般为上次亚冰期低海面时形成的。

(2) 含砂砾黏土。灰绿、黄绿、褐黄、灰色等构成的杂色，致密。砾石磨圆较差，多为棱角状，可能系坡积、洪积物，厚 1.6 ~ 5.6 m，可见于宁围、南阳、杭州等地区。

(3) 基岩及基岩风化壳。其主要为白垩纪紫红色含砾砂岩、火山岩等，有的为较为松散的基岩风化壳。

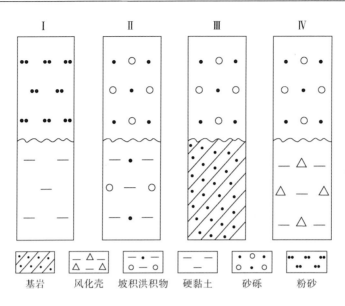

图 3-1　江浙沿海平原冰后期基底类型图

3.2　沉积相类型

　　根据沉积物颜色、岩性、沉积结构和构造、古生物学、植物碎屑和根茎、磁化率和颗粒粒度等特征，可将晚第四纪以来下切河谷充填物自下而上划分为相VI（天然堤相）、相V（河床相）、相IV（河漫滩相）、相III（古河口湾相）、相II（近岸浅海相）、相I（现代河口湾相）、相 LM（湖沼相）和滨海相 8 种沉积相类型，整体为一个先向上变细后又向上变粗、从陆相到海陆过渡相到近岸浅海相再到海陆过渡相的沉积序列。该沉积序列基本可代表亚洲冰后期下切河谷充填物的沉积特征 (Li *et al.*，2000，2002；Hori *et al.*，2001a；Lin *et al.*，2005)。下面将对各典型钻孔沉积相的具体特征进行详细剖析，其中 SE1 孔、SE2 孔、萧 3 孔、夹 4 孔、乔司农场 CK4 孔、雷 5 孔、头 9 孔和杭州湾水域 CH2 孔属于浙江沿海平原，ZK01 孔、ZK02 孔、HQ03 孔、HQ98 孔、NTK1 孔、T24 孔和 CJK11 孔属于江苏沿海平原。

3.2.1　SE1 孔沉积相

　　(1) 相VI（天然堤相）。该沉积相分布在 SE1 孔最底部，孔深 109.2 ~ 99.7 m，相当于第 1 ~ 第 3 层 (图 3-2)。岩性以深灰色、灰黑色细砂质泥与粉砂质细砂互层，偶夹泥质细砂、含细砂粉砂、细砂质粉砂等；104.4 ~ 102.4 m 层段为黑灰色泥，富含有机质；顶部偶见含砾泥和中砂层，砾石多呈次圆状，分选中等到差，粒径最大可达 20 cm × 20 cm × 30 cm。砂层中砾石含量为 0% ~ 11.2%，平均 0.7%，砂含量为 19.8% ~ 87.4%，

平均 60.7%，粉砂含量为 11.7% ~ 80.2%，平均 38.8%，黏土含量为 0% ~ 2.5%，平均
0.5%；平均粒径为 2.44 ~ 6.21Φ，平均 4.18Φ；分选差，分选系数为 0.65 ~ 1.91，平
均为 1.1（表 3-2）。泥质层中砾石含量为 0% ~ 12.5%，平均 0.9%，砂含量为 0% ~ 49.7%，
平均 27.5%，粉砂含量为 48.5% ~ 93.5%，平均 68.9%，黏土含量为 0% ~ 19.8%，平均
3.6%；平均粒径为 2.34 ~ 7.18Φ，平均 4.63Φ；分选差，分选系数为 0.64 ~ 2.32，平
均 1.21（表 3-2）。植物碎屑和海相生物化石等未见，泥炭富集层发育，总有机碳（TOC）
值为 0.08% ~ 0.61%，平均 0.28%（图 3-2 和表 3-2）。局部钙质结核发育（图 3-3A），表明
该沉积相间歇性地出露水面。块状层理、平行层理、水平层理和波状层理（图 3-3A）发育，
根据其砂泥薄互层的特点，推测该层段为天然堤相沉积。磁化率值在该段很低，分布曲线
呈齿化线性，靠近基准线（图 3-2 和表 3-2）。

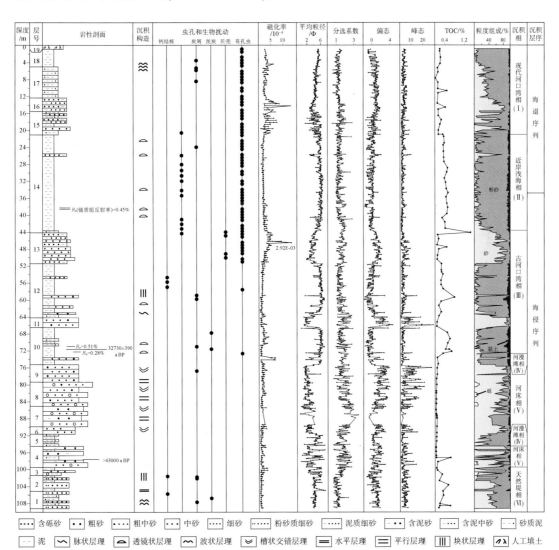

图 3-2　钱塘江下切河谷地区 SE1 孔柱状剖面图（据张霞，2013）

磁化率为采用国际单位制（SI）下的数值

表 3-2　钱塘江下切河谷地区 SE1 孔各沉积相沉积物粒度组成、总有机碳（TOC）和磁化率特征

相	深度/m	样品	沉积物粒度组成/%								平均粒径/Φ	分选系数	TOC/%	磁化率(SI)/10^{-4}
			砾 $<-1\Phi$	粗砂 $-1\sim1\Phi$	中砂 $1\sim2\Phi$	细砂 $2\sim4\Phi$	粗粉砂 $4\sim6\Phi$	中粉砂 $6\sim7\Phi$	细粉砂 $7\sim8\Phi$	黏土 $>8\Phi$				
VI	109.2~99.6	砂(41)	0~11.2/0.7	0~16/1	0~44/6	16~71/53	7~78/35	0~10/2	0~6/2	0~2.5/0.5	2.44~6.21/4.18	0.65~1.91/1.1	0.08~0.61 /0.28(10)	0.54~3.44 /0.98
		泥(51)	0~12.5/0.9	0~1/0	0~10/1	0~50/26	9~69/48	0~36/12	0~36/8	0~19.8/3.6	2.34~7.18/4.63	0.64~2.32/1.21		
V	99.6~94.5	砂(38)	0~12.3/1.8	0~84/25	0~60/31	0~73/21	1~31/13	0~13/5	0~10/4	0~6/1.6	0.5~4.2/2.5	0.68~2.70/1.94	0.03~0.62 /0.13(7)	0.54~2.74 /1.12
		泥(8)	0~9.5/1.2	0~6/1	0~19/3	0~13/5	5~58/39	10~43/26	7~38/18	1.9~15.5/7.5	4.28~7.10/5.96	0.76~2.19/1.26		
	91.5~75.3	砂(130)	0~13.5/1.7	2~91/32	1~60/36	0~52/13	0~38/9	0~14/5	0~12/4	0~8.7/2.0	0.33~4.72/2.31	0.67~2.92/1.92	0.03~0.07 /0.05(19)	0.06~3.21 /1.54
IV	94.5~91.6	砂(5)	nd	0~65/18	0~47/18	9~48/29	6~52/23	0~11/6	0~9/4	0~5/2	1.15~4.29/3.1	0.66~2.49/1.80	0.05~0.05 /0.05(2)	0.55~2.48 /0.92
		泥(21)	nd	0~0.3/0	0~15/3	0~46/22	7~62/44	0~44/16	2~37/11	0.6~11.8/4.3	4.25~7.04/5.12	0.75~2.11/1.44		
	75.3~72.4	砂(5)	nd	2~39/15	20~53/35	3~52/30	5~24/12	1~9/4	1~6/3	0.5~2.4/1.2	1.66~3.80/2.61	1.36~2.04/1.65	0.08~0.32 /0.17(3)	0.73~6.80 /2.13
		泥(17)	nd	0~2/1	0~28/6	2~24/10	30~42/36	13~28/22	9~22/17	3.9~11.9/8.3	3.78~6.42/5.59	1.25~2.40/1.78		
	72.4~66.5	泥(53)	nd	0~27/1	0~27/5	0~50/6	10~58/35	11~34/25	8~35/19	3~18.8/8.9	3.80~6.96/5.86	0.94~2.85/1.64	0.06~0.68 /0.47(7)	0.56~3.96 /1.73
III	66.5~64.1	砂(22)	nd	12~55/34	28~59/47	2~22/5	0~15/6	1~9/3	1~10/3	0.2~7.8/1.6	1.08~4.71/2.02	1.03~2.66/1.77		0.66~3.05/1.00
	64.1~51.5	砂(12)	nd	0~41/13	0~49/26	2~62/29	2~40/18	1~13/7	1~10/5	0.1~4.6/2.3	1.47~4.06/3.18	1~2.71/1.9	0.07~0.79 /0.27(13)	0.08~2.68/1.36
		泥(96)	nd	0~11/1	0~18/2	0~49/5	14~60/42	1~32/25	2~35/17	0.5~7.7/20.2	4.11~7.04/5.94	0.88~2.41/1.40		
	51.5~43.9	砂(59)	nd	0~27/3	1~45/15	17~76/55	5~40/16	1~16/6	0~11/4	0~4.7/1.9	1.92~4.72/3.53	0.97~2.17/1.61	0.07~1.45 /0.32(8)	1.02~29.2/3.99
		泥(6)	nd	0~8/1	2~12/4	28~47/39	23~36/29	9~22/13	7~12/10	2.7~4.9/3.7	4.12~5.13/4.59	1.57~2.14/1.83		
II	44.0~21.0	砂(6)	nd	0~1/0	1~20/11	34~90/57	3~58/25	1~10/4	0~8/2	0~4.3/1.2	2.96~4.14/3.57	0.78~2.06/1.34	0.13~0.52 /0.39(21)	0.02~3.59/2.03
		泥(197)	nd	0~19/1	0~24/2	0~41/7	19~75/44	3~38/25	2~26/16	1.7~11.5/6.5	4.14~6.75/5.82	0.95~2.85/1.41		
I	21.0~0.8	砂(50)	nd	0~26/1	0~59/11	21~77/54	0~78/27	0~10/4	0~8/3	0~4/1.4	1.63~4.59/3.62	0.57~2.06/1.40	0.01~0.48 /0.17(19)	0.01~13.2/3.32
		泥(148)	nd	0~23/0	0~7/1	0~47/20	25~84/57	1~31/11	1~21/7	0.6~9.3/3.4	3.95~6.26/5.02	0.88~2.81/1.30		

注: 0~11.2/0.7 代表最小值~最大值/平均值; 括号中数字为样品数; nd 为含量低于检测下限。

图 3-3　钱塘江下切河谷地区 SE1 孔典型沉积现象、地层界面和沉积间断（照片上部为顶；各图中黑色条块为
比例尺，表示 10 cm）

A. 104.7 ~ 105.2 m 孔深，相Ⅵ的灰色粉砂夹薄层泥，波状层理发育，局部见钙质结核。B. 97.3 ~ 97.8 m 孔深，相Ⅴ，第 2
沉积旋回中灰色砂夹薄层泥，交错层理发育，砂由细砂、中砂和粗砂组成，无主要粒级。C. 89.0 ~ 89.6 m 孔深，相Ⅴ，下部
为第 1 旋回沉积的灰色砂夹泥，向上渐变为青灰色泥，砂由中砂、细砂和粗砂组成，无主要粒级；上部为灰色砂砾层，两者
接触界面明显，为一冲刷面，位于 89.4 m 孔深处（白色虚线所示）。D. 81.3 ~ 81.7 m 孔深，相Ⅴ，灰色含泥粗中砂夹泥质薄
层，砂分选差，由中砂和粗砂组成，无主要粒级，平行层理发育。E. 79.1 ~ 79.3 m 孔深，相Ⅴ，灰黄色含泥粗中砂夹灰色泥
砾。F. 91.8 ~ 92.2 m 孔深，相Ⅳ，为青灰色泥夹含泥粗中砂。G. 73.4 ~ 74.2 m 孔深，相Ⅳ，为灰黄色泥，上部突变为灰黄
色含泥砂，二者之间界线明显，发育重荷模和火焰状构造，灰黄色和青灰色泥质沉积物贯入上覆灰黄色砂质沉积物中，砂分
选差，无主要粒级。H. 72.2 ~ 72.6 m 孔深，相Ⅲ与相Ⅳ的分界线，位于 72.4 m 孔深处（白色虚线所示），相Ⅳ为灰绿色泥
夹薄层粗中砂，相Ⅲ为深灰色含中砂泥，且可见下伏地层中的灰绿色泥呈撕裂状分布其中。I. 70.8 ~ 71.2 m，相Ⅲ，黄色氧
化斑发育。J. 66.5 ~ 67.1 m 孔深，相Ⅲ，上部为灰绿色粗中砂，块状层理发育，为决口扇沉积；下部为灰色泥，水平和波状
层理发育，为受潮流影响的河漫滩相沉积，两者之间界线明显，位于 66.8 m 孔深处（白色虚线所示）。K. 60.6 ~ 60.8 m 孔深，
相Ⅲ，灰色块状泥中钙质结核和中砂质透镜体发育。L. 51.4 ~ 51.6 m 孔深，相Ⅲ，上覆潮道相与下伏受潮流影响河漫滩
相之间的分界线，位于 51.5 m 孔深处（白色虚线所示）。M. 49.2 ~ 49.6 m 孔深，相Ⅲ，潮道砂体内第 3 沉积旋回下部灰黄色
含泥中细砂与细砂质泥薄互层，砂泥层偶发育。N. 48.6 ~ 49.0 m 孔深，相Ⅲ，潮道砂体内部第 3 沉积旋回中部灰黄色中细砂
与细砂质泥互层，但砂泥层偶厚度比与 M 图相比增大。O. 48.2 ~ 48.5 m 孔深，相Ⅲ，潮道砂体内部第 3 沉积旋回顶部块状
泥质、含泥细砂沉积。P. 相Ⅲ和相Ⅱ的分界线，位于 21.0 m 孔深处（白色虚线所示），界面下部为相Ⅱ中厚约 6 cm 的贝壳层。
Q. 40.7 ~ 41.0 m 孔深，相Ⅱ，下部为青灰色泥夹粗砂和细砂薄层或透镜体，可见透镜状层理和虫孔构造；上部为青灰色泥质
沉积，水平层理发育。R. 22.0 ~ 22.2 m 孔深，相Ⅱ，铁锰浸染现象发育。S. 20.9 ~ 21.1 m 孔深，相Ⅱ与相Ⅰ的分界线，位
于 21.0 m 孔深处（白色虚线所示），界线上部为相Ⅰ的灰色细砂质泥沉积，水平层理发育，下部为相Ⅱ的灰色块状泥质沉积。
T. 17.3 ~ 17.7 m 孔深，相Ⅰ，下部为灰色块状含中砂细砂沉积，内部泥质薄层变形严重，可能当时水动力较强；上部为砂泥
互层沉积，砂偶中泥质层较厚，砂泥厚度比小，且砂泥接触界面不规则，表明当时水动力交错，沉积速率较快。图中字母代
表的各种沉积现象、地层界面和沉积间断如下：S. 砂；SS. 粉砂；M. 泥；CC. 钙质结核；S. 砾；MC. 泥砾；OS. 铁质氧化斑。
SB. 砂质透镜体；SL. 贝壳层；B. 虫孔；FM. 铁锰浸染；SM. 细砂质泥；FS. 细砂

(2) 相Ⅴ (河床相)。该沉积相发育于 SE1 孔底部,孔深 99.6 ~ 94.5 m 和 91.6 ~ 75.4 m, 相当于第 4 和第 6 ~ 第 9 层 (图 3-2)。99.6 ~ 94.5 m (第 4 层):该段岩性大致由 3 个沉积旋回组成,具正韵律。第 1 个沉积旋回由下部灰色、青灰色、灰黄色含砾砂、泥质粗中砂、含中砂泥质粗砂和上部泥组成;第 2 个旋回下部为含泥粗砂、泥质粗中砂,向上变为含泥砂和泥;第 3 个旋回由含泥砂、含泥粗中砂和含泥细中砂组成。砂分选极差,由中砂、细砂和粗砂组成,无主要粒级 (图 3-3B),砾石含量为 0% ~ 12.3%,平均 1.8%,砂含量为 48.6% ~ 96.9%,平均 76.4%,粉砂含量为 2.9% ~ 46.0%,平均 22.1%,黏土含量为 0% ~ 5.9%,平均 1.6%;平均粒径为 0.48 ~ 4.22Φ,平均 2.52Φ;分选系数为 0.68 ~ 2.70, 平均 1.94 (图 3-2)。砂层中槽状交错层理、平行层理和波状层理发育 (图 3-2),中细砂层中夹青灰色泥质团块。泥质层中砾石含量为 0% ~ 9.5%,平均 1.2%,砂含量为 0% ~ 37.8%, 平均 8.2%,粉砂含量为 58.2% ~ 94.8%,平均 84.3%,黏土含量为 1.9% ~ 15.5%,平均 7.5%;平均粒径为 4.28 ~ 7.10Φ,平均 5.96Φ;分选系数为 0.76 ~ 2.19,平均 1.26 (表 3-2)。泥质层中炭屑富集层发育。该层段磁化率和 TOC 值均较低,分别呈齿化和平直线型分布,靠近基准面 (图 3-2 和表 3-2)。

91.6 ~ 75.4 m (第 6 ~ 第 9 层):该层段大致由 8 个具有正韵律的沉积旋回组成。第 1 沉积旋回下部为灰色含细砂含粗砂中砂和泥质砂,泥质砂中砂主要由中砂和细砂组成, 块状层理、槽状交错层理和平行层理发育;上部为青灰色块状泥 (图 3-3C),未见任何植物碎屑和泥炭层。第 2 沉积旋回下部为灰色砂砾层 (图 3-3C),砾石含量较高,向上粒度逐渐变细,砾石呈次棱角 – 次圆状,分选较差,平均粒径为 5 ~ 13 mm,最大为 50 mm; 上部为粗砂层,槽状交错层理发育。第 3 沉积旋回为灰黄色含砾粗砂和含砾泥质砂沉积, 向上砾石含量增加,粒度变粗,砂分选差。第 4 沉积旋回下部为灰色砂砾层,泥质含量较高,向上砾石含量减少,多为细砾,呈次圆状,大者为 10 cm × 10 cm × 5 cm;上部为灰黄色含砾泥质砂和含砾含中砂粗砂,泥质砂中砂以中砂和粗砂为主,向上粒度变细,为灰色泥质砂,砂主要由中砂和细砂组成,砂层中槽状交错层理发育。第 5 沉积旋回下部为含砾含泥砂,砂分选差,以中砂和粗砂为主,无主要粒级,砾石多为细砾,分选差,以次圆和次棱角状为主,大小不一,最大为 0.5 cm × 0.7 cm × 0.9 cm;上部自下而上由中砂质粗砂经粗砂质中砂渐变为泥质砂夹泥质薄层,泥质砂中砂由中砂和细砂组成,槽状交错层理发育。第 6 沉积旋回下部为灰黄色含砾粗中砂;上部为灰色含泥粗中砂夹粗砂质中砂和泥质薄层,平行层理发育 (图 3-3D)。第 7 沉积旋回下部为杂色含砾含泥粗中砂;上部为黄灰色粗砂质中砂夹含泥粗中砂和泥质薄层;第 8 沉积旋回为灰色含泥粗中砂和泥质中细砂,分选差,槽状交错层理发育,见青灰色泥砾 (图 3-3E)。该层段砂质层中砾石含量为 0% ~ 13.5%,平均 1.8%,砂含量为 37.6% ~ 98.8%,平均 80.6%,粉砂含量为 1.2% ~ 59.6%, 平均 17.4%,黏土含量为 0% ~ 8.7%,平均 2.1%;平均粒径为 0.33 ~ 4.72Φ,平均 2.31Φ; 分选差,分选系数为 0.67 ~ 2.92,平均 1.92 (表 3-2)。

根据以上沉积特征描述,推测该沉积相为河床相。

(3) 相Ⅳ (河漫滩相)。该沉积相也位于 SE1 孔底部,孔深 94.5 ~ 91.6 m 和 75.4 ~ 72.4 m, 相当于第 5 层和第 10 层下部 (图 3-2)。

94.5 ~ 91.6 m (第 5 层):该层段岩性整体为青灰色细砂质泥与泥、含细砂泥互层,局部夹细砂质粉砂、含中砂粗砂和泥质砂，块状层理发育 (图 3-3F)。向上颜色变为杂色，砂质含量增高。炭屑和植物化石少见。泥质层中砂含量为 0% ~ 46.2%，平均 25.5%，粉砂含量为 49.7% ~ 92.9%，平均 70.2%，黏土含量为 0.6% ~ 11.8%，平均 4.3%；平均粒径为 4.25 ~ 7.04Φ，平均 5.12Φ；分选差，分选系数为 0.75 ~ 2.11，平均 1.44 (表 3-2)。

75.4 ~ 72.4 m (第 10 层下部)：该层段岩性下部为灰黄色含细砂泥、泥夹含泥粗中砂和中细砂 (图 3-3G)；上部为青灰色泥 (图 3-2)。该层段泥质层中砂含量为 1.9% ~ 43.7%，平均 15.9%，粉砂含量为 52.4% ~ 86.2%，平均 75.8%，黏土含量为 3.9% ~ 11.9%，平均 8.3%；平均粒径为 3.78 ~ 6.42Φ，平均 5.59Φ；分选差，分选系数为 1.25 ~ 2.40，平均 1.78 (表 3-2)。74.2 ~ 73.4 m 层段夹一厚层灰黄色含泥砂，砂分选差，主要由细砂和中砂组成，粒度向上逐渐变小，渐变为含砂粉砂沉积，底部重荷模和火焰构造发育 (图 3-3G)，青灰色和灰黄色泥质沉积物贯入上覆砂质沉积物中，突起高度可达 15 cm。该时期河道已改道，由特大洪水携带来的未分选的砂质沉积物突然沉积于下伏饱含水的塑性软泥之上，致使后者承受了上覆砂质沉积物的不均匀负荷压力而使上覆砂质层陷入下伏泥质层中，同时泥质沉积物以舌形向上穿插到上覆砂层中，形成火焰状构造；火焰状构造没有对称性和方向性，是砂质沉积物向下移动和软泥补偿性地向上移动使两种沉积物在垂向上再调整所产生的；可见该层段砂质沉积为"串沟砂"，还未达到决口扇的规模。

推测该沉积相为河漫滩相沉积。TOC 和磁化率值在该层段仍较小，曲线呈齿化线型 (图 3-2 和表 3-2)。

(4) 相Ⅲ (古河口湾相)。该沉积相位于 SE1 孔中下部，72.4 ~ 43.9 m 孔深，相当于第 10 层上部至 13 层 (图 3-2)。

72.4 ~ 66.8 m (第 10 层上部)：该层为深灰色含中砂泥，块状层理发育，与下伏沉积层之间界线明显，底部可见下伏地层沉积物呈撕裂状斑块分布其中，显示沉积水动力突然增强 (图 3-3H)。局部可见黑色、灰黄色泥质团块，偶见炭屑，黄色铁质氧化斑发育 (图 3-3I)。泥质沉积物中砂含量为 0% ~ 54.8%，平均 11.6%，粉砂含量为 42.2% ~ 92.6%，平均 79.5%，黏土含量为 3.0% ~ 18.8%，平均 8.9%；平均粒径为 3.80 ~ 6.96Φ，平均 5.86Φ；分选差，分选系数为 0.94 ~ 2.85，平均 1.64 (图 3-2)。该段沉积物自 72.4 m 开始出现浮游有孔虫，但数量较少，只见几枚，未见任何底栖有孔虫 (图 3-2 和图 3-4)，推测为受潮流影响的河漫滩相沉积，为古河口湾内部靠陆段的一个沉积单元。TOC 值在该层段相对较高，呈齿化箱型，与下伏沉积层特征差异明显；磁化率值自下而上逐渐增大，呈齿化线型 (图 3-2 和表 3-2)。

66.8 ~ 64.1 m (第 11 层)：该段岩性为灰黄色、灰绿色粗中砂夹含泥粗中砂，偶见中粗砂和含泥砂，含泥砂中砂由粗砂和中砂组成 (图 3-3J)。砂质沉积物中砂含量为 57.7% ~ 97.8%，平均 86.4%，粉砂含量为 1.9% ~ 34.5%，平均 11.9%，黏土含量为 0.2% ~ 7.8%，平均 1.6%；平均粒径为 1.08 ~ 4.71Φ，平均 2.02Φ；分选差，分选系数为 1.03 ~ 2.66，平均 1.77 (表 3-2)。砂体下部为块状层理，上部槽状交错层理发育。该段沉积物与上下沉积层之间为突变接触 (图 3-3J)。未见有孔虫 (图 3-2 和图 3-4)，磁化率与 TOC 值均很低 (图 3-2 和表 3-2)，可能为古河口湾内部靠陆段的决口扇沉积。

64.1 ~ 51.5 m (第 12 层)：该段沉积物为灰色泥夹泥质砂和粗中砂，砂质沉积物中

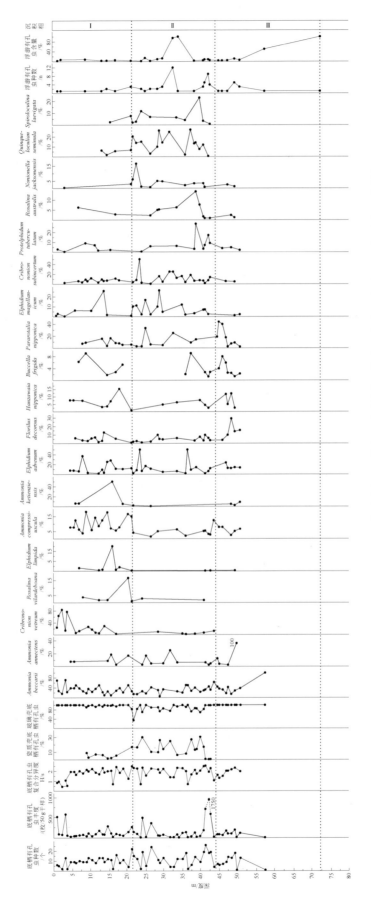

图3-4 钱塘江下切河谷地区 SE1 孔各沉积相底栖和浮游有孔虫种属、种数、丰度和复合分异度垂向分布特征

可见灰绿色泥质团块，块状层理发育；泥质层中见炭屑和铁锰浸染现象，钙结核和砂质团块发育（图3-2和图3-3K）。泥质沉积物中砂含量为0%～49.6%，平均7.5%，粉砂含量为49.9%～93.4%，平均84.8%，黏土含量为0.5%～20.3%，平均7.7%；平均粒径为4.11～7.04Φ，平均5.94Φ；分选差，分选系数为0.88～2.41，平均1.40（表3-2）。在57.4 m孔深处见几枚有孔虫，底栖有孔虫以 *Ammonia beccarii* vars.（毕克卷转虫变种）为主（图3-2和图3-3）。TOC值较高，而磁化率值较低（图3-2和表3-2），推测该层段也为受潮流影响的河漫滩相沉积。

51.5～43.9 m（第13层）：该段沉积物大致由7个沉积旋回组成，与下部层界线明显（图3-3L）。第1沉积旋回为灰色泥质细砂与细砂质泥薄互层，砂泥层偶发育。第2沉积旋回为灰黄色含泥细中砂与细砂质泥薄互层，砂泥层偶发育，向上砂质含量增加，砂泥层偶厚度比增大。第3沉积旋回下部为灰黄色含泥和泥质中细砂与细砂质泥薄互层，砂泥层偶发育，生物扰动现象明显，向上砂质含量增多，砂泥层偶厚度比增大；上部为块状泥质细砂和含泥细砂沉积（图3-3M，N和O）。第4沉积旋回下部为灰黄色含泥、泥质细砂与细砂质泥互层，砂泥层偶发育，生物扰动现象明显，向上砂质含量增多，砂泥层偶厚度比增大；上部为块状泥质细砂和含泥细砂沉积。第5沉积旋回下部为灰黄色泥质细砂和含中砂细砂与细砂质泥薄互层，砂泥层偶发育，向上砂质含量增多，生物扰动现象明显，砂泥层偶厚度比增大；顶部为块状灰黄色、灰色含中砂细砂沉积。第6沉积旋回下部为青灰色泥质细砂与细砂质泥薄互层，砂泥层偶发育，向上砂质含量增多，生物扰动现象明显，砂泥层偶厚度比增大；上部为青灰色块状泥质细砂沉积。第7沉积旋回下部为青灰色泥质细砂与细砂质泥薄互层，砂泥层偶发育，同样向上砂质含量增多，砂泥层偶厚度比逐渐增大；上部为青灰色块状泥质细砂沉积，顶部发育6 cm厚的贝壳富集层，贝壳较破碎（图3-3P）。砂质沉积物中砂含量为31.0%～49.8%，平均44.7%，粉砂含量为46.1%～65.7%，平均51.6%，黏土含量为2.7%～4.9%，平均3.7%；平均粒径为4.12～5.13Φ，平均4.59Φ；分选差，分选系数为1.57～2.14，平均1.83（表3-2）。TOC值在该段沉积物中相对较低，而磁化率值则相对较高，并向上逐渐增大，呈钟型（图3-2和表3-2）。

有孔虫自51.5 m孔深开始大量出现，主要为底栖有孔虫，种数在1～18，丰度为2.5～195枚/50g干样，复合分异度在0～2.34；浮游有孔虫也开始出现，种数在1～5（图3-2和图3-4）。底栖有孔虫为典型的广盐性有孔虫，以玻璃壳为主，主要有 *Ammonia beccarii* vars.、*Ammonia annectens*、*Ammonia compressiuscula*、*Elphidium advenum*、*Florilus decorus*、*Hanzawaia nipponica*、*Protelphidum tuberculatum*、*Pararotalia nipponica*、*Buccella frigida*，其次为 *Elphidium limpida*、*Ammonia ketienziensis*、*Elphidium magellanicum*、*Cribrononion subincertum*、*Rosalina australis*、*Nonionella jacksonensis*（图3-4和图3-5）。典型浅水种如 *Ammonia beccarii* vars.、*Elphidium advenum* 和 *Pararotalia nipponica*，以及深水种（水体深度大于50 m）属 *Ammonia compressiuscula*、*Protelphidum tuberculatum* 和 *Ammonia annectens* 同时出现，深水底栖有孔虫属种可能是由潮流作用从东海带入钱塘江河口湾内（Li *et al.*，2000；Hori *et al.*，2001a）。这些特征与现今钱塘江河口湾相非常相似，因此可将该相解释为以潮流作用为主的古河口湾潮道砂体。浅水和深水底栖有孔虫共同出现，以及砂泥层偶、丰富的虫孔和生物扰

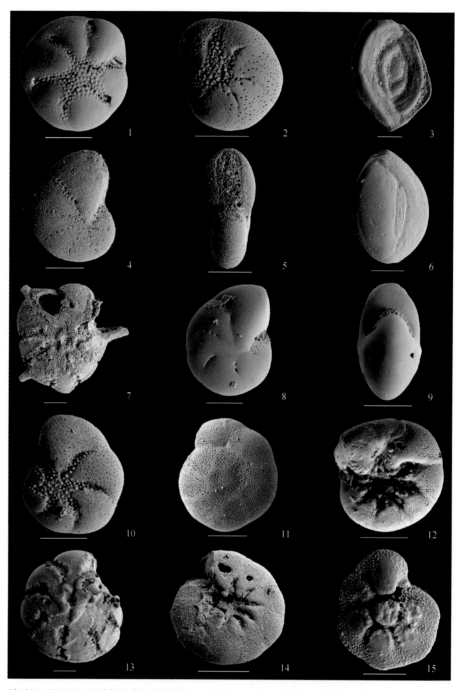

图 3-5　钱塘江下切河谷充填物中典型底栖有孔虫类型和扫描电镜照片 (各图中线段为比例尺，表示 100 μm)

1. *Buccella frigida* (Cushman)，SE1 孔，41.4 ~ 41.42 m 孔深；2. *Protelphidum tuberculatum* (d'Orbigny)，SE1 孔，41.4 ~ 41.42 m 孔深；3. *Spiroloculina laevigata* Cushman et Todd，SE1 孔，15.6 ~ 15.62 m 孔深；4 ~ 5. *Cribrononion vetreum* Wang，4 为侧视，5 为口面视，SE1 孔，0.8 ~ 0.82 m 孔深；6. *Qinqueloculina seminula* (Linné)，SE1 孔，15.6 ~ 15.62 m 孔深；7. *Asterorotalia substripinosa* (Ishizaki)，SE1 孔，40.8 ~ 40.82 m 孔深；8 ~ 9. *Cribrononion subincertum* (Asano)；8 为侧视，9 为口面视，SE2 孔，20.1 ~ 20.12 m 孔深；10. *Elphidium magellanicum* Heron-Allen，SE2 孔，26.3 ~ 26.32 m 孔深；11 ~ 12. *Ammonia beccarii* (Linné) vars.，11 为背视，12 为腹视，SE2 孔，17.5 ~ 17.52 m 孔深；13. *Ammonia annectens* (Paker & Jones)，SE2 孔，18.3 ~ 18.32 m 孔深；14. *Ammonia koeboeensis* (Leroy)，SE2 孔，17.5 ~ 17.52 m 孔深；15. *Pararotalia nipponica* (Asano)，SE2 孔，19.1 ~ 19.12 m 孔深

动现象发育是该沉积环境的识别标志。

因此，72.4 ～ 43.9 m 孔深层段为以潮流作用为主的古河口湾相垂向退积序列，自下而上由受潮流影响的河漫滩相和决口扇相过渡为以潮流作用为主的潮道相。

(5) 相 II（近岸浅海相）。该沉积相位于 SE1 孔中上部，43.9 ～ 21.0 m 孔深，相当于第 14 层（图 3-2）。该段沉积物为青灰色泥夹粉砂和细砂薄层，局部见细砂质泥，泥质层中砂含量为 0% ～ 48.6%，平均 9.7%，粉砂含量为 47% ～ 94%，平均 83.8%，黏土含量为 1.7% ～ 11.5%，平均 6.5%；平均粒径 4.14 ～ 6.75Φ，平均 5.82Φ；分选差，分选系数为 0.95 ～ 2.85，平均 1.41（表 3-2）。泥质层中灰色粉砂、细砂和粗砂团块发育，水平层理、透镜状层理、虫孔和生物扰动现象常见，铁锰浸染现象明显（图 3-3Q 和 R）。该层段 TOC 值较高，仅次于古河口湾相沉积物，呈平滑箱型；而磁化率值最低，呈直线型（图 3-2 和表 3-2）。

该层段有孔虫丰富，以底栖有孔虫为主，底栖有孔虫种数为 0 ～ 24，丰度一般为 0 ～ 590 枚 /50g 干样，最大可达 1750 枚 /50g 干样，复合分异度为 0 ～ 2.5（图 3-2 和图 3-4）。底栖有孔虫以玻璃壳为主，其次为瓷质壳，主要有 *Ammonia beccarii* vars.、*Elphidium advenum*、*Pararotalia nipponica*、*Protelphidum tuberculatum*、*Elphidium magellanicum*、*Cribrononion subincertum*、*Rosalina australis*、*Nonionella jacksonensis*、*Quinqueloculian seminula* 和 *Spiroloculina laevigata*（图 3-4 和图 3-5）。浮游有孔虫种数和含量最多、最高（图 3-4），种数为 0 ～ 12，含量可高达 100%。*Quinqueloculina seminula* 等瓷质壳底栖有孔虫和浮游有孔虫的出现反映当时沉积环境相对温暖，海水影响程度较强。有孔虫群落与现代东海、黄海、长江三角洲和渤海湾地区浅海相有孔虫群落相似（汪品先等，1981；庄丽华等，2002；Li *et al.*，2002；李小艳等，2010）。因此推测该沉积相为近岸浅海相沉积，同时该沉积层段瓷质壳底栖有孔虫含量最高，也说明该层段沉积时期为温暖浅水环境。

(6) 相 I（现代河口湾相）。该沉积相位于 SE1 孔上部，21.0 ～ 0.8 m 孔深，相当于第 15 ～ 第 18 层（图 3-2）。该段沉积物下部为青灰色泥夹泥质细砂薄层；中部为青灰色、灰黄色细砂、含中砂泥质细砂与薄层泥沉积，砂泥层偶发育，局部泥质层较厚，变形严重（图 3-3T）；顶部为灰黄色、浅灰色细砂质泥和泥质沉积。砂质沉积物中砂含量为 20.5% ～ 100%，平均 65.4%，粉砂含量为 0% ～ 79.5%，平均 33.2%，黏土含量为 0% ～ 4%，平均 1.4%；平均粒径为 1.63 ～ 4.59Φ，平均 3.62Φ；分选差，分选系数为 0.57 ～ 2.06，平均 1.40（表 3-2）。泥质沉积物中砂含量为 0.3% ～ 49.1%，平均 22%，粉砂含量为 46.5% ～ 95.8%，平均 74.6%，黏土含量为 0.6% ～ 9.3%，平均 3.4%；平均粒径为 3.95 ～ 6.27Φ，平均 5.02Φ；分选差，分选系数为 0.88 ～ 2.81，平均 1.30（表 3-2）。

沉积物中有孔虫含量较高，主要为底栖有孔虫，以玻璃质壳为主，瓷质壳含量次之，种数为 2 ～ 22，丰度为 20 ～ 580 枚 /50g 干样，复合分异度为 0.43 ～ 2.50（图 3-2 和图 3-4）。浮游有孔虫可见，但数量极少。底栖有孔虫多为广盐性，大概有 30 余种，主要有 *Ammonia beccarii* vars.、*Cribrononion vetreum*、*Rosalina vilardeboana*、*Elphidium limpida*、*Elphidium advenum*、*Ammonia compressiuscula*、*Protelphidum tuberculatum*、*Ammonia annectens* 和 *Hanzawaia nipponica*、*Ammonia ketienziensis*、*Florilus decorous* 和 *Buccella frigida* 等（图 3-4 和图 3-5）。深水和浅水有孔虫同时出现，深水底栖有孔虫可能是由潮流作用从东海带入钱塘

江河口湾内 (Li *et al.*, 2000; Hori *et al.*, 2001a)。这些特征与现今钱塘江河口湾相非常相似，可将该段解释为以潮流作用为主的现代河口湾相。浅水和深水底栖有孔虫共同出现，以及丰富的虫孔和生物扰动现象是该沉积相的识别标志。

3.2.2　SE2 孔沉积相

(1) 相 V (河床相)。该沉积相发育于 SE2 孔最底部，孔深 51.50 ~ 48.28 m，相当于第 1、第 2 层 (图 3-6)。

51.50 ~ 49.05 m (第 1 层)：该层沉积物主要为块状灰色砂砾 (图 3-7A)，平均粒径为 –1.83 ~ 0.85Φ，偏态为 –0.35 ~ 0.67，平均 0.23，多为正偏，未见任何植物碎屑和根茎 (图 3-6 和表 3-3)。沉积物以砾石为主，砂、泥混杂其中。砾石成分复杂，有石英岩、凝灰岩、砂岩、燧石、酸性火山岩等；磨圆中等，多呈次圆 – 次棱角状，也见扁平和不规则状，与短源河流的河床相砾石比较接近 (李从先等，1986，1993)。该层段自下而上砾石含量逐渐降低，粒径逐渐变小，下部砾石含量约 60%，粒径多为 6 ~ 8 cm，上部砾石含量降为 53%，粒径以 1 ~ 2 cm 为主。沉积物分选非常差，分选系数为 3.06 ~ 3.99 (图 3-6 和表 3-3)，峰态较低，为 1.47 ~ 2.40，平均 1.92，以宽峰态为主，沉积物大小混杂。概率累积曲线呈三段式，以滚动和跳跃组分为主，含量约 80%，其中滚动组分占 10% ~ 50%，滚动组分和跳跃组分的交截点为 –5 ~ 3.5Φ，跳跃和悬浮组分的交截点为 3 ~ 4Φ (图 3-8A)，这些特征均指示该层沉积物形成于强水动力的高能环境。频率分布曲线呈双峰态，主峰位于 –4.5 ~ –3Φ，表明沉积物主要由中 – 粗砂组成 (图 3-8B)。该层沉积物的平均粒径和峰态值在 SE2 孔各段沉积物中最低，分选系数则最高，表明沉积物粒度最粗，分选最差，沉积物沉积时水动力最强。

49.05 ~ 48.28 m (第 2 层)：该层段沉积物为灰黄色细砂 (图 3-7B)，平均粒径为 3.30 ~ 4.41Φ (图 3-6 和表 3-3)，偏态为 0.41 ~ 1.13，平均 0.76，以正偏为主，局部粉砂含量高。砂、粉砂和黏土的含量分别为 51.5% ~ 73.29%、22.52% ~ 41.49% 和 4.18% ~ 6.99%，平均值分别为 61.71%、32.70% 和 5.58% (表 3-3)。该段沉积物也具正粒序，分选非常差，分选系数为 2.03 ~ 2.30 (图 3-6 和表 3-3)，峰态较低，为 1.98 ~ 3.21，平均 2.49，以宽峰态为主。概率累积曲线呈三段式，以跳跃组分为主，含量为 50% ~ 80%，跳跃组分与悬浮组分之间存在明显的混合带，在 2 ~ 3Φ (图 3-8C)。该段沉积物磁化率值最高，但 TOC 值最低 (图 3-6 和表 3-3)。频率曲线呈不对称双峰状，主峰位于 1.75 ~ 3.25Φ (图 3-8D)。与下伏层相比，沉积物粒度变小、分选变好、环境水动力条件减弱。

可见该层段沉积物粒度向上逐渐变细，从砂砾层渐变为细砂层 (图 3-6 和表 3-3)，表明沉积环境水动力向上逐渐减弱。Lin 等 (2005) 研究指出该层段砂质沉积物中交错层理发育，见少量泥质团块和碎屑。此外该层段缺乏潮汐作用所形成的诸如砂泥互层、虫孔和生物扰动等典型沉积构造，且不含任何植物碎屑、有孔虫和贝壳化石，表明当时的沉积动力环境已超过了潮流作用范围，为陆相沉积产物。这是因为陆相沉积环境与海相沉积环境相比，前者基本不含虫孔、有孔虫和贝壳 (Pemberton *et al.*, 1992)。该段粗粒沉积物具有与

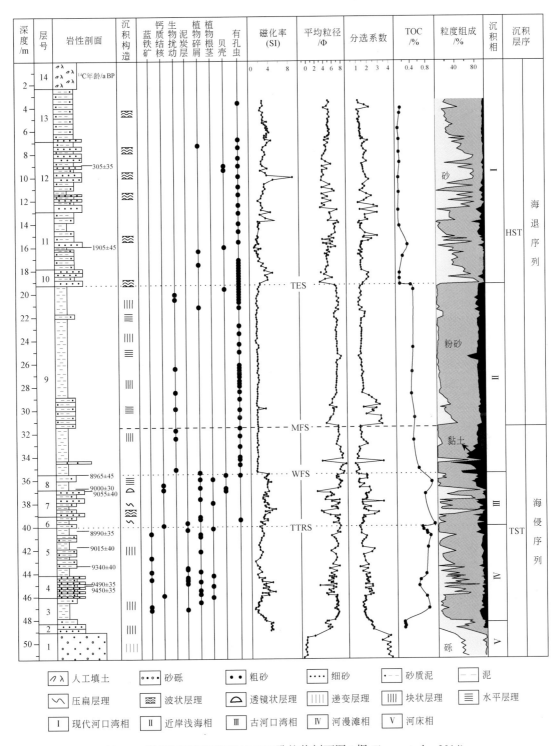

图 3-6　钱塘江下切河谷地区 SE2 孔柱状剖面图（据 Zhang *et al.*，2014）

TST. 海侵体系域；HST. 高水位体系域；TTRS. 海侵潮流作用面；WFS. 体系域内洪泛面；MFS. 最大海泛面；TES. 海退潮流侵蚀面

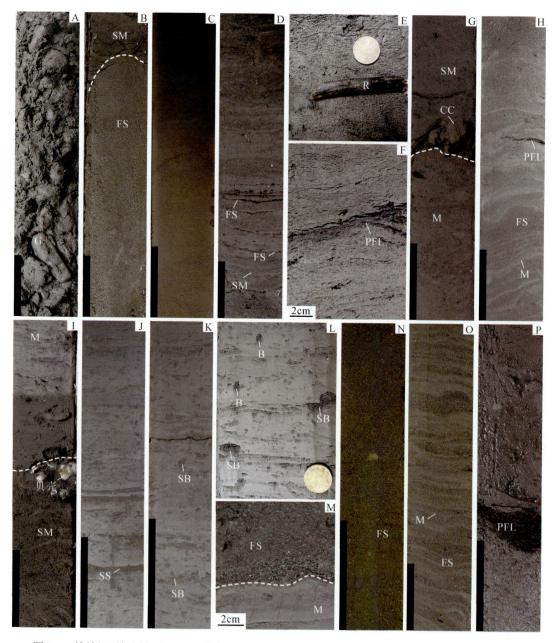

图 3-7　钱塘江下切河谷地区 SE2 孔典型沉积现象、地层界面和沉积间断（据 Zhang et al.，2014）

A. 50.55～51.05 m 孔深，相Ⅴ，灰色砂砾层，递变层理发育；B. 48.63～49.13 m 孔深，相Ⅴ块状细砂和相Ⅳ块状砂质泥，接触界线位于 48.28 m 孔深（白色虚线所示）；C. 47.47～47.90 m 孔深，相Ⅳ，灰黄色泥，块状层理发育；D. 43.96～44.50 m 孔深，相Ⅳ，砂泥互层，且砂质含量向上逐渐减少；E. 44.72 m 孔深，相Ⅳ，植物根茎；F. 44.95 m 孔深，相Ⅳ，植物碎屑富集层；G. 39.50～39.90 m 孔深，相Ⅳ的泥和相Ⅲ的灰色砂质泥，块状层理发育，二者的接触界线位于 39.98 m 孔深（白色虚线所示），界面之上钙质结核发育；H. 38.55～38.92 m 孔深，相Ⅲ，灰色泥和细砂互层，见植物碎屑富集层；I. 相Ⅲ和相Ⅱ之间的接触界线，位于 25.49 m 孔深（白色虚线所示），界线下部为相Ⅲ的灰黄色砂质泥，顶部见 8 cm 厚的贝壳层，上部为相Ⅱ的青灰色泥，富含水；J. 30.58～30.92 m 孔深，相Ⅱ，青灰色砂质泥夹粉砂条带和团块，虫孔和生物扰动构造发育；K. 28.28～28.56 m 孔深，相Ⅱ，青灰色砂质泥，粉砂团块和虫孔发育；L. 19.95 m 孔深，相Ⅱ，虫孔和粉砂团块；M. 相Ⅱ和相Ⅰ的接触界线，位于 19.24 m 孔深（白色虚线所示），界线上部为相Ⅰ的灰色细砂，下部为相Ⅱ的块状泥；N. 12.43～12.71 m 孔深，相Ⅰ，黄色细砂，块状层理发育；O. 14.37～14.83 m 孔深，相Ⅰ，砂泥互层，泥质含量向上增加；P. 16.09～16.43 m 孔深，相Ⅰ，灰色泥，见植物碎屑富集层。照片上部为顶；各图中黑色条块为比例尺，表示 10 cm；硬币直径为 2 cm。图中字母代表的各种沉积现象、地层界面和沉积间断如下：G. 砾；FS. 细砂；SM. 砂质泥；M. 泥；PFL. 植物碎屑富集层；R. 植物根茎；CC. 钙质结核；SS. 粉砂条带；SB. 粉砂团块；B. 虫孔

表 3-3 钱塘江下切河谷地区 SE2 孔各沉积相沉积物粒度、总有机碳（TOC）和磁化率特征（Zhang et al., 2014）

相	深度/m	类型	沉积物粒度组成 /%								平均粒径 / Φ	分选系数	TOC /%	磁化率 (SI)/10^{-4}
			砾 <-1Φ	粗砂 -1~1Φ	中砂 1~2Φ	细砂 2~4Φ	粗粉砂 4~6Φ	中粉砂 6~7Φ	细粉砂 7~8Φ	泥 >8Φ				
I	2.30~19.24	砂 (31)	nd	0.00~31.85 /4.91	0.99~29.88 /11.91	20.50~66.56 /50.55	7.29~37.75 /20.48	0.00~10.64 /5.42	0.00~8.21 /4.07	0.00~5.99 /2.67	2.71~4.27 /3.62	1.08~2.88 /1.76	0.07~0.30 /0.12	1.02~8.74 /2.85
		泥 (64)	nd	0.00~21.54 /1.48	0.00~12.69 /1.01	0.00~46.31 /21.94	16.03~75.93 /48.79	2.29~28.35 /10.89	2.17~32.37 /9.63	1.40~26.66 /6.27	3.25~7.20 /5.08	1.07~2.86 /1.48		
II	19.24~35.49	砂	nd	55.58	1.16	5.95	8.41	10.24	10.74	7.92	2.91	3.30	0.37~0.54 /0.43	1.27~3.10 /1.56
		泥 (82)	nd	0.00~32.28 /2.45	0.00~2.62 /0.10	0.00~22.55 /3.47	0.00~40.65 /28.86	2.21~31.49 /24.07	12.41~38.45 /23.19	8.25~72.07 /17.87	4.06~8.42 /6.45	0.69~3.18 /1.50		
III	35.49~39.98	砂 (6)	nd	0.00~62.09 /17.66	7.99~41.47 /17.59	0.00~62.95 /39.94	0.99~15.76 /9.54	3.46~9.54 /7.50	3.63~8.53 /4.91	0.00~7.16 /2.85	1.66~3.80 /3.10	1.70~2.84 /2.00	0.71~0.94 /0.84	1.98~4.99 /3.12
		泥 (33)	nd	0.00~24.94 /1.38	0.00~5.98 /0.66	0.00~40.27 /9.29	4.85~56.66 /25.7	13.50~30.83 /22.13	6.38~36.95 /23.59	2.83~47.49 /17.15	4.72~7.83 /6.31	0.96~3.27 /1.55		
IV	39.98~48.28	砂 (7)	nd	0.00~51.13 /7.96	0.51~23.30 /9.04	17.67~58.48 /45.15	7.01~27.28 /18.91	4.52~10.21 /8.01	3.09~8.03 /6.40	2.19~5.64 /4.53	2.16~4.46 /3.87	1.65~2.29 /1.96	0.55~0.84 /0.70	0.74~4.79 /2.12
		泥 (53)	nd	0.00~12.82 /0.52	0.00~11.46 /0.69	0.00~44.89 /14.55	19.40~44.38 /34.69	10.85~33.09 /21.82	8.06~30.85 /17.30	5.17~21.64 /10.42	4.47~6.98 /5.86	1.04~2.39 /1.57		
V	48.28~49.05 (7)		nd	0.00~3.64 /1.21	8.62~28.38 /16.60	19.23~50.72 /40.15	11.42~28.71 /18.29	5.77~14.65 /9.47	8.85~19.56 /13.30	0.62~1.62 /0.97	3.30~4.90 /4.09	2.03~2.30 /2.15	0.17~0.20 /0.18	3.83~4.25 /4.01
	49.05~51.50 (10)		30.75~74.48 /54.64	4.72~15.07 /8.06	2.45~7.62 /5.21	14.03~43.33 /26.12	1.04~5.90 /2.40	0.52~2.95 /1.20	1.02~5.80 /2.36	nd	-1.83~-0.85 /-0.75	3.06~3.99 /3.64		

注：0.00~31.85/4.91 代表最小值~最大值 / 平均值；括号中数字为样品数；nd 为含量低于检测下限。

现代河流沉积相似的岩性和沉积序列，因此可解释为河流体系中的河床沉积 (Hori *et al.*, 2001a；Zhong *et al.*, 2002)。SE2 孔未钻遇河床相底界。

(2) 相Ⅳ (河漫滩相)。48.28 ~ 39.98 m 孔深：相当于第 3 ~ 第 5 层 (图 3-6)。第 3 层 (48.28 ~ 46.01 m) 和第 5 层 (44.12 ~ 39.98 m) 沉积物为灰黄色、灰色泥和砂质泥 (图 3-7C)；第 4 层 (46.01 ~ 44.12 m) 沉积物表现为砂质泥和细砂沉积互层 (图 3-7D)。

该段沉积物块状层理发育，见透镜状和脉状层理 (图 3-6)。各粒级沉积物含量变化较大，砂为 0% ~ 83.9%、粉砂为 14.6% ~ 88.44%，黏土为 2.19% ~ 21.64%，反映出沉积动力极不稳定。沉积物粒度偏细，平均粒径为 2.16 ~ 6.98Φ，平均 5.63Φ，分选差，分选系数为 1.05 ~ 2.39，平均 1.62 (表 3-3)。偏态、峰态分别为 −0.93 ~ 1.37 和 1.96 ~ 3.81，平均值依次为 0.12 和 2.37，表明整体粒度分布以近对称、中 – 宽峰态为主，其中砂层以细偏 – 极细偏和宽峰态为主。与下伏层段相比，沉积物粒度变小，分选变好，水动力条件进一步减弱，但平均粒径变化范围较大，指示沉积环境不太稳定。砂层和泥层的概率累积曲线均呈三段式，由一个跳跃总体和两个悬浮次总体构成，缺乏滚动组分，跳跃载荷含量为 10% ~ 40%，跳跃与悬浮总体的交截点为 2.5 ~ 4.0Φ，显示河流沉积的特点 (图 3-8E)。砂层沉积的频率曲线呈不对称的双峰状，主峰位于 2.3 ~ 4.1Φ，而泥质沉积层的频率曲线呈单峰状，主峰位于 5.6 ~ 7.0Φ(图 3-8F)。泥质沉积物中泥炭层、植物根茎和碎屑丰富，泥炭层厚度为 0.01 ~ 2 cm (图 3-7E 和 F)，偶见螺化石，未见有孔虫。此外，泥质沉积物中还见许多菱铁矿和蓝铁矿结核。与下伏河床相相比，该段沉积物磁化率值相对较低，但 TOC 值较高 (图 3-6 和表 3-3)。^{14}C 测年显示该段沉积物形成于 8990 ± 35 ~ 9490 ± 35 a BP (图 3-6 和表 3-1)。

该段沉积层与下伏河床相界线明显。其不含有孔虫，或其他海相化石的特点指示其形成于淡水环境 (Pemberton *et al.*, 1992)。泥炭层、菱铁矿和蓝铁矿结核的出现表明其形成于一个相对还原的环境 (林春明等，1999a)。因此推断该段沉积物可能形成于水动力较弱的河漫滩沉积环境。46.01 ~ 44.12 m 层段的砂体可能为串沟砂沉积 (Collinson，1979)。林春明等 (2005a) 认为这些砂体主要以大小不一的透镜体形式存在。另外，该段泥质沉积物的 TOC 值超过了陆相泥质沉积物的生气下限 (0.18%)(周翥虹等，1994)，表明该段沉积物为浅层生物气藏重要的生气源。

(3) 相Ⅲ (古河口湾相)。39.98 ~ 35.49 m 孔深，相当于第 6 ~ 第 8 层，与下伏沉积层界线明显 (图 3-6 和 3-7G)。

第 6 层 (39.98 ~ 39.01 m) 和第 8 层 (36.92 ~ 35.49 m) 沉积物主要为灰黄色、灰色泥和砂质泥 (图 3-7G)；第 7 层 (39.01 ~ 36.92 m) 沉积物表现为灰色、灰黄色细砂 (厚 0.01 ~ 2.37 cm) 和泥 (厚 0.01 ~ 2.36 cm) 互层 (图 3-7H)。波状层理、脉状层理和砂纹交错层理发育。各粒级沉积物含量变化较大，其中砂为 0% ~ 85.5%，粉砂为 13.3% ~ 83.6%，黏土为 0% ~ 47.5%，平均含量分别为 21.2%、63.8% 和 15.0%，说明沉积环境比较动荡。沉积物平均粒径为 1.66 ~ 7.83Φ，平均 5.8Φ；分选较差，分选系数为 0.96 ~ 3.27，平均 1.62 (表 3-3)；偏态和峰态分别为 −1.05 ~ 1.98 和 1.91 ~ 5.53，平均值依次为 −0.05 和 2.68，以粗偏 – 近对称、中 – 宽峰态为主。概率累积曲线呈三段式，由一个跳跃组分 (<30%)，和两个悬浮组分组成 (图 3-8G)。频率曲线呈双峰式，一个主峰位于 2.0 ~ 3.8Φ，沉积物主要由极细砂和中砂组

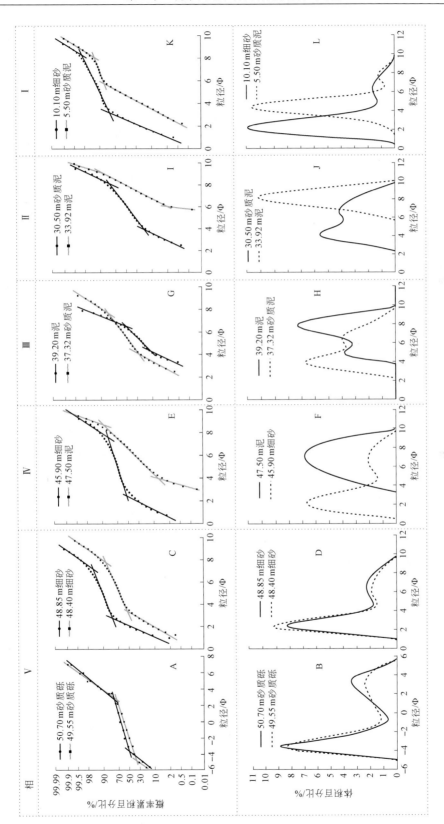

图3-8 钱塘江下切河谷地区SE2孔各沉积相粒度概率累积和频率曲线特征

成；另一个主峰位于 6.6 ～ 8.8Φ，指示沉积物以黏土和中粉砂为主 (图 3-8H)。钙质结核发育，一般可作为环境暴露的标志，主要形成于水位经常升降的水体边界附近。该沉积相自 39.50 m 开始出现底栖有孔虫，主要为胶结壳有孔虫，即串珠虫 (*Textularia* sp.) 和串球虫 (*Reophax* sp.)，此外还见少量的玻璃壳有孔虫，如 *Ammonia beccarii*、*Ammonia dominicana Bermudez* 和 *Nonionella akitaense Asano* (图 3-9)。底栖有孔虫种数为 2 ～ 3，丰度为 8 ～ 13 枚 /50g 干样，复合分异度为 0.64 ～ 0.95。顶部还见厚约 8 cm 的贝壳富集层，壳体虽受不同程度风化，但保存完整，常见两瓣绞合者，反映了原地埋藏的特点 (图 3-9 和图 3-7I)。沉积物中常见植物碎屑和根茎，36.90 m 和 35.50 m 孔深贝壳样品的 AMS ^{14}C 测年结果显示该段沉积物形成于 8965 ± 45 ～ 9055 ± 45 a BP (图 3-6 和表 3-3)。

由此可见，该段沉积物中典型潮流作用沉积构造非常发育，如砂泥层偶、透镜状层理和压扁层理等，此外胶结壳底栖有孔虫的出现，以及其低的含量、种数和复合分异度表明该段沉积物主要形成于低盐、近陆的潮流作用环境中。同时钙质结核的出现也表明该沉积环境经常暴露于地表，与现代钱塘江河口湾相的沉积环境一致。因此本书认为该段沉积物应形成于一个以潮流作用为主的古河口湾相中。胶结壳有孔虫、砂泥层偶和钙质结核是该沉积相的识别标志。该沉积相的 TOC 值超过了陆相泥质沉积物的生气下限 (0.18%)(周翥虹等，1994) 和海相泥质沉积物的生气下限 (0.5%)(Rice and Claypool，1981)，表明该段沉积物也为浅层生物气藏重要的生气源。

(4) 相 II (近岸浅海相)。35.49 ～ 19.24 m 孔深，相当于第 9 层，与下伏沉积层界线明显 (图 3-6)。沉积物主要为青灰色泥 (含水量大于 70%)，夹土黄色、灰色粉砂条带和团块，31.4 ～ 28.9 m 层段为粗砂质泥 (图 3-7J 和 K)。粉砂层厚度为 1 ～ 2 mm，泥质层厚度在几厘米到十几厘米之间。块状、透镜状和水平层理发育，虫孔和生物扰动现象丰富 (图 3-7J，K 和 L)。与其他相相比，该段沉积物粒度最细，平均粒径为 6.12 ～ 7.97Φ，平均 6.69Φ；分选最好，分选系数为 1.16 ～ 2.97，平均 1.54 (表 3-3)，指示水动力条件最弱，环境最稳定。泥质沉积物概率累积曲线呈三段式，由 3 个悬浮组分组成 (图 3-8I)；频率分布曲线呈单峰状，主峰位于 6.0 ～ 8.5Φ (图 3-8J)。砂质泥沉积物的概率累积曲线也呈三段式，但由一个跳跃组分 (含量小于 30%) 和两个悬浮组分组成 (图 3-8I)；频率曲线呈双峰状，主峰位于 3.0 ～ 4.5Φ (图 3-8J)。该段沉积物体积磁化率最低，且 TOC 值低于海相泥质沉积物的生气门限 (图 3-6 和表 3-3)。

沉积物中有孔虫丰富，以底栖有孔虫为主，含量高达 85.7% ～ 100%，浮游有孔虫含量多不足 10% (图 3-9)。底栖有孔虫丰度总体向上增加，每 50g 干样中底栖有孔虫多为数十枚，最多可达 790 枚，平均 60 枚，复合分异度平均为 1.29。底栖有孔虫为典型的广盐性浅海底栖有孔虫，以玻璃壳为主，主要有 *Ammonia beccarii* vars.、*Elphidium magellanicum*、*Quinqueloculina* seminula、*Cribrononion vetreum*、*Cribrononion subincertum*、*Protelphidum tuberculatum*、*Elphidiella kiangsuensis*、*Florilus decorus* 等 40 余个属种 (图 3-9)。浮游有孔虫属种较少，主要为 *Globigerinita glutinata*、*Globigerinoides sacculifer* 和 *Noegloboquadrina pachyderma* 等。*Quinqueloculina seminula* 和 *Triloculina rotunda* 等瓷质壳底栖有孔虫和浮游有孔虫的出现反映当时沉积环境相对温暖，海水影响程度较强。有孔虫群落与现代东海、黄海、长江三角洲和渤海湾地区浅海相有孔虫群落相似 (汪品先

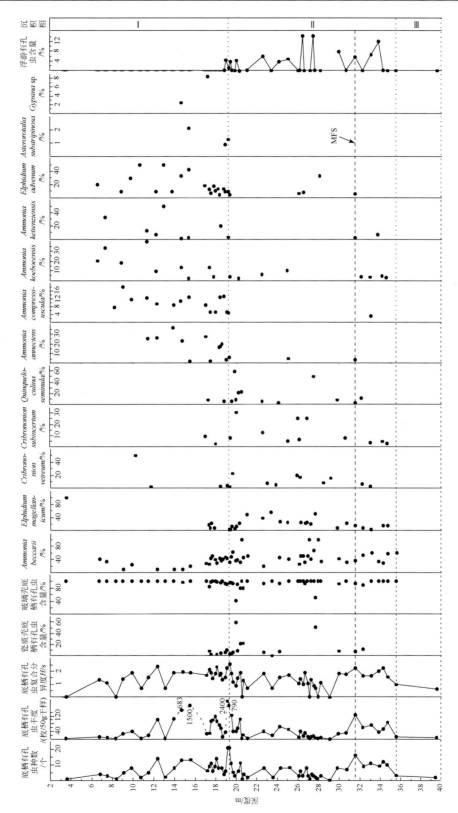

图3-9　钱塘江下切河谷地区SE2孔各沉积相底栖和浮游有孔虫种属、种数、丰度和复合分异度垂向分布特征

等，1981；庄丽华等，2002；Li *et al.*，2002；李小艳等，2010）。因此，该段沉积物可能形成于一个水体相对较深的浅海环境，为近岸浅海相沉积。

（5）相 I （现代河口湾相）。19.24 ~ 2.30 m 孔深，相当于第 10 ~ 第 13 层，与下伏层呈突变接触（图 3-6 和图 3-7M）。沉积物主要由细砂和砂质泥组成，且下部多呈灰色，向上渐变为黄灰色，波状层理发育（图 3-7M，N 和 O）。细砂层的厚度为 0.02 ~ 2 m，平均粒径为 2.71 ~ 4.27Φ；砂质泥沉积物厚度在 0.02 ~ 4m，平均粒径为 3.25 ~ 7.20Φ（表 3-3）。偏态为 –1.52 ~ 1.75，平均 0.69，以正偏、对称为主。峰态为 1.87 ~ 6.31，平均 3.58，以尖峰态为主，中、宽峰态次之。与下伏层段相比，沉积物平均粒径增大，沉积水动力增强。砂和砂质泥沉积物的概率累积曲线均呈三段式，由一个跳跃组分（含量可高达 70% ~ 80%）和两个悬浮组分组成（图 3-8K）。跳跃组分斜率较高，表明沉积物分选较好，分选系数为 1.07 ~ 2.88。频率曲线呈不对称双峰状，主峰分别位于 2 ~ 3.4Φ 和 4.2 ~ 4.5Φ（图 3-8L）。该段沉积物磁化率相对较低，TOC 值最低（图 3-6）。植物碎屑非常发育，局部富集成层（图 3-7P）。

底栖有孔虫种数、丰度和复合分异度在该沉积相底部突然增大，并向上逐渐减小（图 3-9）。沉积物中有孔虫含量高，底栖有孔虫丰度最大可达 2240 枚 /50g 干样，平均 225 枚 /50g 干样，浮游有孔虫仅在底部可见，数量极少（图 3-9）。底栖有孔虫多为广盐性，有 30 余种，主要有浅水种属如 *Ammonia beccarii* vars.、*Elphidium advenum* 和 *Pararotalia nipponica*，以及深水种属（水体深度大于 50 m）如 *Ammonia compressiuscula*、*Protelphidium tuberculatum* 和 *Ammonia koeboeensis* 等（庄丽华等，2002）（图 3-9）。这些深水底栖有孔虫属种可能是由潮流作用从东海带入钱塘江河口湾内的（Li *et al.*，2000；Hori *et al.*，2001a）。这些特征与现今钱塘江河口湾相非常相似，因此可将该相解释为以潮流作用为主的现代河口湾相。浅水和深水底栖有孔虫共同出现是该沉积相的识别标志。同时，*Ammonia annectens*、*Asterorotalia subtrispinosa*、*Amphistegina* 和 *Gypsina* 的同时出现说明当时古气候较温暖。

3.2.3　萧 3 孔沉积相

（1）相 V （河床相）。62.80 ~ 49.23 m 孔深，相当于第 2 层（图 3-10），该层段沉积物下部由土黄色砂砾层和含砾粗砂组成，向上逐渐变细变薄，见槽状交错层理；上部由分选良好的中砂到具交错层理的细砂组成，见少量泥质碎屑。砾石成分复杂，主要为中酸性火山岩、石英岩、燧石和砂岩等；粒径大小不一，大者达 2 cm，且自下而上逐渐减小，由 4 ~ 6 cm 渐变为 0.6 ~ 1.0 cm；向上含量逐渐减小，以致消失，砂含量逐渐增多；分选差，以圆状到次棱角状为主，也见长柱状、扁平者或不规则状。底部与下伏层呈不整合接触，基底为白垩纪火山岩风化壳。该相缺乏潮汐影响所形成的诸如砂泥互层等典型沉积构造，可见当时的沉积动力环境已超过潮流作用的限制，未见有孔虫和软体动物壳体，可解释为河流体系的一部分，可能为河床相沉积。

（2）相 IV （河漫滩相）。49.23 ~ 44.50 m 孔深，相当于第 3 ~ 第 5 层（图 3-10），该层段与相 V 为连续沉积，岩性由深灰色泥、灰色粉砂质泥和灰黄色泥质粉砂组成，粉砂层中含较多泥质团块。44.98 ~ 44.50 m 层段发育薄层灰色含砾砂层。相 IV 中植物碎屑丰富，

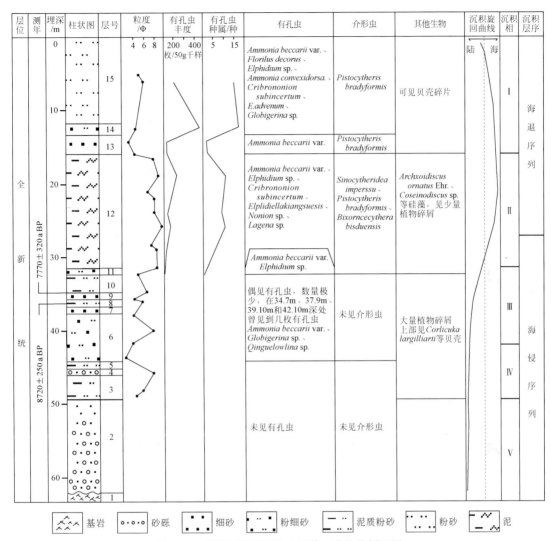

图 3-10　钱塘江下切河谷地区萧 3 孔柱状剖面图

　　见菱铁矿和蓝铁矿结核，局部水平层理发育，未见有孔虫等海相化石，可解释为河漫滩相沉积，薄层含砾砂可能为"串沟砂"沉积。

　　(3) 相Ⅲ (古河口湾相)。44.50 ~ 31.51 m 孔深，相当于第 6 ~ 第 11 层。第 7 层 (36.45 ~ 36.00 m)、第 9 层 (35.21 ~ 34.71 m) 和第 11 层 (32.01 ~ 31.51 m) 为灰色细砂沉积，第 11 层见少量贝壳及碎片；第 8 层 (36.00 ~ 35.21 m) 为灰色泥质粉砂沉积，局部夹粉砂条带 (厚度为 0.2 ~ 0.3 cm)；第 10 层 (34.71 ~ 32.01 m) 为灰色粉砂质泥，贝壳含量丰富，壳体多完整，少量发生破碎，植物碎屑发育。35.4 ~ 35.3 m 层段泥质层 ^{14}C 测年为 8720 ± 250 a BP；34.7 ~ 34.1 m 层段贝壳 ^{14}C 测年为 7770 ± 320 a BP (图 3-10 和表 3-1)。该相沉积物中含少量有孔虫，在 34.7 m、37.9 m、39.10 m 和 42.10 m 处发现几枚有孔虫，为 *Ammonia beccarii* var.、*Globigerina* sp. 和 *Quingueloculina* sp.。向上有孔虫含量增多，但也仅见 *Ammonia beccarii* var. 和 *Elphidium* sp.。通过与相邻孔对比，将其划分为古河口湾相。

(4) 相Ⅱ（近岸浅海相）。31.81 ~ 16.00 m 孔深，相当于第 12 层（图 3-10），该相岩性主要为灰色泥夹粉砂和砂质透镜体，见水平和透镜状层理，质软，富含水。有孔虫含量丰富，每 50g 干样中常达数百枚，以底栖有孔虫为主，含量可高达 90% ~ 95%，以广盐性近岸生活的温带型和广温属种居多，化石群与中国东部沿岸海域的现代生物群相似，属种相当，生活在浅海区（汪品先等，1981）。有孔虫主要属种有 *Ammonia beccarii* vars.、*Elphidium magellanicum*、*Cribrononion subincertum*、*Elplidiet lakiangsuesis*、*Elphidium* sp.、*Nonion* sp. 和 *Lagena* sp. 等。介形虫有 *Sinocytheridea imperssu*、*Pistocythereis bradyformis* 和 *Bicornucythere bisanensis* 等，还见硅藻 *Archxoidiscus ornatus* Her. 和 *Coseinodiscus* sp.，少量植物碎屑。该相可解释为近岸浅海相。

(5) 相Ⅰ（现代河口湾相）。16.00 ~ 0.0 m 孔深，相当于第 13 ~ 第 15 层（图 3-10），与下伏层界线明显，为一冲刷面，岩性主要为灰色粉砂，分选好。底部 15.38 ~ 13.2 m 层段为灰色细砂沉积，云母含量高，见完整贝壳及碎片。13.2 ~ 11.81 m 层段为灰色粉细砂层沉积，与上下层过渡接触。有孔虫和介形虫含量较丰富，与现今钱塘江河口湾相似。有孔虫主要有 *Ammonia beccarii* vars.、*Cribrononion vetreum*、*Florilus decorus*、*Elphidium advenum*、*Ammonia convexidorsa*、*Globigerina* sp.。还见少量介形虫 *Pistocythereis bradyformis* 及贝壳碎屑。该相可解释为现代河口湾相。

3.2.4 夹 4 孔沉积相

夹 4 孔中河床和河漫滩相未钻遇，自下而上依次发育相Ⅲ（古河口湾相）、相Ⅱ（近岸浅海相）、相Ⅰ（现代河口湾相）和相 LM（湖沼相）（图 3-11），具体特征如下。

(1) 相Ⅲ（古河口湾相）。48.59 ~ 38.40 m 孔深，相当于第 1 ~ 第 5 层（图 3-11），下部岩性为土黄色砂砾层，砾石粒径大小不一，大者可达 2 cm，呈次圆状，成分主要为石英岩、中酸性火山岩、少量泥砾；中部为青灰、灰黄色中砂层，向上渐变为粉砂夹泥质粉砂层；上部为青灰色泥层，见黑色植物碎屑和少量贝壳碎片；顶部为厚约 14 cm 的贝壳层。砂体概率累积曲线大多呈二段、三段型，个别呈一段型（图 3-12），以典型牵引流的跳跃搬运为主，悬浮搬运次之，一般缺乏滚动组分。悬浮与跳跃总体之间的交截点为 2.25 ~ 3.25Φ。例如，44.0 ~ 43.0 m 层段砂体沉积物，其跳跃总体含量由 38% 增加至 60%，悬浮总体由 32% 降为 20%，跳跃总体与悬浮总体的截点由 1.75Φ 增加到 2.25Φ，截点的大小可以反映搬运介质的扰动强度，可见该沉积相砂体沉积时的水动力强度向上变弱（图 3-12），从图 3-11 也可看出沉积物水动力向上逐渐变弱，沉积物从砂砾层经由中砂变为粉砂、泥质粉砂层。粗组分主要为陆源碎屑，顶部细粒沉积物中见大量植物碎屑，片状矿物少见。该层上部见 *Corbicula celsusapica* Huang、*Corbicula leana* Prine 和 *Valvatidae* 等淡水 - 微咸水生活的软体动物，其壳体虽受不同程度风化，但完整，并常见两瓣绞合或呈团块状共生者，可见其属于原地埋藏。沉积物中零星出现几枚 *Ammonia beccarii* var.、*Elphidium advenum* 和 *Pistocytheris bradyformis*，个体较小，多为幼体，磨蚀严重，并有向上含量增多的趋势。推测为古河口湾相中的潮道砂体。39.0 ~ 38.0 m 层段贝壳层 ^{14}C 测年为 11985 ± 385 a BP。在静力触探曲线上，该层锥尖阻力 (q_c) 和侧壁摩擦力 (f_s) 均很高，曲线呈钟型 (图 3-11)。

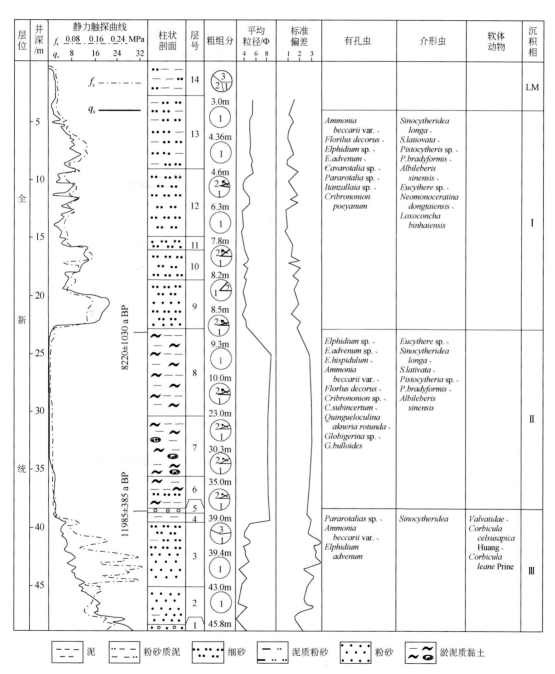

图 3-11　钱塘江下切河谷地区夹 4 孔柱状剖面图 (据林春明等，1999a)

粗组分：1. 陆源碎屑；2. 片状矿物；3. 植物碎片

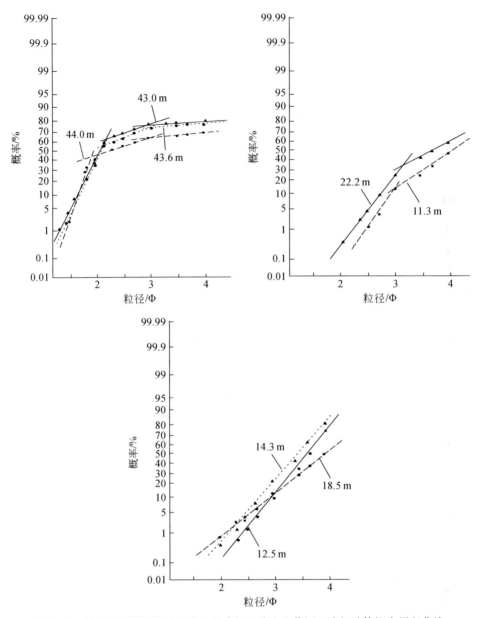

图 3-12　钱塘江下切河谷地区夹 4 孔古河口湾和现代河口湾相砂体概率累积曲线

(2) 相Ⅱ（近岸浅海相）。38.40 ～ 22.75 m 孔深，相当于第 6 ～第 8 层（图 3-11），岩性主要为青灰色泥，质软，富含水，偶夹粉砂条带和团块，粉砂厚度为 1 ～ 2 cm，水平层理发育，偶见贝壳碎片和螺化石。在静力触探曲线上，该层锥尖阻力 (q_c) 和侧壁摩擦力 (f_s) 均很低，曲线平直，靠近基线，极易与相Ⅲ、相Ⅰ层区别开（图 3-11）。沉积物平均粒径为 7.2 ～ 8.8Φ，标准偏差为 2.5 ～ 3.2；粗组分分析结果以陆源碎屑为主，含一定量片状矿物，未见任何植物碎屑（图 3-11）。上述特征说明沉积水体深度不大，靠近物源区，水流环境相对稳定。该相含丰富有孔虫，50 g 干样中常多达数百枚，浮游有孔虫含量不足

5%，底栖有孔虫含量可高达 90% ~ 95%，以广盐性近岸生活的温带型和广盐属种居多，化石群与中国东部沿岸海域的现代生物群相似，属种相当，生活在水深 <20 m 的浅海区。有孔虫主要有 *Ammonia beccarii* var.、*Quinqueloculina akneriana rotunda*、*Qinqueloculina grandaliformis*、*Elphidium* sp.、*Cribirmonion* sp.、*Florilus* sp. 和 *Brizalina* sp. 等近 20 个种，分异度高，且多为幼体。介形虫则以 *Sinocytheridea* 和 *Pistocytheris* 两属种占绝对优势，伴有 *Albileberis sinensis* 等属。该相可解释为近岸浅海相，23.1 ~ 22.8 m 层段黏土层 ^{14}C 测年为 8220 ± 1030 a BP。

(3) 相 I（现代河口湾相）。22.75 ~ 2.60 m 孔深，相当于第 9 ~ 第 13 层（图 3-11），岩性主要为黄灰色粉砂、含细砂粉砂和含泥粉砂，夹少量细砂层和青灰色泥质条带，与下伏沉积层之间界线明显。粉砂含量为 60% ~ 80%，黏土和砂的含量一般均不足 10%。底部夹细砂层，并常见流水冲刷面。该层的锥尖阻力（q_c）和侧壁摩擦力（f_s）均增高，其值自下而上逐渐减小，曲线呈齿化钟型，反映沉积物向上变细，水动力条件变弱。砂体概率累积曲线为一段式和二段式，表明沉积物分选较好，且整体粒度比古河口湾相小（图 3-12）。该相海相性比相 II 低，底部含贝壳碎片和自生矿物海绿石，有孔虫含量较丰富，50 g 干样中达数百枚，主要属种有 *Ammonia beccarii* var.、*Elphidium* sp. 和 *Globigerian* sp. 等，未见水文条件较稳定的 *Quinqueloculina akneriana rotunda*。介形虫为 *Sinocytheridea* 和 *Pistocytheri*。有孔虫数量虽多，分异度较低，个体小，壳体受到强烈磨蚀，是在水动力较强条件下搬运而来的。该层特征与现今钱塘江河口湾相似，应为动荡的现代河口湾相。

(4) 相 LM（湖沼相）。2.60 ~ 0 m，相当于第 14 层（图 3-11），岩性为灰色粉砂质泥，因暴露地表而缩水，略有固结，在静力触探曲线上 f_s 为另一高值带。偶见水平层理，含大量植物根系和碎屑，可见盾形化石（植物硅酸体）。仅见极少量广盐性有孔虫，如 *Ammonia beccarii* var.。

3.2.5 乔司农场 CK4 孔沉积相

乔司农场 CK4 孔自下而上可划分出 3 个沉积相。

(1) 相 V（河床相）。49.50 ~ 49.00 m 孔深，相当于第 2 层（图 3-13）。岩性主要由砂砾组成，向上变为中粗砂，具正粒序。砾石磨圆良好，粒径为 0.5 ~ 1.0 cm，成分主要由下伏基底地层白垩纪石英砂岩、火山岩等组成。植物碎屑少见，有孔虫等海相化石未见。部分砂砾层胶结较致密的特征表明该沉积层埋藏时间较久，推测为末次冰盛期之前，末次冰期之后河床相沉积，为强制海退时期的沉积产物。

(2) 相 IV（河漫滩相）。49.00 ~ 20.00 m 孔深，相当于第 3、第 4 层（图 3-13）。沉积物岩性主要由砂质泥和泥组成，偶夹薄砂层，自下而上砂质含量逐渐减少，具正粒序。沉积物内部腐殖质含量较高，见植物碎屑和木屑。推测为河漫滩相沉积，同样为末次冰盛期之前，末次冰期之后，即强制性海退时期的沉积产物。该沉积层顶部的泥质层因长期暴露于空气中，沉积物内部水分蒸发，发生成壤作用，致使沉积物致密坚硬，形成硬黏土层，

系	统	代号	层	层厚/m	底深/m	岩性剖面	岩性描述	沉积相	沉积层序
第四系	全新统	Q_4^2	5		20.00		0~0.5m，为耕植土。上部灰黄色粉砂，下部深灰色粉砂，成分主要为石英，次为长石、云母片等，粒度由上往下略增粗，含少量有机质。底部为粉细砂，见10cm灰黑色泥炭薄层，含植物碎片。17m孔深处见少量白色细小贝壳碎片，夹少量砾石	现代河口湾相	高水体体系域
	上更新统	Q_3	4	7.59	27.59		硬黏土层，上部为青灰色，下部黄色，致密坚硬，黏塑性很强，黄色泥具铁质网纹，与上覆粉砂层界线清晰，呈假整合接触		
	上—中更新统		3	21.91	49.50		灰色、青灰色砂质泥，砂由细砂、粉砂组成，自上而下含砂量渐增，往往夹薄砂层，砂层厚度一般1~3cm，最厚可达20cm。砂粒度由上往下渐粗，底部腐殖质含量较多，有植物碎片、烂木屑等，具微层理构造，颜色变为深灰色 灰色砂砾层，含少量泥质，上部为中粗砂，含少量砾石，分选一般。砾石成分有石英砂岩、火山岩等，砾径0.5~1cm，磨圆度良好，局部胶结较坚密	河漫滩相	强制海退体系域
			2	0.40	49.90			河床相	
白垩系	下白垩统	K_1	1	6.68	56.58		粉砂质泥，上部杂色，风化很厉害，下部为紫红色粉砂质泥岩，结构致密坚硬，由泥质和粉砂组成，质细腻，含白云母、绢云母小片，厚层状，岩心完整	基底	

图3-13 钱塘江下切河谷地区乔司农场CK4孔柱状剖面图（据张霞，2013）

其顶界面为层序界面、初始海泛面和最大海泛面的复合界面。

(3) 相 I (现代河口湾相)。20.00 ~ 1.50 m 孔深,相当于第 5 层 (图 3-13)。沉积物主要为粉砂沉积,上部呈灰黄色,下部呈灰色,底部见粉细砂,内部见贝壳化石,通过与周围钻孔的岩性对比,推测该段为现代河口湾相内部的粉砂砂坝沉积。

3.2.6 雷 5 孔沉积相

雷 5 孔沉积物可划分为 4 个沉积相。

(1) 相 III (古河口湾相)。38.0 ~ 25.14 m 孔深,相当于第 1 ~ 第 7 层 (图 3-14)。该层段沉积物表现为浅灰色泥质粉砂与细砂互层,底部见砂砾和泥质沉积。底部有孔虫少见,主要为 *Ammonia beccarii* (Linne) vars. 和 *Buccella frigida* (Cushman),向上有孔虫含量增多。泥质层中见植物碎屑,细砂和粉砂层中见贝壳碎片,顶部 40 cm 细砂层中见大量贝壳。34.0 ~ 25.14 m 层段沉积物中孢粉组合特点是以喜凉、干的植物松属 (平均含量 7.5% 左右)、柏科 (平均含量 10% 以上) 和草本植物中的禾本科、莎草科等含量高,占优势,栎属及青冈栎等喜暖植物相对含量较低,喜温的阴地蕨较多 (平均含量 2.5% 以上),水生植物较少,耐盐植物如碱蓬含量较低 (图 3-15)。因此推测当时气温为温凉、略干燥,*Buccella frigida* (Cushman) 有孔虫的出现也可证明这点,同时 SE1 孔古河口湾相顶部 *Buccella frigida* 也很发育,表明该沉积相对应于 SEI 孔中古河口湾沉积,且该时期虽然海平面已上升,但温度较低。该沉积相底部可能为受潮流影响的河床和河漫滩相沉积,上部为古河口湾内潮道砂体。

(2) 相 II (近岸浅海相)。25.14 ~ 12.49 m 孔深,相当于第 8、第 9 层 (图 3-14)。该层段沉积物下部为浅灰色泥质粉砂,上部为浅灰色泥,富含水。有孔虫含量丰富,每 50 g 干样中有数百枚,主要为底栖有孔虫。底栖有孔虫以玻璃壳为主,其次为瓷质壳,主要有 *Ammonia beccarii* vars.、*Elphidium magellanicum*、*Cribrononion subincertum*、*Protelphidium tuberculatum*、*Elphidiella kiangsuensis*、*Quinqueloculina akneriana rotunda* 等 40 余个属种,有孔虫群落与 SE1 和 SE2 相似。介形虫有 *Keijiella bisanensis*、*Neomonceratina chenae*、*Sinocytheridea impressu* 和 *Pistocythereis bradyformis*,与萧 3 和夹 4 孔可对比,因此推测该沉积相为近岸浅海相。静力触探曲线显示为平直线形,q_c 和 f_s 值最低,与下伏层界线明显。从图 3-15 中可看出该层段喜暖湿的植物如山毛榉科植物大量生长,最高含量可达 37%,青冈栎 (常绿阔叶树种) 平均含量在 4% 左右,整个草本植物如禾本科、莎草科等比相 III 减少,其中的水生草本植物如眼子菜含量反而增加,最高可达 3.89%。松柏类植物含量变化较大,但总的趋势是中间少而上下高,上述组合反映当时气候相当暖湿。此阶段发生大范围的海侵,相当冰后期中期,海平面快速上升,在本区沉积了一套近岸浅海相为主的地层。

(3) 相 I (现代河口湾相)。12.49 ~ 8.70 m 孔深,相当于第 10、第 11 层 (图 3-14)。该层段岩性为浅灰色含泥、泥质粉砂,与下部层段之间为突变接触,静力触探曲线中 q_c 和 f_s 值突然增大,曲线呈齿化钟型,与夹 4 孔相应层段沉积特征极为相似。因此,推测其

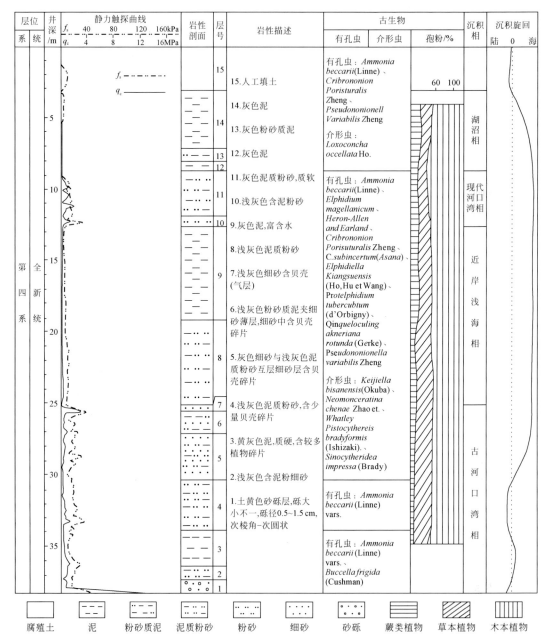

图 3-14 太湖下切河谷地区雷 5 孔柱状剖面图

为现代河口湾相沉积。该层段有孔虫、介形虫和孢粉分析与下伏层段相似 (图 3-14 和图 3-15)，表明沉积时期气候比较温湿。

(4) 相 LM (湖沼相)。8.70～3.03 m 孔深，相当于第 12～第 14 层 (图 3-14)。该层段沉积物以灰色泥为主，夹粉砂质泥，见大量的植物碎屑和根茎，泥炭层的厚度最大可达几十厘米，生物扰动现象明显，为湖沼沉积。有孔虫含量较少，以 *Ammonia beccarii* vars.、*Cribrononion Poristuralis* Zheng 和 *Pseudononionell Variabilis* Zheng 为主，介形虫有

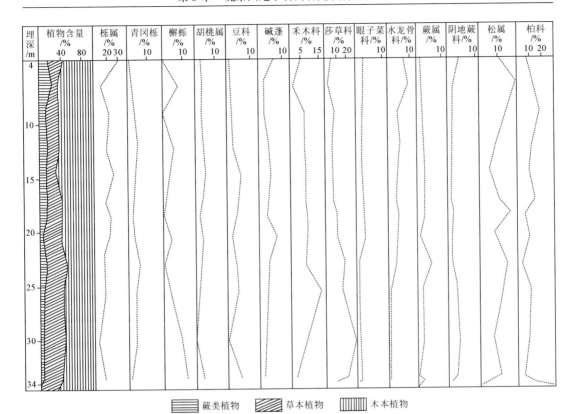

图 3-15　太湖下切河谷地区雷 5 孔孢粉种类及含量特征

Loxoconcha occellata Ho.。孢粉分析可知一些喜暖植物如青冈栎等含量又减少，而一些喜凉植物，如松、柏等含量又有所增加 (图 3-15)，说明此阶段沉积时气温及湿度又有所下降，相当于冰后期晚期。

3.2.7　头 9 孔沉积相

头 9 孔可分为 3 个沉积相。

(1) 相Ⅲ (古河口湾相)。53.93 ~ 32.30 m 孔深，相当于第 1 ~ 第 5 层 (图 3-16)。该层段岩性以灰色泥为主，中部夹浅灰色砂层，分选中等，底部见砂砾层。沉积物中偶见贝壳。有孔虫少见，主要为 *Ammonia beccarii* vars.。介形虫有 *Sinocytheridea impressa* 和 *Keijiella bisanensis*。为古河口湾相沉积，中部砂体可能为潮道砂体，砂体粒度向上逐渐增大，呈逆粒序，静力触探曲线呈漏斗状，q_c 和 f_s 值较高。泥质层中 q_c 和 f_s 值低，曲线呈线型，靠近基线。顶部为古河口湾相的标志层，即富含贝壳的细砂层。

(2) 相Ⅱ (近岸浅海相)。32.30 ~ 20.42 m 孔深，相当于第 6 层 (图 3-16)。该层段沉积物为灰色泥，富含水，夹细砂和粉细砂薄层或团块。有孔虫含量较高，以底栖有孔虫为主，主要有 *Ammonia beccarii* vars.、*Elphidium magellanicum*、*Cribrononion subincertum*、*Protelphidum tuberculatum*、*Elphidiella kiangsuensis*、*Elphidium advenum*、*Quinqueloculina*

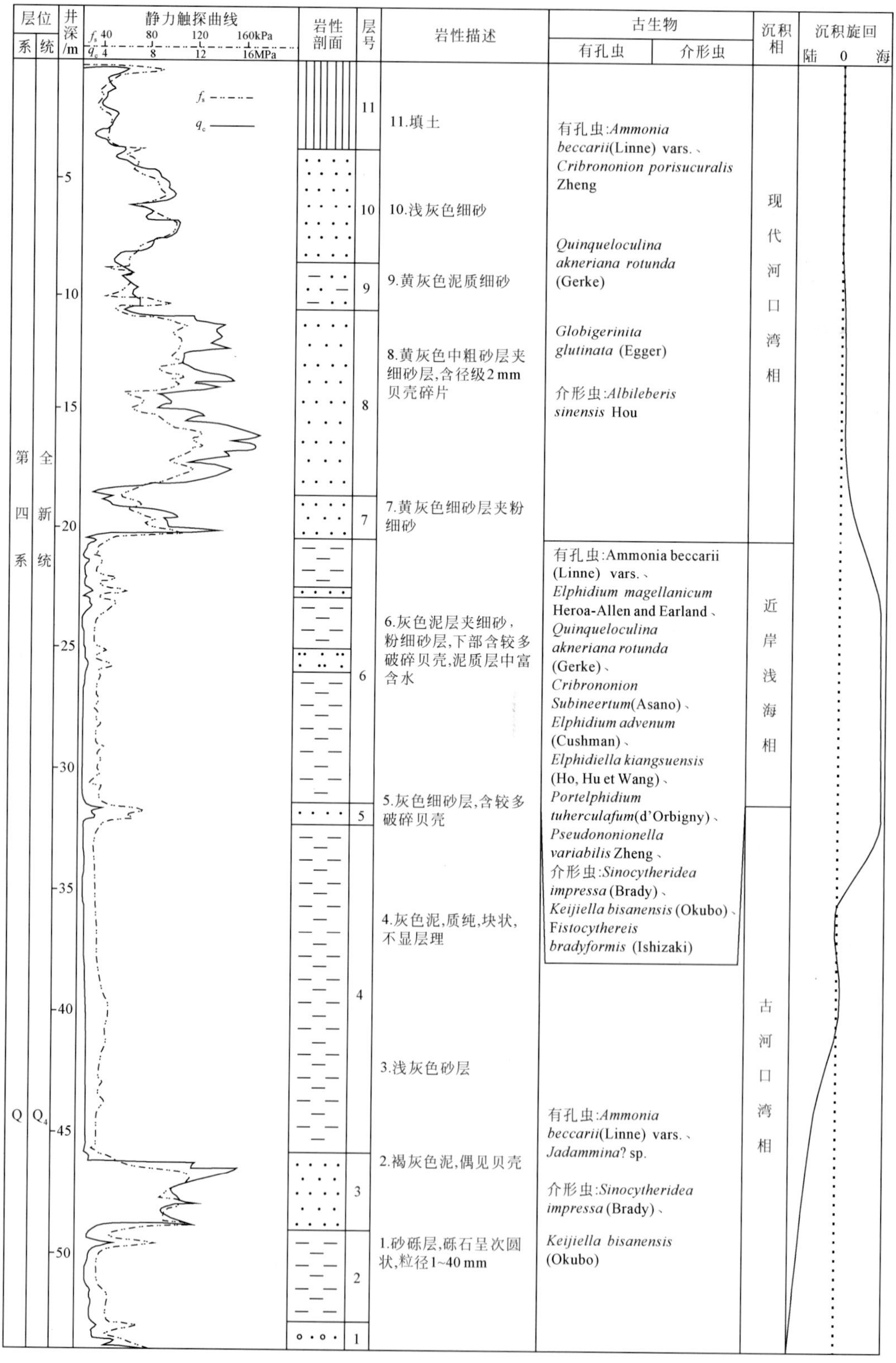

层位		井深 /m	静力触探曲线	岩性剖面	层号	岩性描述	古生物		沉积相	沉积旋回
系	统		f_s 40 80 120 160kPa q_c 4 8 12 16MPa				有孔虫	介形虫		陆 0 海
第四系 Q	全新统 Q₄				11	11.填土	有孔虫:Ammonia beccarii(Linne) vars.、Cribrononion porisucuralis Zheng		现代河口湾相	
					10	10.浅灰色细砂				
					9	9.黄灰色泥质细砂	Quinqueloculina akneriana rotunda (Gerke)			
					8	8.黄灰色中粗砂层夹细砂层,含径级2mm贝壳碎片	Globigerinita glutinata (Egger) 介形虫:Albileberis sinensis Hou			
					7	7.黄灰色细砂层夹粉细砂				
					6	6.灰色泥层夹细砂,粉细砂层,下部含较多破碎贝壳,泥质层中富含水	有孔虫:Ammonia beccarii (Linne) vars.、Elphidium magellanicum Heroa-Allen and Earland、Quinqueloculina akneriana rotunda (Gerke)、Cribrononion Subineertum(Asano)、Elphidium advenum (Cushman)、Elphidiella kiangsuensis (Ho, Hu et Wang)、Portelphidium tuherculafum(d'Orbigny)、Pseudononionella variabilis Zheng、介形虫:Sinocytheridea impressa (Brady)、Keijiella bisanensis (Okubo)、Fistocythereis bradyformis (Ishizaki)		近岸浅海相	
					5	5.灰色细砂层,含较多破碎贝壳			古河口湾相	
					4	4.灰色泥,质纯,块状,不显层理				
						3.浅灰色砂层				
					3	2.褐灰色泥,偶见贝壳	有孔虫:Ammonia beccarii(Linne) vars.、Jadammina? sp. 介形虫:Sinocytheridea impressa (Brady)、			
					2	1.砂砾层,砾石呈次圆状,粒径1~40 mm	Keijiella bisanensis (Okubo)			
					1					

图 3-16 钱塘江下切河谷地区义盛浅气田头 9 孔剖面柱状图

akneriana rotunda 等 40 余个属种，有孔虫群落与 SE1 和 SE2 孔相似。介形虫有 *Keijiella bisanensis*、*Sinocytheridea imperssu* 和 *Fistocythereis bradyformis*，与萧 3 和夹 4 孔可对比，因此推测该沉积相为近岸浅海相。静力触探曲线显示为波状线型，q_c 和 f_s 值最低，与下伏层界线明显。

(3) 相 I（现代河口湾相）。20.42 ~ 3.69 m 孔深，相当于第 7 ~ 第 10 层（图 3-16）。该段沉积物由几个正旋回组成，旋回下部为中粗砂、细砂和粉细砂，向上渐变为泥质细砂。沉积物与下伏地层界线明显，为一岩性突变面。沉积物内含大量破碎贝壳。有孔虫类型单一，主要有 *Ammonia beccarii* vars.、*Cribrononion porisucuralis* Zheng 和 *Quinqueloculina akneriana rotunda*。介形虫可见 *Albileberis sinensis* Hou。该沉积相为现代河口湾相。

3.2.8　杭州湾水域 CH2 孔沉积相

CH2 孔划分为 3 个沉积相。

(1) 相 Ⅲ（古河口湾相）。40.81 ~ 27.60 m 孔深，相当于第 1 ~ 第 3 层（图 3-17）。沉积物主要为灰黄色、灰色泥质粉砂，局部粉砂含量向上逐渐减少，氧化现象明显，下

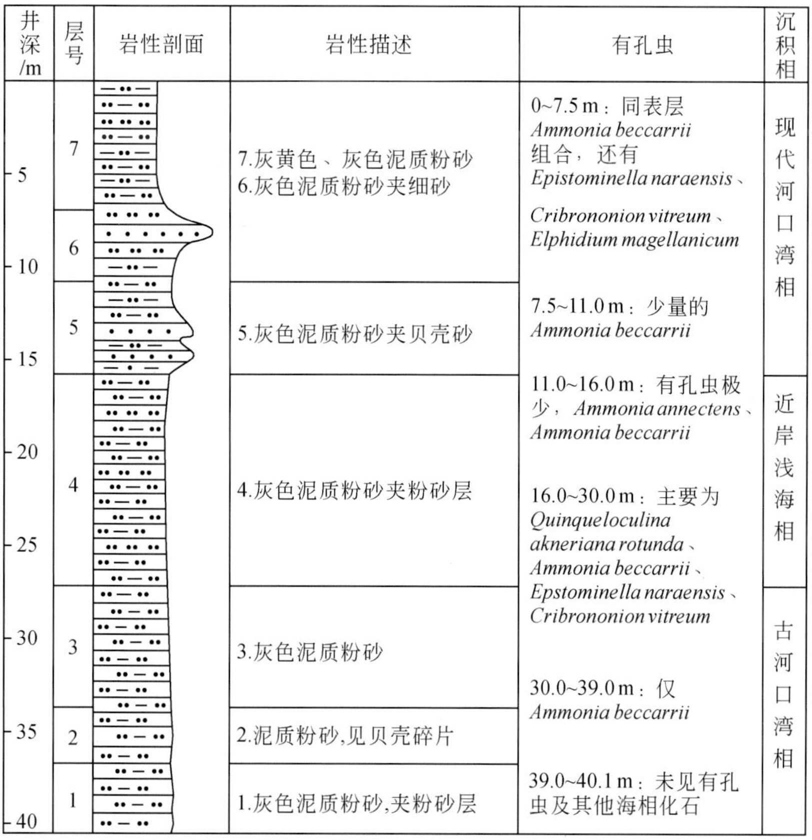

图 3-17　钱塘江下切河谷地区杭州湾水域 CH2 孔柱状剖面图

部具气孔构造。该层段沉积物中 40.81 ~ 39.0 m 层段未见任何有孔虫及其海相化石；39.0 ~ 27.60 m 层段，有孔虫开始出现，属种单调，仅 *Ammonia beccarii* 一种。约在 35.3 m 孔深处，见一完整的"楔形条纹蛤蜊"（俗称黄蛤），是河口段咸淡水交互影响环境下的产物。因此，推断该层段沉积物为古河口湾相内部靠陆段的潮流影响河漫滩相，且向上潮流影响逐渐增强。

(2) 相Ⅱ（近岸浅海相）。27.60 ~ 16.00 m 孔深，相当于第 4 层（图 3-17）。该层段沉积物为灰色泥夹粉砂薄层。沉积物中有孔虫种属比较丰富，主要有 *Ammonia beccarii*、*Quinqueloculina akneriana rotunda*、*Elphidium magellanicum*、*Cribrononion*、*Epistominella naraensis* 等。浮游有孔虫含量较低，一般小于 4%，为水深 < 20 m 的近岸浅海相沉积。

(3) 相Ⅰ（现代河口湾相）。16.0 ~ 0 m 孔深，相当于第 5 ~ 第 7 层（图 3-17）。沉积物以灰黄到灰色泥质粉砂沉积为主，砂泥层偶发育，局部夹 3 层含贝壳碎屑的细砂层，厚度为 15 ~ 20 cm。有孔虫含量较低，一般每 50 g 干样中不足 5 枚，最多为 480 余枚，主要有 *Ammonia beccarii* 和 *Ammonia annectens*，此外，还有 *Epistominella naraensis*、*Cribrononion* 和 *Elphidium magellanicum* 等，组合与目前环境比较一致，代表水深 10 m 左右的河口湾环境，底部沉积物内见近岸浅海相有孔虫残留。

3.2.9　ZK01 孔沉积相

根据岩心观察的结果，参考沉积相识别标志，结合钻孔所处的地理位置和区域地质背景等因素，将 ZK01 孔取心段自下而上划分为河床相、河漫滩相、古河口湾相、浅海相和三角洲相 5 种沉积相类型（图 3-18）（林春明等，2015；邓程文等，2016；邓程文，2017），各沉积相特征分述如下。

(1) 河床相。该沉积相位于 ZK01 孔下部 112.00 ~ 90.00 m（相当于第 22 ~ 第 18 层）和 83.4 ~ 70.4 m（相当于第 16 ~ 第 14 层）层段。

112.00 ~ 90.00 m：该层段沉积物由砾质粗砂、含砾粗砂、细砂质中砂、粉砂质砂、中砂质细砂、粉砂质细砂、黏土层等构成，以块状中砂质细砂沉积为主，常夹有砂砾层、木屑层等，偶夹砂姜层，砾石通常为次圆状或次棱角状，砾径变化大，分选性差，局部层段可见泥砾，边缘极不规则，呈撕裂状。岩心整体白云母碎片较多，未见有孔虫，递变层理、块状层理、平行层理发育。该层段具有河床沉积的典型特征，以 98.00 ~ 97.00 m 的硬黏土层为分界，可进一步划分出 2 个大的沉积旋回，14 个小旋回。每个旋回特征相似，底部为岩性突变面，自下而上沉积物粒度逐渐变细，且砂质含量逐渐减少，泥质含量增加，有些旋回上部渐变为黏土夹粉砂薄层，有些旋回上部炭屑和白云母含量大量增加，表明沉积水动力逐渐减弱（林春明等，2014）。该层段沉积物组分以砂为主，砂平均含量为 89.09%，粉砂平均含量为 8.50%，黏土平均含量为 2.42%，反映水动力较强；平均粒径分布在 2.0 ~ 3.0 Φ，平均 2.68 Φ，分选系数 0.47 ~ 2.87，变化较大，但主要为 0.5 ~ 1.0，平均 1.15，尤其在 108.4 ~ 99.5 m 层段分选系数分布在 0.49 ~ 0.98，反映该段沉积物分

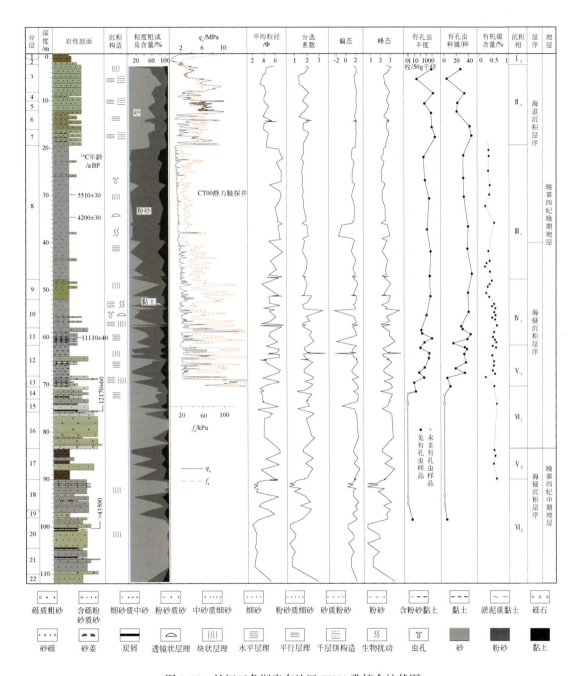

图 3-18 长江三角洲启东地区 ZK01 孔综合柱状图

选较好；偏态分布在 0.06 ~ 2.33，平均 1.16，偏态值变化较大，但均为正偏，反映粗颗粒为沉积物主体；峰态分布在 0.60 ~ 3.36，多数值大于 1，平均 1.75，表明沉积物组分分布一般，分选一般。

　　83.40 ~ 70.40 m：该层段河床相沉积物以灰、灰黄色砾质砂为主 (图 3-19A)，砂主要由粗砂组成，其次为中砂和细砂，少量粉砂质砂、粉砂质细砂，见多处大砾石 (图 3-19B)、炭屑薄层 (图 3-19C) 和贝壳壳体。该层段沉积物可进一步划分为多个小的沉积旋回，每个旋回底部为冲刷面，下部主要为砾质粗砂，向上粗砂和砾石含量减少，渐变为灰色粉砂质砂，砂主要由细砂和中砂组成，无主要粒级，顶部为灰色黏土层，或灰黄色粉砂质砂与灰、褐色黏土互层沉积，整体为一正粒序，反映水动力逐渐减弱。82.80 ~ 82.50 m 为一砾石层 (图 3-19D)，砾石直径为 1 ~ 5 cm，磨圆较差，呈次圆 – 次棱角状，类似于短源搬运的河床相砾石，但与河床滞留沉积形成的砾石不同的是，砾石层厚度较大，自下而上砾石的粒径逐渐减小。此外，该段发育块状、平行层理，见泄水构造 (图 3-19E)，缺乏潮汐影响所形成的如砂泥互层等典型沉积构造，表明当时的沉积动力环境已经超出了潮流作用的范围 (李艳丽等，2011；张霞等，2013)。

　　粒度概率累积曲线可反映沉积物的粒度分布和搬运方式之间的关系，不同沉积相具有不同的搬运方式、沉积环境等，因此不同沉积相沉积物的概率累积曲线各有特征，概率累积曲线和频率分布曲线的研究是判别临近地区沉积相的重要参考。河床相概率累积曲线形态复杂，大体可分为两类。第一类概率累积曲线主要为跳跃和悬浮组分，粒度分布范围主要为 1 ~ 8Φ，分选较差，跳跃组分含量主要为 30% ~ 60%，最大可达 90%，粒度分布主要在 1 ~ 4Φ；悬浮组分曲线由多段组成，含量为 40% ~ 70%，粒度分布主要在 3 ~ 8Φ；跃移组分和悬浮组分的截点为 2 ~ 3Φ。频率分布曲线表现出双峰特征，主峰众数值主要分布在 2.1 ~ 3.8Φ，次峰众数值分布在 5.6 ~ 7.5Φ (图 3-20)。较粗组分被悬浮搬运反映了较强水动力条件下的河床沉积。83.50 ~ 70.40 m 河床沉积物的概率累积曲线主要为第一类曲线。第二类概率累积曲线为三段式，主要为跳跃和悬浮组分，粒度分布范围为 1 ~ 8Φ，分选较好，组分被较好地分为两类，以跳跃组分为主，占 60% ~ 90%，最大可达 98%，粒度主要为 1 ~ 4Φ；悬浮组分含量较少，一般少于15%，有时可达 40%，粒度主要为 4 ~ 8Φ；跳跃组分和悬浮组分的截点为 2 ~ 4Φ。频率分布曲线主要为单峰式，主峰众数值主要分布在 2.0 ~ 3.0Φ。沉积组分沉积物主要以跳跃的方式搬运，反映了强水动力条件下的河床沉积 (图 3-20)。112.00 ~ 90.00 m 河床相沉积物的概率累积曲线主要为第二类。

　　河床相沉积物中共鉴定 8 个样品 (图 3-21)。5 个样品中未见到有孔虫壳体，仅 f41、f47 样品中见到极少量有孔虫壳体，每 50 g 干样中分别为 15 枚和 6 枚。虽然这 2 个样品中出现有孔虫壳体，但其种数和丰度极低，与下述样品相比急骤下降，几乎可以忽略不计。底栖有孔虫种属主要为 *Ammonia beccarii* vars. 和 *Florilus decorus* (Cushman et McCulloch)。可见该段沉积物基本未受海洋环境影响，与该段岩性所揭示的河床相的陆相沉积特征相一致。

　　(2) 河漫滩相。位于 ZK01 孔下部 90.00 ~ 83.40 m (相当于第 17 层) 和 70.40 ~ 61.65 m (相当于第 13、第 12 层) 层段。河漫滩是河床外侧河谷底部较平坦部分，平水期无水，洪水期水漫溢出河床，在河床外侧形成河漫滩沉积，河漫滩相由含砾粗砂、含砾粉砂质砂、粉砂质砂、砂质粉砂、粉砂、黏土构成，主要为黏土和粉砂质砂，夹有砾石和砂质团块，多

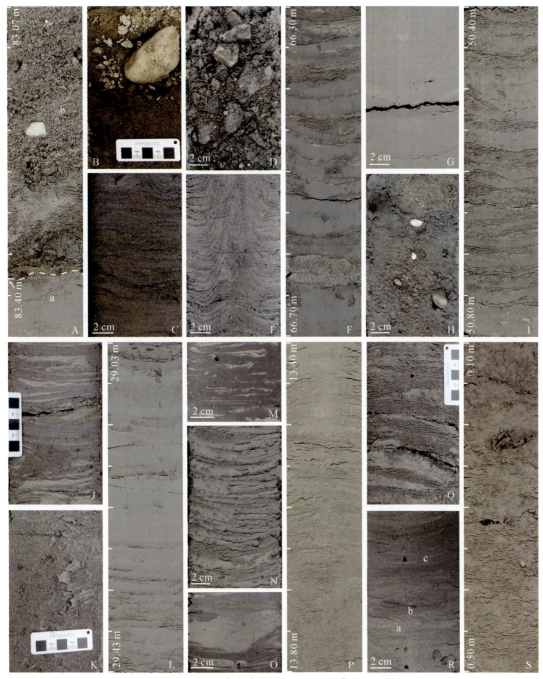

图 3-19　长江三角洲启东地区 ZK01 孔典型沉积特征

A. 河流侵蚀不整合面 (83.40 m)，a 为末次盛冰期河漫滩相淡褐色黏土，b 为末次盛冰期以后河床相灰黄色砾质粗砂，83.40 ~ 83.07 m；B. 大砾石，粒径约 60 mm，次磨圆状，80.20 m；C. 炭屑层，72.30 m；D. 砾石层，砾石粒径为 10 ~ 50 mm，磨圆较差，呈次圆 – 次棱角状，82.80 ~ 82.50 m；E. 泄水构造，73.80 m；F. 河漫滩相灰色黏土夹青灰色粉砂质砂，66.70 ~ 66.30 m；G. 灰色块状黏土，62.20 m；H. 螺贝壳和砾石，68.70 m；I. 河口湾相灰色黏土与粉砂质砂互层，50.80 ~ 50.40 m；J. 灰色黏土夹灰白色砂质粉砂薄层，49.70 m；K. 灰色粉砂质砂中夹泥质条带和团块，58.60 m；L. 浅海相深灰色淤泥质黏土夹粉砂薄层，淤泥质黏土富含有机质，具轻微臭味，29.43 ~ 29.03 m；M. 淤泥质黏土夹粉砂条带和团块，33.50 m；N. 淤泥质黏土与细砂、粉砂互层形成 "千层饼" 构造，45.10 m；O. 细砂团块中见平行层理，38.40 m；P. 三角洲相粉砂质细砂夹黏土条带，13.80 ~ 13.40 m；Q. 黄灰色粉砂质细砂与灰色黏土不等厚互层，14.60 m；R. 砂泥互层，层理发育，12.60 m，a 为交错层理，b 为泥质条带，c 为平行层理；S. 潮坪相棕黄色黏土，0.50 ~ 0.10 m

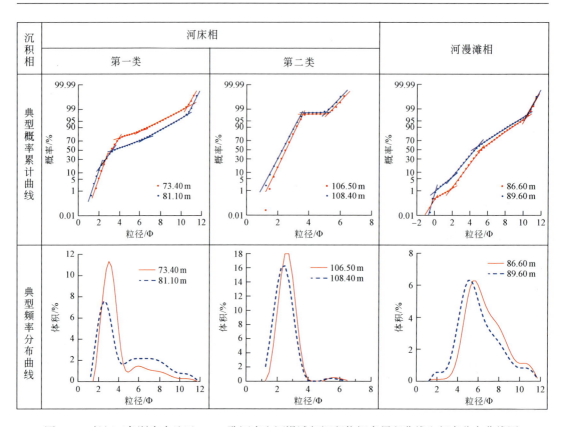

图 3-20　长江三角洲启东地区 ZK01 孔河床和河漫滩相沉积物概率累积曲线和频率分布曲线图

见黏土与粉砂质砂互层，呈千层饼构造，局部见泥质团块和贝壳碎片，发育波纹层理、水平层理。

90.00 ~ 83.40 m：该层段沉积物为淡褐色黏土夹中层粉砂和含砾粉砂质砂。黏土层中常见大量的粉砂团块和条带。86.0 ~ 85.3 m 为灰色粉砂，偶见砾石，砾径为 5 ~ 65 mm，次圆状、扁平状、分选差，顶部 85.35 m 处见一大块砾石，直径最大约为 65 mm，砾石成分为石英砂岩和石英岩等。88.0 ~ 86.7 m 处为含砾粉砂质砂，砂包括中砂和细砂，砾石含量约为 5%，直径为 2 ~ 7 mm，次圆状，分选一般，可见少量泥砾。岩心整体可见白云母碎屑。沉积物有平均粒径分布在 3.25 ~ 6.56Φ，平均 5.19Φ，以粉砂为主，粉砂平均含量为 55.80%，砂平均含量为 31.08%，黏土平均含量为 13.12%，沉积物粒度明显较下段细，反映水动力条件相对较弱；分选系数分布在 1.66 ~ 2.47，平均值 2.07，变化较小，反映该段沉积物分选较下段明显偏差，沉积环境较稳定，水动力条件较弱；偏态分布在 1.38 ~ 2.64，平均 1.87，反映粗颗粒为沉积物主体；峰态分布在 2.17 ~ 3.35，均大于 2，平均 2.73，表明沉积物组分集中。该段沉积物以粉砂为主要组分，分选较差，偏态值、峰态值较稳定，表明沉积环境较稳定，水动力条件较弱 (林春明等，2014)。

70.40 ~ 61.65 m：该层段沉积物为灰色黏土夹灰、青灰色粉砂质砂、细砂、粉砂等 (图 3-19F)，局部夹中层砂质粉砂，黏土时呈均匀块状 (图 3-19G)，富含有机质，具微臭味，

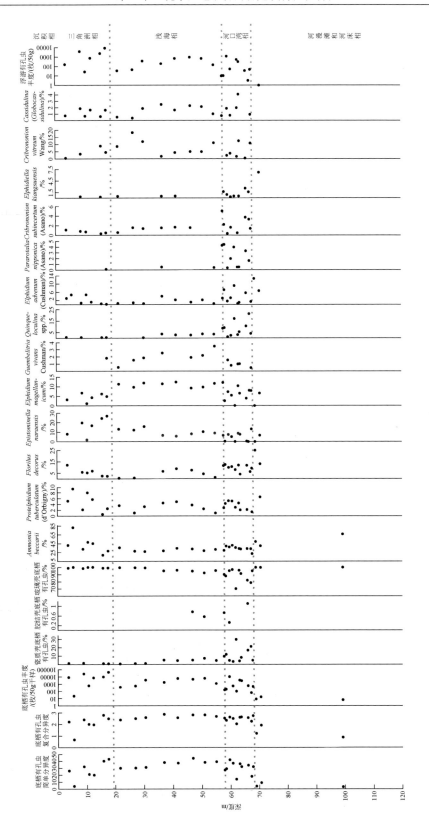

图3-21　长江三角洲启东地区ZK01孔沉积物有孔虫垂向分布特征

68.90 ~ 68.60 m 为杂色砾质粗砂, 砾石含量占 5% ~ 10%, 大小一般为 2 ~ 5 mm, 最大可达 20 mm, 次圆状, 分选一般。发育块状层理和水平层理, 见螺、牡蛎等贝壳 (图 3-19H), 螺 (5 mm × 4 mm × 3 mm), 螺纹不清楚; 牡蛎 (15 mm × 5 mm × 5 mm), 纹理不清楚。

河漫滩相沉积物概率累积曲线形态较平缓, 粒度分布范围主要为 1 ~ 10Φ, 几乎全为悬浮组分, 含量可达 99%, 分选很差; 频率分布曲线为单峰式, 主峰众数值主要分布在 4.5 ~ 6.0Φ。反映了较弱水动力条件下的沉积特征 (图 3-20)。

整体上, 有孔虫丰度和种数较少, 但比河床相丰富。底栖有孔虫丰度为 8 ~ 3200 枚 /50g 干样, 平均 1226 枚 /50g 干样, 种数为 4 ~ 36 种, 平均 26 种, 复合分异度为 1.21 ~ 2.71, 平均 2.31, 浮游有孔虫丰度为 3 ~ 480 枚 /50g 干样, 平均 173 枚 /50g 干样, 且部分层位缺失。自上而下, 该层段有孔虫丰度、简单分异度、复合分异度及主要有孔虫含量呈现出明显的逐渐降低。优势种按丰度由高到低为 *Ammonia beccarii* (Linné) vars. (34.20%)、*Florilus decorus* (Cushman et McCulloch) (11.48%)、*Quinqueloculina* spp. (7.48%)、*Elphidium magellanicum* Heron-Allen et Earland (6.23%)、*Epistominella naraensis* (Kuwano) (4.95%), 还有 *Cribrononion vitreum* Wang、*Elphidium advenum* (Cushman)、*Astrononion tasmanensis* Carter、*N. atlanticus Cushman*、*Protelphidium tuberculatum* (d'Orbigny) 等。

综上所述, 认为该段地层沉积时水动力较弱, 推测是随着海平面上升, 海洋因素的影响逐渐向陆延伸, 河水漫出河床, 在河谷中形成的河漫滩相沉积, 并受涨潮流的影响, 出现少量海相微体化石 (李从先等, 1999)。

(3) 古河口湾相。位于 ZK01 孔中部 61.65 ~ 48.00 m 层段 (相当于第 11 ~ 第 9 层)。沉积物整体为灰色、灰黄色块状黏土和砂质粉砂、粉砂质细砂薄层 (图 3-19I 和 J)。黏土层常呈块状, 富含有机质, 具微臭味, 局部夹较多薄层灰色砂质粉砂, 砂质粉砂层厚度为 10 ~ 35 cm。块状层理和水平层理发育, 可见均匀砂层中夹泥质团块和条带 (图 3-19K), 偶见较破碎贝壳, 壳壁厚约 2 mm, 含较多白云母碎屑。沉积物以粉砂为主, 平均含量为 55.15%, 砂和黏土组分平均含量分别为 30.88%、13.97%; 平均粒径分布在 3.16 ~ 7.23Φ, 平均 5.37Φ; 分选系数平均 1.96, 分选较差; 偏态为 –2.62 ~ 2.37, 主要为正偏; 峰态为 2.02 ~ 3.95, 平均 2.66, 波动较大 (图 3-18)。

古河口湾沉积物的概率累积曲线分为两类。第一类概率累积曲线为以跳跃总体为主的两段式, 跳跃总体含量为 50% ~ 80%, 分选性较好, 悬浮总体含量为 20% ~ 50%, 由多个粒度次总体组成, 两个粒度组分的粒径截点为 1 ~ 4Φ (图 3-22A); 粒度频率分布曲线一般为双峰式, 主峰众数值 3Φ 左右, 次峰众数值为 6 ~ 7Φ (图 3-22B), 此类粒度曲线反映了较相 V₁ 更强的水动力环境。第二类曲线全为悬浮总体的一段式 (图 3-22A), 粒度频率分布曲线呈单峰式, 主峰粒径也在 6 ~ 7Φ (图 3-22B), 此类粒度曲线则反映较弱的水动力环境。相 IV₁ 两类粒度曲线比例相近, 表明该相沉积期水动力条件强弱交替、并存的特点。

底栖有孔虫丰度为 139 ~ 10304 枚 /50g 干样, 平均 2597 枚 /50g 干样, 平均种数达 32 种, 单个样品中有孔虫种数为 14 ~ 42 种, 复合分异度为 2.00 ~ 2.79, 平均 2.48,

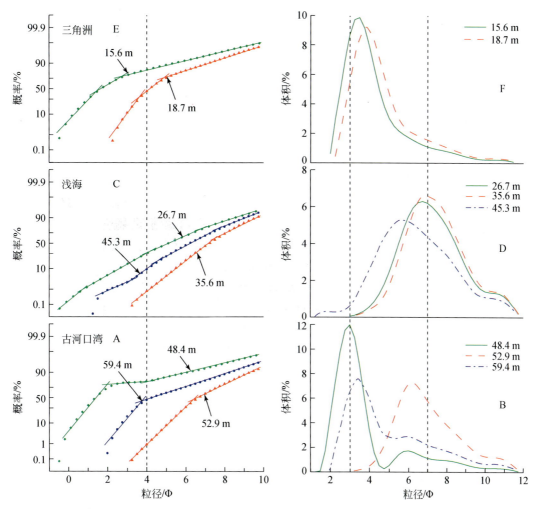

图 3-22　长江三角洲启东地区 ZK01 孔古河口湾、浅海和三角洲相沉积物概率累积曲线
和频率分布曲线图

浮游有孔虫平均丰度为 354 枚 /50g 干样。该层段中玻璃壳底栖有孔虫含量远远高于瓷质壳底栖有孔虫含量，胶结壳有孔虫偶见，含量小于 1%，为 *Sigmoilopsis asperula* (Karrer) 和 *Gaudryina* spp.。底栖有孔虫主要种属含量垂向上上部分布稳定、下部波动较大，以 *Ammonia beccarii* (Linné) vars. (34.78%)、*Florilus decorus* (Cushman et McCulloch) (8.36%)、*Elphidium magellanicum* Heron-Allen et Earland (7.10%)、*Quinqueloculina* spp. (6.51%) 和 *Epistominella naraensis* (Kuwano) (5.55%) 为优势种，还有 *Elphidium advenum* (Cushman)、*Protelphidium tuberculatum* (d'Orbigny)、*Cribrononion vitreum* Wang、*Pararotalia nipponica* (Asano)、*Haynesina germanica* (Ehrenberg) 等 (图 3-21)。在 58.40 m 和 61.50 m 样品中见到的有孔虫壳体较大，其余 5 个样品中见到的则很小，有孔虫群落特征显示此阶段沉积环境受海水影响明显。

　　(4) 浅海相。位于 ZK01 孔中部 48.00 ~ 19.4 m (相当于第 8 层)。沉积物主要表现为深灰色淤泥质黏土夹细砂、粉砂薄层和团块 (图 3-19L 和 M)，粉砂薄层单层厚度在 1 ~ 20 mm，局部可达 100 mm。该层段富含有机质，具轻微臭味。底部常见淤泥质黏土与粉砂互层形成"千层饼"构造 (图 3-19N)，发育块状、水平、平行 (图 3-19O) 和透镜状层理，可见生物扰动和虫孔构造等，局部见极为破碎的贝壳碎片。

粉砂组分占绝对优势，平均含量高达 70.83%，砂和黏土组分平均含量均不足 20.00%，较其他层段沉积物，整体砂含量降低，粉砂和黏土含量增加，粒度明显变细，平均粒径均值 6.30Φ；分选系数分布在 1.54 ~ 2.08，平均 1.74，分选稳定；偏态为 –1.68 ~ 2.07，平均 1.19；峰态为 2.02 ~ 2.91，平均 2.36 (图 3-18)。概率累积曲线呈现为悬浮总体的一段式，由 3 ~ 4 个粒度次总体组成，分选性差且变化较大 (图 3-22C)；粒度频率呈单峰式分布，主峰众数值一般为 6 ~ 8Φ (图 3-22D)。相比于其他层段，该段整体粒度明显减小，分选性变差，搬运方式单一，表明本段沉积物沉积期的水动力条件弱且较为稳定，可能是该时期水深增加所致。

底栖有孔虫丰度为 382 ~ 5888 枚 /50g 干样，平均 2673 枚 /50g 干样，但种数增加，平均可达 35 种，最少为 30 种，复合分异度也达到最高，为 2.37 ~ 2.84，平均 2.60，浮游有孔虫丰度为 32 ~ 928 枚 /50g 干样，平均 367 枚 /50g 干样。该层段底栖有孔虫简单分异度、复合分异度、丰度及主要有孔虫含量变化不大，曲线呈舒缓波状。优势种主要为 *Ammonia beccarii* (Linné) vars. (31.11%)、*Elphidium magellanicum* Heron-Allen et Earland (11.10%)、*Epistominella naraensis* (Kuwano) (10.19%)、*Cribrononion vitreum* Wang (8.23%) 和 *Florilus decorus* (Cushman et McCulloch) (4.07%)，还有 *N. atlanticus* Cushman、*Bolivina robusta* Brady、*Elphidium nakanokawaense* Shirai、*Quinqueloculina* spp. 等。垂向剖面中底栖有孔虫 *Ammonia beccarii* (Linné) vars.、*Elphidium magellanicum* Heron-Allen et Earland 和 *Epistominella naraensis* (Kuwano) 含量最高，而 *Guembelitria vivans* Cushman、*Quinqueloculina* spp. 和 *Cassidulina* (*Globocassidulina*) spp. 含量最低 (图 3-21)。以上有孔虫丰度和群落特征与现代东海、黄海、杭州湾和渤海湾地区浅海相有孔虫群落相似 (汪品先等，1981；Li *et al.*，2000；张霞等，2013)，因此可知该段沉积期受海水影响程度较强，海水相对较深、较温暖。

(5) 三角洲相。位于 ZK01 孔上部 19.40 ~ 1.75 m 层段 (相当于第 7 ~ 第 3 层)。沉积物主要为灰黄、青灰色粉砂质细砂，常夹黏土薄层 (图 3-19P) 或与黏土不等厚互层 (图 3-19Q)，岩性总体上表现为下细上粗的反粒序。沉积构造多样，发育平行层理、块状层理、交错层理 (图 3-19R)、包卷层理等，上部见铁锰浸染现象，局部见贝壳和白云母碎片。

沉积物以砂组分为主，平均含量为 55.29%，粉砂组分次之，为 37.96%，黏土很少；平均粒径为 3.30 ~ 5.90Φ，平均 4.39Φ；分选系数为 1.33 ~ 2.32，平均 1.83，分选性较相浅海好，但波动范围增大；偏态变化较小，分布在 1.41 ~ 2.16，全为正偏，表明沉积物粒度分布的尾端组分以粗组分为主；峰态为 2.29 ~ 3.05，平均 2.65 (图 3-18)。

概率累积曲线为以跳跃总体为主的两段式，跳跃总体含量为 50% ~ 70%，最高可达 90%，一般由两个跳跃次总体组成，分选性较好，悬浮总体含量约 30%，跳跃与悬浮总体的粒径截点为 3 ~ 5Φ (图 3-22E); 频率分布呈单峰分布, 主峰众数值在 4Φ 左右 (图 3-22F)。本段沉积物颗粒粒级较浅海变粗, 分选性变好, 以跳跃搬运为主, 反映了较强水动力条件下的三角洲沉积。

底栖有孔虫和浮游有孔虫最为丰富的层段, 主要为广盐性底栖种, 底栖丰度为 21 ~ 42688 枚 /50g 干样, 平均 12375 枚 /50g 干样, 单个样品中有孔虫的种数为 4 ~ 43 种, 平均 27 种, 复合分异度为 0.68 ~ 2.77, 平均 2.07, 浮游有孔虫丰度平均值可达为 2474 枚 /50g 干样。该层段底栖有孔虫简单分异度、复合分异度和丰度自上而下逐渐增大, 且波动较大, 主要优势种类型与丰度分别为 *Ammonia beccarii* (Linné) vars. (42.27%)、*Epistominella naraensis* (Kuwano) (14.04%)、*Bolivina robusta* Brady (5.42%)、*Florilus decorus* (Cushman et McCulloch) (5.05%) 和 *Protelphidium tuberculatum* (d' Orbigny) (4.89%), 此外还有 *Elphidium magellanicum* Heron-Allen et Earland、*Bulimina marginata* (d' Orbigny)、*Cribrononion vitreum* Wang、*Astrononion tasmanensis* Carter、*Elphidium advenum* (Cushman) 等。本层段中底栖有孔虫 *Astrononion beccarii* (Linné) vars.、*Florilus decorus* (Cushman et McCulloch) 含量高且自下而上逐渐升高, 而 *Gaudryina* spp.、*Sigmoilopsis asperula* (Karrer)、*Spirilloculina* spp.、*Rosalina bradyi* (Cushman) 和 *Elphidium hispidum* Cushman 缺失 (图 3-21)。

根据以上分析, 认为在此阶段水动力条件较浅海相加强, 推测其为海平面上升速率减小, 河口沉积率超过海平面上升速率的条件下, 形成的三角洲相沉积。

(6) 潮坪相。该沉积相位于 ZK01 孔顶部, 孔深 1.75 ~ 0.00 m, 相当于第 2、第 1 层 (图 3-18)。沉积物为棕黄色粉砂质黏土和黏土 (图 3-19S), 黏土中可见植物根系, 粉砂质黏土顶部有斑点状黄褐色铁锰浸染现象, 沉积物颜色、岩性与下部沉积物差异较大, 界线明显易识别。

3.2.10　ZK02 孔沉积相

根据岩心观察的结果, 参考沉积相识别标志, 结合钻孔所处的地理位置和区域地质背景等因素, ZK02 孔可识别出晚第四纪早期地层河床相 (V_3), 晚第四纪中期河床 (V_2) 和河漫滩相 (IV_2), 以及晚第四纪晚期地层, 即自下而上划分为河床 (V_1)、河漫滩 (IV_1)、古河口湾 (III_1)、浅海 (II_1) 和三角洲 (I_1) 5 种沉积相类型, 表现为一个较完整的沉积层序 (图 3-23), 各沉积相特征如下。

(1) 晚第四纪早期河床相 (V_3)。位于孔深 128.00 ~ 113.00 m, 相当于第 18、第 17 层。下部 10.40 m 为青灰色细砂质中砂、中砂质细砂, 局部夹黏土薄层和团块, 发育块状层理; 上部 4.60 m 主要为灰、灰黄砾质粗砂, 见泥砾 (图 3-24A)。下部沉积物岩性均匀、分选较好, 粒度分布集中, 表明沉积期水动力条件较强、沉积环境较稳定, 而上部沉积物粒度变化较大, 其中砂质沉积物的砂组分含量占绝对优势, 颗粒粒度粗, 分选性变化较大但总体较好 (表 3-4), 说明水动力较下部增强, 搬运介质扰动较大。该段沉积物颗粒较粗, 无有孔虫壳体和贝壳, 沉积构造简单, 水动力条件较强且未受海洋环境影响, 反映了河床相的沉积特征。

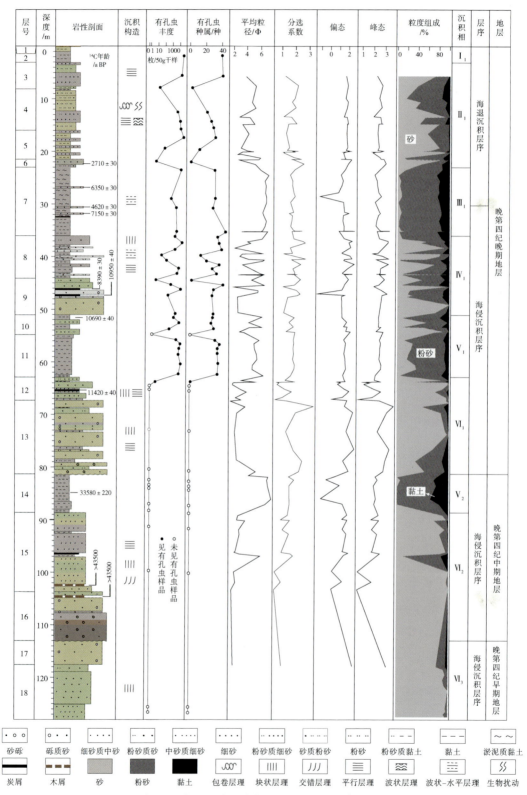

图 3-23　长江三角洲海门地区 ZK02 孔综合柱状图

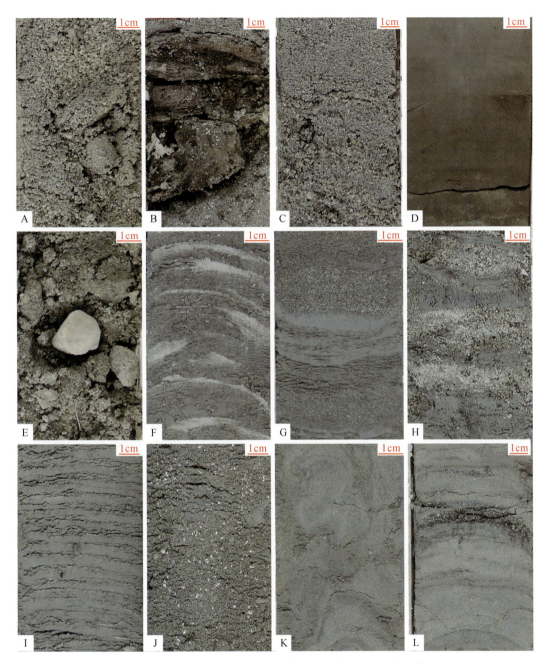

图 3-24　长江三角洲海门地区 ZK02 孔典型沉积特征（据林春明等，2016）

A. 灰黄色砾质粗砂中泥砾，116.35 m，相 V_3；B. 灰褐、灰黑色木屑层，易剥成片状，104.45 m，相 V_2；C. 砂砾石向上渐变为
细砂质中砂，103.90 m，相 V_2；D. 黏土因富含有机质而显黑色，84.80 m，相 IV_2；E. 次棱角状砾石，粒径约 20 mm，77.50 m，
相 V_1；F. 灰色粉砂质黏土夹灰白色粉砂薄层，57.10 m，相 IV_1；G. 灰色粉砂质砂与黏土不等厚互层，41.50 m，相 III_1；H. 灰
白色砾质粗砂夹含炭屑薄层的灰色黏土，47.55 m，相 III_1；I. 深灰色黏土与粉砂构成波状 – 水平层理，34.75 m，相 II_1；J. 细
砂层中夹较多白色贝壳碎片，30.60 m，相 II_1；K. 包卷层理，11.40 m，相 I_1；L. 灰黑色炭屑薄层，14.30 m，相 I_1

表 3-4 长江三角洲海门地区 ZK02 孔晚第四纪沉积物粒度特征参数

沉积相	深度 /m	平均粒径 /Φ	粒度组成 /%			分选系数	偏态	峰态
			砂	粉砂	黏土			
I₁	23.00 ~ 0.12	2.98 ~ 5.03 / 4.11 (6)	43.22 ~ 88.85 / 59.81	10.58 ~ 51.18 / 35.24	0.57 ~ 15.07 / 4.95	1.10 ~ 2.57 / 1.59	1.35 ~ 1.90 / 1.70	1.87 ~ 3.06 / 2.43
II₁	36.00 ~ 23.00	5.82 ~ 7.01 / 6.48 (10)	1.72 ~ 15.27 / 6.27	68.90 ~ 78.81 / 74.42	14.01 ~ 24.73 /19.32	1.59 ~ 1.94 / 1.77	-1.25 ~ 1.56 / 1.03	2.06 ~ 2.65 / 2.35
III₁	51.05 ~ 36.00	2.05 ~ 6.16 / 4.38 (11)	7.90 ~ 94.79 / 46.85	4.96 ~ 75.79 / 44.70	0.24 ~ 16.31 / 8.45	1.10 ~ 2.35 / 1.91	1.22 ~ 2.58 / 1.76	2.01 ~ 3.29 / 2.70
IV₁	62.90 ~ 51.05	3.49 ~ 6.28 / 4.7 (5)	10.26 ~ 71.91 / 41.16	24.09 ~ 71.19 / 50.97	3.38 ~ 18.55 / 7.87	1.52 ~ 1.95 / 1.83	1.24 ~ 2.19 / 1.71	2.45 ~ 2.85 / 2.61
V₁	81.30 ~ 62.90	2.11 ~ 5.08 / 3.35 (11)	30.15 ~ 97.98 / 74.02	2.02 ~ 61.55 / 21.88	0.00 ~ 12.80 / 4.10	0.53 ~ 2.59 / 1.62	0.17 ~ 2.67 / 1.64	0.66 ~ 3.44 / 2.37
IV₂	88.65 ~ 81.30	6.62 ~ 7.48 / 7.04 (3)	1.56 ~ 1.76 / 1.63	63.38 ~ 80.21 / 73.12	18.03 ~ 35.06 / 25.25	1.53 ~ 1.58 / 1.56	-1.05 ~ 1.38 / 0.30	2.10 ~ 2.25 / 2.19
V₂	128.00 ~ 88.65	2.13 ~ 2.91 / 2.66 (4)	77.18 ~ 100.00 / 87.25	0 ~ 18.18 / 10.91	0 ~ 4.64 / 1.84	0.52 ~ 2.21 / 1.44	0.22 ~ 2.56 / 1.63	0.65 ~ 3.24 / 2.19

注: 2.98 ~ 5.03 / 4.11 (6) 表示最小值 ~ 最大值 / 平均值 (样品数)。

(2) 晚第四纪中期河床相 (V₂)。位于孔深 113.00 ~ 88.65 m, 相当于第 16、第 15 层, 沉积层底界为一河流侵蚀不整合面。沉积物主要为黑灰、青灰、灰褐色砾石层、砂砾层、砾质或含砾粗砂、中砂质细砂组成, 见多层木屑 (图 3-24B) 和炭屑薄层, 整体含白云母碎片。该层段由多个沉积正旋回组成 (图 3-23), 旋回内部沉积物粒度向上逐渐减小, 砾石含量减少 (图 3-24C)。砂砾石层分选较差, 而砂质沉积物颗粒较粗、分布较集中、分选较好 (表 3-4)。砂质沉积物概率累积曲线为以跳跃总体为主的两段式, 跳跃总体含量一般在 70% 以上, 对应直线段倾角为 65° ~ 0°, 悬浮总体不超过 30%, 由 2 ~ 3 个粒度次总体组成, 直线段倾角为 20° ~ 30°, 跳跃与悬浮总体的截点为 2 ~ 3Φ; 频率分布曲线主要为单峰式, 少数为双峰, 主峰众数值主要分布在 1.5 ~ 3.0Φ, 次峰众数值多分布在 4 ~ 6Φ (图 3-25)。该段沉积物没有见到有孔虫和软体动物壳体, 也缺乏潮汐影响所形成的诸如砂泥互层等典型沉积构造, 反映出当时沉积的动力环境已经超过了潮流作用的限制, 是一种未受海洋环境影响的水动力较强的河床相沉积。104.50 m 木屑层的 AMS ¹⁴C 测年大于 43500 a BP (表 3-1)。

(3) 晚第四纪中期河漫滩相 (IV₂)。位于孔深 88.65 ~ 81.30 m, 相当于第 14 层, 与相 V₂ 为连续沉积。沉积物主要为块状深灰色黏土、粉砂质黏土、黏土质粉砂, 可见少量极为破碎的贝壳, 84.80 ~ 84.50 m 有机碳含量较高, 黏土呈黑色 (图 3-24D), 88.60 m 处可见炭屑斑点。砂质沉积物以粉砂为主, 平均粒径明显较相 V₂ 细, 偏态波动很大, 峰态较稳定 (表 3-4)。相应的概率累积曲线形态大致为以悬浮总体为主的两段式, 悬浮总体含量可高达 99%, 由多个粒度次总体组成, 对应直线段倾角为 50° ~ 60°, 分选性较差, 跳跃总体极少, 一般在 1% 左右, 悬浮与跳跃总体的截点为 4Φ 左右; 频率分布曲线主要为单

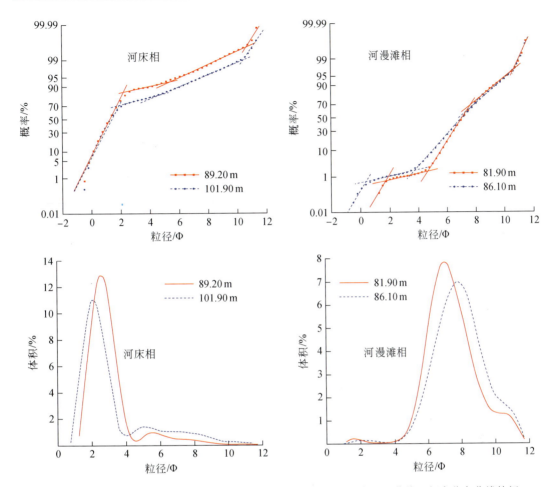

图 3-25　长江三角洲海门地区 ZK02 孔晚第四纪中期沉积物概率累积曲线和频率分布曲线特征

峰式，主峰众数值在 7.0 ~ 8.5Φ（图 3-25）。与相 V_2 相比，本段的水动力条件变弱，未受海洋环境影响，具有典型河漫滩相的沉积特征（李保华等，2010）。

（4）晚第四纪晚期河床相（V_1）。位于孔深 81.30 ~ 62.90 m，相当于第 13、第 12 层，沉积层底界为一河流侵蚀不整合面。沉积物主要为砾质砂，其次为砂砾层、粉砂质砂、细砂质中砂和中砂质细砂等，砾石含量为 5% ~ 30%，砾径为 2 ~ 15 mm，最大可达 30 mm，成分以石英岩和石英砂岩为主（图 3-24E），局部可见泥砾。与相 V_2 沉积特征相似，由多个粒度向上变细的沉积旋回组成，所不同的是砂质沉积物平均粒径变小、砂组分含量降低、分选性变差、峰态值升高且波动更大（表 3-4）。沉积物概率累积曲线和频率分布曲线特征与相 V_2 相似。总之，该段沉积物以粗组分为主、分选较差、水动力较强、未受海洋环境影响，具有与现代河流沉积相似的岩性和沉积序列，因此可解释为河流体系中的河床沉积（Li et al.，2002；Zhang et al.，2013）。

（5）晚第四纪晚期河漫滩相（IV_1）。位于孔深 62.90 ~ 51.05 m，相当于第 11、第 10 层，与相 V_1 呈整合接触。该段下部为灰色、灰褐色粉砂质黏土夹灰白色粉砂薄层（图 3-24F），上部由两个下粗上细的正旋回组成，均由青灰色粉砂质细砂向上渐变为灰色黏土夹细砂、粉砂薄层或团块，黏土无明显臭味，岩心较松散，整体色质均匀，本段顶部 54.00 ~ 53.80 m 沉积物见铁锰浸染现象，说明沉积物遭受过氧化过程，可能为间断性暴露地表。偶见姜结石，粉砂质黏土与粉砂互层而呈波状 - 水平层理，并见平行层理、韵律层理和交错层理。黏土中砂质沉积物以粉砂和砂为主，较相 IV$_2$，其平均粒径变粗，分选性更差，峰态波动范围更大（表 3-4）。沉积物概率累积曲线和频率分布曲线特征与相 IV$_2$ 相似。有孔虫开始大量出现，但局部层位未见有孔虫壳体，底栖有孔虫丰度为 321 ~ 10432 枚 /50 g 干样，优势种以 *Ammonia beccarii* vars.、*Elphidium magellanicum*、*Epistominella naraensis* 和 *Cribrononion vitreum* 为主，浮游有孔虫的丰度也较大，有孔虫群落特征显示此阶段沉积环境受海水影响明显。综上所述，此段沉积物可能为间断性暴露地表、受海水影响的河漫滩相沉积。

(6) 晚第四纪晚期古河口湾相（III$_1$）。位于孔深 51.05 ~ 36.00m，相当于第 9、第 8 层，与相 IV$_1$ 为连续沉积。该段下部 6.95 m 为灰黄色、灰白色砾质粗砂和青灰色细砂质中砂、粉砂质砂，砾质粗砂中的砾石含量为 10% ~ 15%，砾径为 2 ~ 10 mm，次圆状，分选较好；上部 8.10 m 为灰色粉砂质砂和黏土（图 3-24G），夹薄层灰白、灰色含砾粗砂、细砂质中砂、细砂等，砂中常夹泥质条带和团块，黏土富含有机质，具轻微臭味，与细砂、粉砂互层，发育波状 - 水平层理、块状层理、平行层理，见少量白云母碎片。47.85 ~ 46.25 m 有较多炭屑薄层和斑点（图 3-24H），炭屑薄层最厚可达 16 cm，偶见较完整的贝壳，大小约 5 mm × 10 mm，壁厚约 2 mm，含少量白云母碎片。对本段的砂质沉积物进行粒度分析，结果显示以砂和粉砂组分为主，沉积物各组分含量、平均粒径、偏态、峰态等粒度参数波动范围较大且频繁（表 3-4）。概率累积曲线主要为两段式，以跳跃总体为主，含量约 70%，对应直线段倾角在 70° 左右，悬浮总体约 30%，由 2 ~ 3 个粒度次总体组成，直线段倾角为 20° ~ 30°，跳跃与悬浮总体的截点为 1 ~ 2Φ；频率分布曲线为双峰式，主峰众数值约 2Φ，次峰众数值约 5Φ。沉积物粒度特征表明该沉积时期水体较为动荡，沉积环境不稳定。有孔虫含量较高，但丰度和种数波动较大，底栖丰度为 4 ~ 17728 枚 /50 g 干样，优势种主要为 *Ammonia beccarii* vars.、*Cribrononion vitreum*、*Epistominella naraensis*、*Elphidium magellanicum*、*Florilus decorus*、*Bolivina robusta*、*Bulimina marginata* 和 *Astrononion tasmanensis*，有孔虫特征表明该沉积期受海水影响强烈。47.1 m 贝壳的 AMS [14]C 测年 10950 ± 40 a BP（表 3-1）。

(7) 晚第四纪晚期浅海相（II$_1$）。位于孔深 36.00 ~ 23.00 m，相当于第 7 层，直接覆盖在相 III$_1$ 之上。该层段沉积物下部 3.62 m 由 4 ~ 10 mm 的深灰色黏土与粉砂不等厚互层组成，局部夹细砂，富含有机质，具轻微臭味，发育波状 - 水平层理（图 3-24I）；上部 9.38 m 为深灰色淤泥质黏土夹灰白色、灰色细砂、粉砂薄层和团块，富含有机质，具轻微臭味，细砂夹层中含较多极为破碎的贝壳碎片（图 3-24J），偶见完整者，大小约 5 mm × 3 mm，壁厚约 1 mm。砂质沉积物以粉砂组分为主，黏土和砂含量较少，平均粒径较相 III$_1$ 细，分选性差，偏态以正偏为主且有少量负偏，峰态较稳定（表 3-4）。概率累积曲线呈略向上凸的一段式，几乎均为悬浮总体，由多个粒度次总体组成，粒径主要分布在 5 ~ 9Φ，直线段

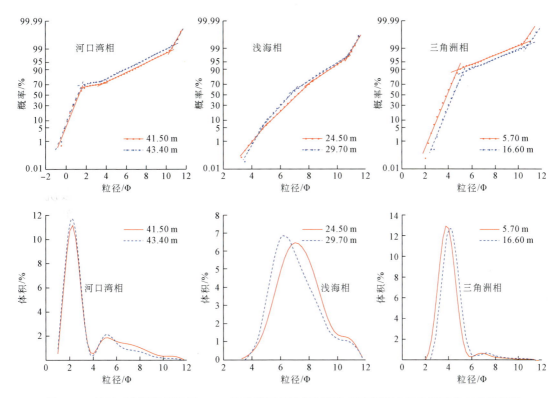

图 3-26　长江三角洲海门地区 ZK02 孔晚第四纪晚期沉积物概率累积曲线和频率分布曲线特征

倾角为 50° 左右；频率分布曲线主要为单峰式，粒度分布较宽，主峰众数值为 6 ~ 8Φ（图 3-26）。上述特征反映出沉积期是弱水动力条件，沉积环境相对稳定。

该层段有孔虫丰度相对稳定，底栖有孔虫为 462 ~ 12192 枚 /50 g 干样，以 *Ammonia beccarii* vars.、*Cribrononion vitreum*、*Epistominella naraensis*、*Elphidium magellanicum*、*Florilus decorus* 和 *Protelphidium tuberculatum*（d'Orbigny）为优势种，底栖有孔虫丰度较低，一般为 26 ~ 992 枚 /50 g 干样。底栖有孔虫以广盐性近岸生活的温带型和广温属种居多，化石群与中国东部沿岸海域的现代生物群相似，属种相当，生活在浅海区（汪品先等，1981）。31.8 m 贝壳的 AMS ^{14}C 测年 7150 ± 30 a BP（表 3-1）。

(8) 晚第四纪晚期三角洲相（I$_1$）。位于孔深 23.00 ~ 0.12 m，相当于第 6 ~ 第 2 层。该段沉积物由砂质粉砂、粉砂质细砂、泥质粉砂、中砂质细砂、含细砂粉砂、含中砂细砂构成，以砂质粉砂、粉砂质细砂为主，水动力条件复杂，沉积构造多样，发育水平层理、平行层理、块状层理、爬升波纹层理、包卷层理（图 3-24K）、波状砂纹层理等，整体见白云母碎片，上部见多层炭屑薄层（图 3-24L）和铁质浸染现象，局部见贝壳碎片。见多层炭屑薄层，单层厚度为 5 ~ 10 mm，局部夹炭屑斑点，直径约 4 mm。粒度分析表明沉积物主要为砂、粉砂组分，与相 II$_1$ 相比，平均粒径变粗，分选性变好，偏态更稳定（表 3-4）。概率累积曲线为以跳跃总体为主的两段式，跳跃总体含量为 80% ~ 90%，对应直线段倾角为 65° ~ 70°，悬浮总体含量占 10% ~ 20%，直线段倾角为 20° 左右，跳跃和悬浮总体的截点约为 5Φ；频率分布曲线主要为单峰式，主峰众数值主要分布在 4 ~ 5Φ（图 3-26）。

该段沉积物颗粒较粗,分选性较好,以跳跃搬运为主,反映当时水体较为动荡,水动力条件相对较强。底栖有孔虫最为丰富但丰度变化范围较大,一般为 4 ~ 22272 枚 /50 g 干样,优势种以 *Epistominella naraensis*、*Ammonia beccarii* vars.、*Bolivina robusta*、*Cribrononion vitreum*、*Elphidium magellanicum*、*Florilus decorus* 和 *Bulimina marginata* 为主,浮游有孔虫丰度最大可达 4992 枚 /50 g 干样。22.3 m 贝壳的 AMS ^{14}C 测年 2710 ± 30 a BP (表 3-1),这与前人认为三角洲相主要是在 3000 a BP 形成的观点一致 (曹光杰、王建,2005)。

3.2.11　HQ03 孔沉积相

HQ03 孔 (31° 37′N,121°24′E) 位于江苏省泰兴市黄桥镇东端,孔口标高 5.40 m,孔深 72.30 m,获无扰动岩心长 63.20 m,取心率为 87.40%,除底部因沉积物粒度较粗取心率偏低外,其余基本连续 (李保华等,2010)。HQ03 孔 72.30 ~ 71.70 m 层段为绿灰色黏土质粉砂,结构较致密,略有胶结,顶部为侵蚀面,上覆受氧化的灰黄色砾质砂,因此 71.70 m 处可定为末次冰期下切河谷的底部侵蚀面,即晚第四纪晚期的底界面,对晚第四纪晚期地层自下而上分别识别出河床相 (VI$_1$)、古河口湾 – 河漫滩相 (IV$_1$ ~ V$_1$)、浅海相 (III$_1$)、三角洲相 (II$_1$) 和潮坪相 (I$_1$) (图 3-27)。因此 HQ03 孔各主要沉积相特征如下。

(1) 河床相 (VI$_1$)。该相位于孔深 71.70 ~ 62.90 m,相当于第 15、第 14 层 (图 3-27)。岩性主要为黄灰色、绿灰色砾质砂、含砾砂,表现为下粗上细的正粒序。下部为砾质粗砂,砾石含量约 30%,直径为 2 ~ 4 mm,底部最大者有 6 cm,见多层砂砾石层,平均粒径为 –0.6 ~ 0.06Φ,分选较差。上部含砾砂包括含砾中粗砂和含砾细中砂,砾石磨圆度较下部低,平均粒径更细,分选性稍好,发育多个正粒序小旋回,每个小旋回的底部均有侵蚀面。发育平行层理。本段底部以冲刷面与下伏黏土质粉砂呈突变接触,因此该冲刷面代表末次冰期下切河谷的侵蚀底界面。

(2) 古河口湾 – 河漫滩相 (IV$_1$ ~ V$_1$)。该相位于孔深 62.90 ~ 40.60 m,相当于第 13 ~ 第 9 层 (图 3-27)。岩性主要为绿灰色、灰白色、灰色中砂质细砂、粉砂质细砂、粉砂等,少量细砂质中砂、砂质粉砂和黏土质粉砂,发育水平、平行、交错层理。62.90 ~ 61.00 m 段碳质含量较高,碳质碎屑多见于层面,构成黑色纹理,并可见数个碳质透镜体。59.20 ~ 57.70 m 段多见黑色碳质纹层。47.30 ~ 45.70 m 段有完整的非海相腹足类副豆螺 *Parabythenia* sp. 和浅灰色钙质结核。本段上部为砂、粉砂和黏土,下部的粒度组分由砂和粉砂组成,平均粒径和分选性波动较大,反映沉积期沉积环境不稳定。

(3) 浅海相 (III$_1$)。该相位于孔深 40.60 ~ 28.10 m,相当于第 8 ~ 第 6 层 (图 3-27)。整体岩性分为三段:40.60 ~ 35.90 m,灰色块状黏土质粉砂,局部发育水平纹理,可见较多壳体完整的淡水副豆螺、炭化植物碎片、直径达 3 cm 的炭化植物根茎、棕黄色钙质结核及生物潜穴,见海相和非海相介形类、淡水腹足类碎片。35.90 ~ 32.70 m,灰绿色粉砂质细砂与灰色细砂质粉砂,发育水平、平行层理。32.70 ~ 28.10 m,灰色块状淤泥质黏土,33.10 m 处见副豆螺。各段平均粒径、分选系数等粒度参数比较稳定,尤其是

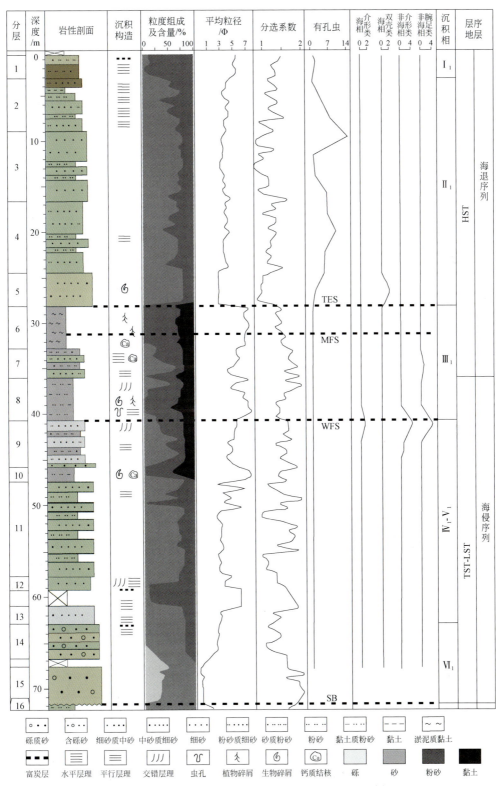

图 3-27 长江三角洲 HQ03 孔晚第四纪晚期地层柱状剖面图

32.70 ~ 28.10 m 段，反映该阶段为较稳定的海相沉积环境。

(4) 三角洲相 (II₁)。该相位于孔深 28.10 ~ 3.10 m，相当于第 5 ~ 第 2 层 (图 3-27)。岩性主要为绿灰色细砂、粉砂质细砂，少量灰绿、灰黄色中砂质细砂、粉砂、黏土等，局部发育砂泥和细砂 – 粉砂韵律层理。平行层理和水平层理发育普遍，见贝壳碎片、泥砾、有孔虫及海相双壳类碎块，有孔虫以底栖的毕克卷转虫变种 *Ammonia beccarii* (Lineé) vars. 为主。与下伏地层侵蚀接触，冲刷面其上见贝壳碎片。平均粒径约 3Φ 且垂向上稳定，分选系数波动较大，反映水动力条件不甚稳定，受海水影响强烈。

(5) 潮坪相 (I₁)。该相位于孔深 3.10 ~ 0.00 m，相当于第 1 层 (图 3-27)。岩性为棕黄 – 土黄色砂质粉砂，自下而上分三段：3.10 ~ 1.40 m，棕黄、浅棕黄色粉砂质细砂、砂质粉砂等，发育润状、斑点状及顺层潴育化，见水平、砂泥韵律层理。1.73 m 处有 3 cm 厚黑色碳质富集层，可见少量有孔虫。0.50 ~ 1.40 m 为致密块状砂质粉砂，顶部渐变为土黄色，见完整的副豆螺标本，平均粒径为 4.25 ~ 5.23Φ，分选系数为 1.13 ~ 1.50，分选较差。

3.2.12　HQ98 孔沉积相

HQ98 孔 (32°15′N，120°14′E) 位于江苏省泰兴市黄桥镇，孔口标高 5.91 m，孔深 60.50 m，取心率为 80.00% (Hori *et al.*，2001b，2002)。HQ98 孔自下而上分别识别出古河口湾 – 河漫滩相 (IV₁ ~ V₁)、浅海相 (III₁)、三角洲相 (II₁) 和潮坪相 (I₁) (图 3-28)，各沉积相特征如下。

(1) 古河口湾 – 河漫滩相 (IV₁ ~ V₁)。该沉积相位于 HQ98 孔下部，孔深 60.50 ~ 38.30 m，相当于第 14 ~ 第 8 层 (图 3-28)。岩性以细砂和粉砂质细砂为主，还有为砾质砂、含砾砂、砂质粉砂、粉砂和黏土等，发育平行、水平、交错、波状等层理，见较多植物、软体动物贝壳 (*Corbicula* sp.、*Euspira* sp.)、贝壳碎屑。砂与粉砂组分平均含量约 80% 且较稳定。¹⁴C 测年范围为 9080 ± 120 ~ 10500 ± 90 a BP。

(2) 浅海相 (III₁)。该沉积相位于孔深 38.30 ~ 28.50 m，相当于第 7 层 (图 3-28)。岩性为块状均匀淤泥质黏土，发育水平层理，偶见植物碎屑。黏土组分含量在 90% 以上且较稳定。均匀的厚层淤泥质黏土和稳定的沉积物粒度组成，均反映其稳定的沉积环境。本段 ¹⁴C 测年范围为 6830 ± 70 ~ 8130 ± 70 a BP。

(3) 三角洲相 (II₁)。该沉积相位于孔深 28.50 ~ 2.30 m，相当于第 6 ~ 第 2 层 (图 3-28)。岩性主要为细砂，少量中砂质细砂、粉砂质细砂和粉砂等，发育平行、水平、交错等层理，见少量贝壳碎屑。细砂层中夹黏土薄层，呈砂泥互层，与下部地层突变接触。¹⁴C 测年范围为 4120 ± 50 ~ 5580 ± 60 a BP。

(4) 潮坪相 (I₁)。该沉积相位于 HQ98 孔顶部，孔深 2.30 ~ 0.00 m，相当于第 1 层 (图 3-28)。岩性为粉砂，夹少量的黏土，见植物碎屑，发育平行层理。¹⁴C 测年范围为 1850 ± 50 a BP。

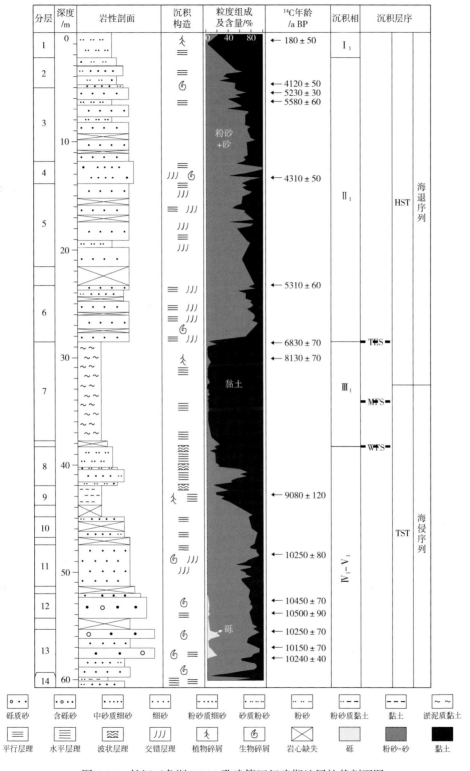

图 3-28　长江三角洲 HQ98 孔晚第四纪晚期地层柱状剖面图

3.2.13　NTK1 孔沉积相

NTK1 孔 (31°34.83′N，120°32.42′E) 位于江苏省南通市啬园路拱山社区院内东南侧，孔深 98.70 m (颜乐，2012；向烨，2012)。NTK1 孔自下而上分别识别出晚第四纪中期河床相 (VI_2) 和晚第四纪晚期河床相 (VI_1)、河漫滩相 (V_1)、古河口湾相 (IV_1)、浅海相 (III_1)、三角洲相 (II_1) 和潮坪相 (I_1) (图 3-29)。各沉积相特征如下。

(1) 河床相 (VI_2、VI_1)。该沉积相包括两段，第四纪中期河床相，孔深 98.70 ~ 83.63 m，相当于第 25、第 24 层和晚第四纪晚期河床相，孔深 83.63 ~ 68.11 m，相当于第 23 ~ 第 21 层 (图 3-29)。河床相沉积物主要为灰色、浅灰色含砾砂，少量粗砂、中砂质细砂、细砂和粉砂。含砾砂与细砂等构成多个正粒序旋回，岩心整体松散。平均粒径、分选系数波动较大，分选较差，峰态值较低反映粒度分布不集中。花粉浓度高，草本和木本孢粉为主，蕨类很少。98.70 ~ 83.63 m 段花粉浓度为 29.87 粒 /g，木本植物花粉最多，平均为 46.72%，以松属 (14.71%)、栎属 (13.71%)、榆属 (6.48%) 和椴属 (3.12%) 为主，草本植物花粉约为 42.48%，含量较高的是禾本科 (15.76%)、蒿属 (11.04%) 和藜科 (4.59%)，蕨类植物孢子含量 10.79%，以水龙骨科 (4.83%) 和凤尾蕨科 (4.09%) 占主要。83.63 ~ 68.11 m 段以草本孢粉为主，为禾本科、蒿属、藜科等，木本花粉主要为栎属和松属。孢粉特征反映了寒冷潮湿的气候条件。93.13 m 样品热释光测年数据为 42770 ± 3.36 a BP，78.30 m 样品热释光测年数据为 22420 ± 1.91 a BP，符合末次盛冰期下切河谷开谷开始下切的时间。

(2) 河漫滩相 (V_1)。该沉积相位于孔深 68.11 ~ 59.10 m，相当于第 20、第 19 层 (图 3-29)。岩性为灰色细砂和少量浅灰色含砾砂，上部可见 10 cm 灰黑色腐殖质层，局部偶见黏土层。沉积粒度较粗，分选性差。孢粉以蕨类为主，主要类型为水龙骨科、凤尾蕨科和铁线蕨 / 鳞盖蕨，木本花粉仍主要是栎属、松属花粉，仍为寒冷潮湿的气候条件。较粗的沉积物和腐殖质存在，表明此阶段为陆相沉积环境。与下部河床相构成河床 – 河漫滩 "二元结构" 沉积。

(3) 古河口湾相 (IV_1)。位于孔深 59.10 ~ 48.00 m，相当于第 18 ~ 第 16 层 (图 3-29)。沉积物主要为灰色黏土，夹少量灰色细砂、灰绿色粉砂层。颜色总体呈灰色，频繁出现砂泥互层，局部夹灰绿色含砾中粗砂、砾石等，见贝壳碎屑。花粉浓度平均为 35.39 粒 /g，木本植物花粉含量占主要优势，平均占到 48.85%，主要有栎属 (11.95%)、松属 (9.46%)、柏科 (9.11%)、栲属 / 青冈属 (5.87%)、桦 / 鹅耳枥属 (3.53%) 和胡桃属 (2.07%)，偶见云杉 / 冷杉 / 落叶松、榆属和极少量的椴属、桑科、榛子等的花粉。草本植物花粉次之约占 26.98%，以蒿属 (5.64%)、禾本科 (6.35%) 和藜科 (7.28%) 花粉为主，其次为毛茛科 (1.10%)、百合科 (1.14%) 及眼子菜 (1.28%) 等花粉，还少量出现菊科、蔷薇科、唇形科等花粉。蕨类孢子含量较高，高达 24.17%，主要是水龙骨科 (13.54%)、凤尾蕨科 (12.22%) 和少量水龙骨属和铁线蕨 / 鳞盖蕨。孢粉特征反映气候类型为温和略干。52.80 m 样品热释光测年数据为 12170 ± 1.03 a BP。较 V_1 段，岩性快速变细，以灰色黏土为主，夹少量砂质层，见贝壳碎屑，因此推断为河口湾相。

(4) 浅海相 (III_1)。该沉积相位于孔深 48.00 ~ 31.05 m，相当于第 15、第 14 层 (图 3-29)。

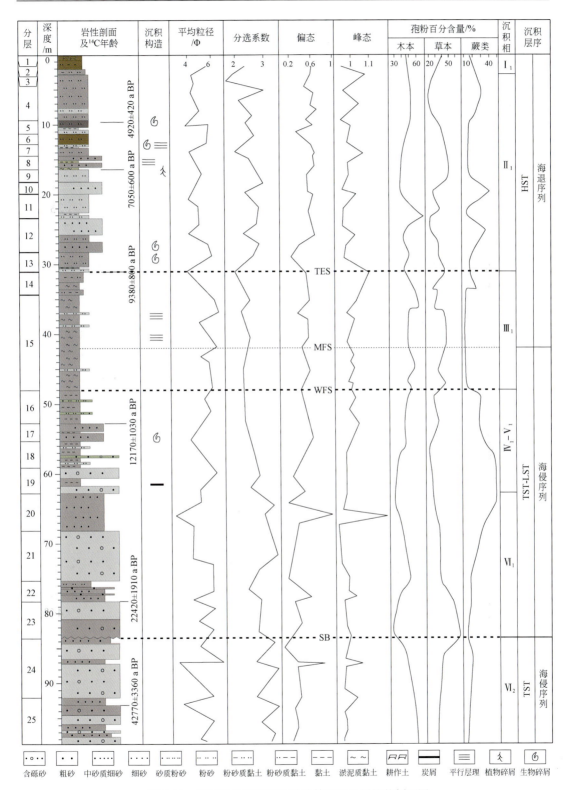

图 3-29 长江三角洲 NTK1 孔晚第四纪地层柱状剖面图

岩性主要为灰色黏土，含水量较少，质地较硬，频繁出现浅灰色 1 ~ 2 cm 厚的粉砂夹层，顶部为灰色粉砂质黏土。平均粒径、分选系数等粒度参数基本稳定，表明沉积环境稳定。木本植物花粉占比例最大，以栎属、松属、栲属 / 青冈属为主，其次是草本植物花粉，其中含量较高为禾本科、藜科和蒿属。孢粉特征总体反映了温热潮湿的气候类型。31.05 m 处样品热释光测年数据为 9380 ± 0.8 a BP。综合上述特征，判别为浅海相。

(5) 三角洲相 ($Ⅱ_1$)。位于孔深 31.05 ~ 2.85 m，相当于第 13 ~ 第 4 层 (图 3-29)。岩性以灰、灰白、灰褐色粉砂为主，夹少量灰色细砂、黏土，局部频繁出现条带状黏土夹层。28.20 m、27.30 m、12.80 m、9.45 m 等多处见贝壳碎片和生物壳体，约 16.80 m 处见树根。平均粒径、分选系数等粒度参数波动较大，特征明显区别于浅海相。以木本植物花粉为主，主要有栎属、松属等，草本植物花粉次之，以蒿属、禾本科和藜科花粉为主，蕨类植物孢子含量较浅海相上升，主要类型为水龙骨科、凤尾蕨科。反映了温暖湿润的气候类型。16.40 m 处样品热释光测年数据为 7050 ± 0.60 a BP，9.60 m 处样品热释光测年数据为 4920 ± 0.42 a BP。

(6) 潮坪相 ($Ⅰ_1$)。该沉积相位于孔深 2.85 ~ 0.00 m，相当于第 3 ~ 第 1 层 (图 3-29)。岩性主要为灰色黏土质粉砂和黄灰色粉砂质黏土，顶部 0.80 m 为耕植土。约 2.10 m 处含明显的红褐色 – 黄褐色锈斑，1.25 ~ 0.80 m 也含浅黄色锈斑。沉积物粒度明显细于下部的三角洲相，应为三角洲顶部的潮坪沉积。

3.2.14　T24 孔沉积相

T24 孔位于上海崇明县东端的前哨农场，孔口标高 5.00 m，孔深 106.50 m (李从先、汪品先，1998)。T24 孔自下而上分别识别出晚第四纪中期河漫滩相 (V_2) 和晚第四纪晚期河床相 ($Ⅵ_1$)、古河口湾 – 河漫滩相 ($Ⅳ_1$ ~ V_1)、浅海相 ($Ⅲ_1$)、三角洲相 ($Ⅱ_1$) 和潮坪相 ($Ⅰ_1$)。T24 孔 101.50 m 处为一侵蚀面，上下地层呈不整合接触，上部为灰黄色砂砾层，下部为灰色黏土，判别此为晚第四纪晚期地层的底界面，因此仅对 101.50 m 以上地层做详细介绍 (图 3-30)，T24 孔各沉积相特征如下。

(1) 河床相 ($Ⅵ_1$)。该沉积相位于孔深 101.50 ~ 68.00 m，相当于第 7 层 (图 3-30)。灰色、灰黄色砂砾层、砾质砂、砂等，砾石平均粒径为 1 ~ 2 cm，磨圆度好。未发现海相微体化石，仅见陆相介形虫，如 *Ilyocypris bradyi*、*I. radiata*、*Candoniella* sp. 等，伴生有腹足类、植物碎屑。

(2) 古河口湾 – 河漫滩相 ($Ⅳ_1$ ~ V_1)。该沉积相位于孔深 68.00 ~ 40.00 m，相当于第 6 层 (图 3-30)。灰绿色粉砂质黏土和黏土质粉砂，顶部为黑色淤泥含腐烂的植物碎屑，具层理构造和蜂窝状气孔构造。微体化石不多，有孔虫断续出现，个体偏小，并且个别有孔虫因暴露地表遭氧化呈铁红色。

(3) 浅海相 ($Ⅲ_1$)。该沉积相位于孔深 40.00 ~ 26.00 m，相当于第 5 层 (图 3-30)。灰绿色粉砂质黏土和黏土质粉砂，质软，具层理构造，夹薄层状粉砂。有孔虫较多，但

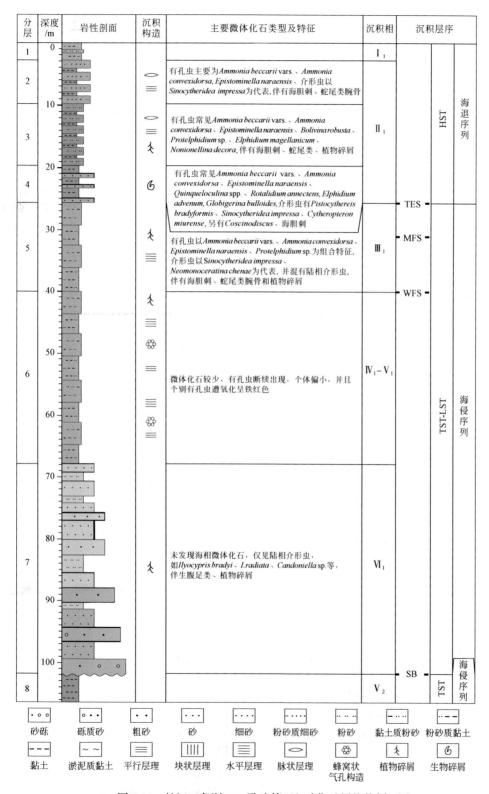

图 3-30　长江三角洲 T24 孔晚第四纪晚期地层柱状剖面图

个 体 偏 小， 以 *Ammonia beccarii* vars.、*Ammonia convexidorsa*、*Epistominella naraensis*、*Protelphidium* sp. 为组合特征。介形虫以 *Sinocytheridea impressa*、*Neomonoceratina chenae* 为代表，并混有陆相介形虫，伴有海胆刺、蛇尾类腕骨和植物碎屑。

(4) 三角洲相 (II₁)。该沉积相位于孔深 26.00 ~ 2.80 m，相当于第 4 ~ 第 2 层 (图 3-30)。岩性由灰绿色粉砂质细砂和灰色粉砂、粉砂质黏土组成，黏土以层状或团块状分布，具层理构造，含云母、贝壳碎屑。有孔虫丰富，但个体偏小，平均壳径为 0.15 mm。常见 *Ammonia beccarii* vars.、*Ammonia convexidorsa*、*Epistominella naraensis*、*Bolivina robusta*、*Protelphidium* sp.， 还 可 见 *Quinqueloculina* spp.、*Rotalidium annectens*、*Elphidium advenum*、*Globigerina bulloides* 等。 介 形 虫 有 *Pistocythereis bradyformis*、*Sinocytheridea impressa*、*Cytheropteron miurense* 等，另有 *Coscinodiscus*、海胆刺、蛇尾类、植物碎片等。

(5) 潮坪相 (I₁)。该沉积相位于孔深 2.80 ~ 0.00 m，相当于第 1 层 (图 3-30)。灰黄色粉砂质黏土，夹薄层粉砂，含铁锰结核与条纹，未发现有孔虫。

3.2.15　CJK11 孔沉积相

CJK11 孔 (31.33°N，122.45°E) 位于长江口海域水下三角洲，位置水深 21.00 m，孔深 72.20 m，岩心实际长 63.10 m，取心率为 87.40% (Xu *et al.*, 2013)。CJK11 孔位于长江水下三角洲，处于下切河谷内 (徐涛玉, 2013)，自下而上分别识别出晚第四纪晚期河床相 (VI₁)、河漫滩相 (V₁)、古河口湾相 (IV₁)、浅海相 (III₁) 和三角洲相 (II₁) (图 3-31)。各沉积相特征如下。

(1) 河床相 (VI₁)。该沉积相位于孔深 72.20 ~ 60.30 m，相当于第 5 层 (图 3-31)。岩性主要为灰色粗砂、含砾粗砂，砂质沉积物平均粒径为 –1.09 ~ 2.27Φ，平均 0.54Φ，主要为砂组分，含量为 13.56% ~ 99.89%，砾石含量为 0% ~ 83.07%，大多数砾石粒径为 2 ~ 4 mm，最大粒径为 25 mm。结构疏松，发育正粒序，与下伏地层呈不整合接触。多个沉积物样品中未见有孔虫。由于沉积物的粒度很粗、没有有孔虫存在，形成年龄要早于 11450 a BP，推测该段为陆相河床沉积。

(2) 河漫滩相 (V₁)。该沉积相位于孔深 60.30 ~ 45.00 m，相当于第 4 层 (图 3-31)。深灰色粉砂与黏土互层，砂泥互层组合类型丰富，发育波状层理、透镜状层理，富含植物碎屑。样品中未见有孔虫。与下伏地层呈不整合接触。砂泥互层表明水动力条件存在变化但不强，植物碎屑的存在说明沉积环境为浅水，形成年龄在 11450 a BP 以后，推测为河床相上部发育的河漫滩沉积。

(3) 古河口湾相 (IV₁)。该沉积相位于孔深 45.00 ~ 36.60 m，相当于第 3 层 (图 3-31)。深灰色粉砂与黏土互层，含植物碎屑。此段有少量底栖有孔虫，丰度为 15 ~ 725 枚 /50 g 干样，平均 160 枚 /50 g 干样，有孔虫种类主要为广盐性种属，如 *Pseudononionella variabilis*、*Cribrononion subincertum*、*Elphidium magellanicum* 和 *Ammonia beccarii*， 含 量 分 别 为 21.6%、16.5%、15.9% 和 14.1%。在 43 m 处发现少量咸水种 *Haynesina germanica*。该段

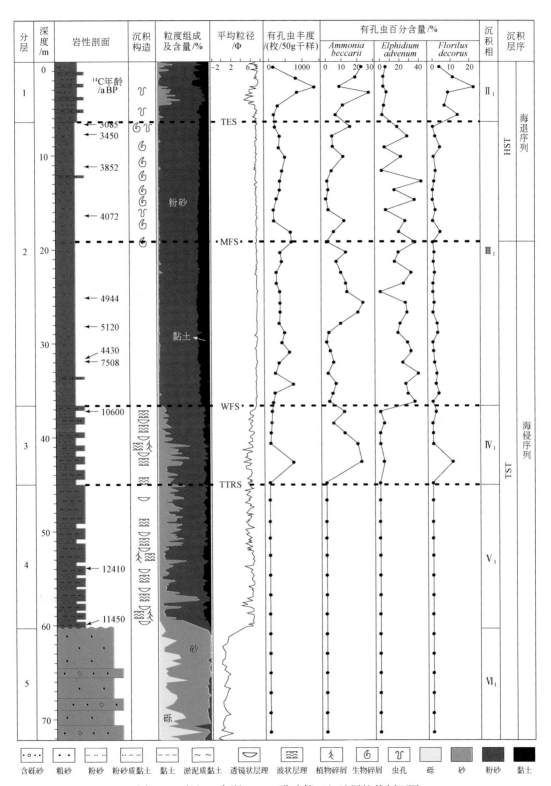

图 3-31　长江三角洲 CJK11 孔晚第四纪地层柱状剖面图

顶部测年年龄为 10600 a BP，有孔虫的出现一般意味着受到海水的影响，砂泥互层结构仍然反映水动力条件的变化，因此该段为受多种水动力影响的河口湾相。

(4) 浅海相（Ⅲ$_1$）。该沉积相位于孔深 36.60 ~ 6.40 m，相当于第 2 层（图 3-31）。岩性主要为深灰色淤泥质黏土，少量粉砂薄层中几乎不含贝壳碎片，仅在 7 m、9 m、15 m 和 17 m 处发现贝壳碎片。平均粒径为 6.09 ~ 7.43Φ，粉砂组分含量为 70.51% ~ 83.84%。底栖有孔虫丰度为 110 ~ 720 枚 /50 g 干样，平均为 335 枚 /50 g 干样，此层有孔虫多为滨海和浅于 20 m 的浅海中的种属，包括 *Elphidium advenum*、*Nonionella jacksonensis*、*Ammonia maruhasii* 和 *Quinqueloculina lamarckiana*。广盐度物种也很常见，如 *Cribrononion subincertum*、*Elphidium magellanicum*、*Ammonia beccarii*。测年年龄为 7508 ~ 3085 a BP。上述特征表明该段为海相性强烈的浅海沉积环境。

(5) 三角洲相（Ⅱ$_1$）。该沉积相位于孔深 6.40 ~ 0.00 m，相当于第 1 层（图 3-31）。岩性为暗红棕色粉砂质黏土，含大量贝壳碎片、粉砂薄层和夹小贝壳碎片的粉砂团块。平均粒径为 4.51 ~ 7.62Φ，平均 6.63Φ，砂组分含量为 0% ~ 43.91%，粉砂组分含量为 51.41% ~ 82.61%，黏土为 4.69% ~ 36.12%。底栖有孔虫丰度为 135 ~ 1345 枚 /50 g 干样，平均 580 枚 /50 g 干样，底栖有孔虫组合中有大量普遍存在于滨海和小于 20 m 水深的浅海中的种属，如 *Bolovina robusta* 和 *Ammonia beccarii*，含量分别为 13.10% 和 11.00%。*Ammonia beccarii* 是主要的广盐性种属，平均含量为 15.70%，其余种属的百分含量大多小于 5.00%。此外还发现了低盐度种属，如 *Haynesina germanica*。此段位于浅海相上部，沉积物岩性显示有暴露氧化特征，但仍有较多有孔虫存在，因此推测其为三角洲沉积。

3.3　河间地及河阶地沉积相

本书中乔司农场 CK4 孔是位于古河间地的钻孔，该钻孔揭示硬黏土层之上为现代河口湾相沉积。其实古河间地区域冰后期的沉积相序应自下而上为古河口湾相、近岸浅海相和现代河口湾相，间或上部出现湖沼相，中间发育滨海相。古河口湾相、近岸浅海相、现代河口湾相和湖沼相在这里就不再赘述，该部分主要对滨海相和硬黏土层特征进行描述。

滨海相一般只发育在杭州湾地区北部和东北部的古河间地，大多位于硬黏土层之上。沉积物一般为粉砂质泥，有少量有孔虫，如 *Ammonia beccarrii* var.、*Protephidium* 等，个体和属种数量少，分异度低。在九堡地区，个别钻孔于 20 m 孔深左右见牡蛎礁沉积，牡蛎长 20 cm，该礁沉积厚度约 2 m，牡蛎系典型的滨海相浅水环境的生物，一般水体盐度越小，牡蛎的个体越大。杭州西湖滨海相中可见 *Corbicula japan yokoma*，这是一种生活在淡水至微咸水的瓣鳃类；*Ammonia tepida* Cushman 占有孔虫种群的 91%，优势种很高，这是世界上分布最广的一种广盐性有孔虫，此外尚有 *Sinocytheriadea lartiovata* Houet Chen，这是一种中国特有的广盐性介形虫（汪品先等，1988)。

江浙沿海平原黏土层为灰色、暗绿色、杂色和黄褐色，致密较硬，硬黏土层未见海相微体化石，但可见植物根茎和碎屑、菱铁矿和菱锰矿结核，发育孔洞、裂隙和微裂隙，具暴露地表和经受成壤作用的特征，实际为古土壤层。硬黏土中孢粉为柏科、乔木科、麻栎、松属，并有地榆属、菊科、麻黄、落叶松、冷杉、铁杉等，为阔叶、落叶和针叶混交林，反映气候较为干冷。硬黏土层的厚度为 3 ~ 5 m，且向海和向下切河谷深泓线方向埋深逐渐增大，一般为 20 ~ 30 m。该层的时代属末次冰期，时间在 15000 a BP，未经受河流侵蚀作用。前人研究认为中国东部硬黏土层为河漫滩沉积 (陈庆强、李从先，1998)。本书乔司农场 CK4 孔中的硬黏土层就为河漫滩沉积，因此推测此河间地硬黏土层为河漫滩沉积，其特征与下切河谷内相 Ⅳ (河漫滩相) 的沉积特征相似。静力触探曲线特征如东塘 – 雷甸浅气田 HDC-400 孔，两曲线值均抬升，q_c 线比较平直，位于 f_s 线左边，f_s 线峰谷宽大，呈波状起伏，两线间距很大 (林春明，1995)。

　　河阶地主要沿下切河谷边缘分布，以河床相和河漫滩相沉积为主，有时河漫滩相沉积物因长期暴露于空气中形成硬黏土层。此类硬黏土主要由粉砂质泥和泥质粉砂组成，颜色为浅灰、略带灰黄色斑点，含少量贝壳碎片及少量灰白色泥砾，较为坚硬，致密，其下的岩性渐变为粉砂、细砂、砂砾。触探曲线特征如东塘 – 雷甸浅气田中的 HDC-4 钻孔，q_c 线峰谷宽大呈圆滑状，起伏不大，f_s 值进入硬黏土层时迅速呈波浪状上升，达到中部时，f_s 值为最大，然后又呈波浪状对称下降；q_c 线总在 f_s 左侧，两线间距大 (林春明，1995)。此类硬黏土层埋深变化大，一般为 21.3 ~ 46.0 m，厚 0.7 ~ 4.4 m。在岩性、颜色、坚硬程度、厚度、埋深、分布位置、岩相以及触探曲线形态等方面都有别于上述古河间地硬黏土层。河床相沉积物主要由砂砾组成，沉积特征与下切河谷内相 Ⅴ (河床相) 沉积特征相似，因此不再详述。

第 4 章　下切河谷充填物沉积序列和充填演化模式

　　沉积序列是几个沉积环境的组合关系，这种相互关系既包括垂向上的沉积环境随时间的变化，也有同一时期横向上不同沉积环境的组合关系。在对江浙沿海平原地区钻孔沉积物特征与沉积相分析的基础上，以多个钻孔连井来进行地区剖面对比，可获得对沉积环境时空组合与演化的正确认识。

4.1　沉　积　序　列

4.1.1　地层结构及其控制因素

　　江浙沿海平原地区处在构造沉降带，新构造运动在山区表现为局部上升，在沿海平原区主要表现为缓慢沉降运动，持续的构造沉降使其接受大量的河流沉积物，形成厚 200 ~ 300 m 的第四纪松散沉积层，上部 100 ~ 150 m 为陆、海相交互沉积层，以下为河流相沉积层 (李从先、汪品先，1998)。中国沿海地区经历了多次海侵 (汪品先等，1981)，钻井岩心、测年等资料表明 (表4-1)，长江三角洲晚第四纪形成了三个下切河谷层序，自下而上三个层序的地质时代分别相当于晚第四纪早期、中期和晚期，晚第四纪早期地层主要是 125000 ~ 60000 年前沉积的，中期地层主要是 60000 ~ 25000 年前沉积的，晚期地层为 25000 年前以来形成的 (林春明等，2016)。三期向东南延展的下切河谷具有明显继承性，河谷主体位置逐渐南移，规模也渐次变小，早期下切河谷十分宽广，宽度超过 150 km，深度 80 ~ 140 m；中期下切河谷宽 55 ~ 80 km，深度 70 ~ 120 m；晚期下切河谷宽 20 ~ 70 km，深度 30 ~ 100 m (张家强等，1998；李从先、汪品先，1998)。早期形成的下切河谷层序往往被后期河谷的下切所破坏，仅残留下部的河床相粗粒沉积，造成河床相的叠置，每个侵蚀面的上、下则出现年龄的突变 (李从先等，2008)；相对而言，晚第四纪晚期 (末次冰期以来) 形成的下切河谷层序以不同的沉积相组合被保存下来 (图 3-23)。三期下切河谷层序的套叠结构表明，晚第四纪以来，江浙沿海平原存在三次 "低海面—海侵—高海面—海退" 周期性海面变化。海平面下降时期是下切河谷的形成阶段，海平面上升期是下切河谷的充填阶段，下切河谷主要由河流侵蚀作用形成，并受基岩地质、气候、植被、构造运动和河道作用控制 (李从先、汪品先，1998；Lin et al.，2005)。研究表明，下

切河谷充填具有复杂性，其沉积物可以从非海相经由河口湾相，一直变化为开阔海相
(Allen and Posamentier，1993)。河口湾相叠加在河流相之上，河流相通常是盛冰期之后的
海侵期下切河谷充填物 (图 3-23)。下切河谷及其相关河口湾的沉积演化主要受沉积物供给、
水动力条件、气候和海平面变化控制 (Lin *et al.*，2005；Zhang *et al.*，2014，2015)。下切
河谷多分布在现代河口三角洲、陆架浅缓坡海洋沉积环境中，河口湾沉积是下切河谷系统
的主要组成部分，是下切河谷体系被海淹没部分，接受来自陆地和海域的沉积物，含潮汐、
波浪和河流影响的沉积相，湾顶是潮汐沉积物分布的上限，湾口是海岸沉积相分布的下限；
河口湾仅形成于相对海平面上升期，即海侵期，一般是海侵过程中，海水溢出下切河谷形
成海湾，之后随着沉积物堆积、海湾收缩而成，因此，河口湾在地质上是短暂的，它是下
切河谷充填的延续 (Dalrymple，1992)。加积使河口湾遭受充填和破坏，河口湾变成三角洲。
一旦河口湾沉积保存下来，就提供了海岸线和环境变化的重要信息。海侵河口湾沉积，一
般在垂向剖面底部为河道砂，中部为河 – 海泥混合物，顶部是潮汐砂，然而，河口湾中沉
积相垂向序列取决于河口湾类型和河口湾部位 (Boggs，2001)。

4.1.2　层序界面

层序界面是确定沉积层序的主要依据，下切河谷两侧壁和底部皆有河流基准面下降及
降至最低点时形成的侵蚀面，该侵蚀面通常是识别下切河谷的主要依据，也是划分下切河
谷沉积层序，研究其结构的参考依据 (李保华等，2010)。根据地层颜色、岩性、古生物、
测年和地层层序特征，ZK02 孔钻遇长江三角洲晚第四纪早期、中期和晚期三套下切河
谷地层 (图 3-23，表 4-1)，区分不同时期下切河谷沉积层序主要依据其底部侵蚀面，即
层序界面。ZK02 孔钻识别出晚第四纪晚期和中期 2 个层序界面，晚第四纪晚期沉积层序
底界在 81.30 m 处，为一河流侵蚀不整合面，侵蚀面之下为晚第四纪中期河漫滩相深灰色
黏土，之上为晚第四纪晚期河床相灰黄、灰色砾质粗砂和含砾粗砂，岩性及颜色突变明
显 (图 3-23)，较易识别。长江三角洲下切河谷的两翼为古河间地，古河间地曾经暴露地表，
发生沉积间断，形成了硬黏土 (古土壤)，其顶界的沉积间断面虽然与侵蚀面高程相差很大，
但它们为同一时期产物 (李从先、汪品先，1998；林春明等，1999a)，一起构成区域不整
合面，是划分晚第四纪沉积层的可靠标志。不整合面在浅层横波地震剖面上有着较为清楚
的响应，而使用简易物探方法，如 EH4 电法所得到的电阻率等值线图中，能够将层序界
面起伏形态更加清晰地反映出来 (Li and Lin，2010)。

冰盛期，海平面下降的幅度大，增加了河流梯度、增强了河流下切作用，河流强烈下
切造成河谷底部侵蚀面出现凸凹不平，沿河谷下切方向或自河间地向河谷中部方向有个逐渐
变深的自然坡度。从区域上看，黄桥 HQ03 孔晚第四纪晚期下切河谷层序界面在 71.70 m，
南通九圩港 05 孔为 80.50 m，崇明 CH4 孔为 88.60 m，再往东南的长兴岛 CX03 孔为
89.80 m (李保华等，2010)，再往东南的水下三角洲 C38 孔已经超过 100 m(李从先等，
2009)，此外启东 ZK01 孔为 83.40 m (林春明等，2015)，可见该界面自西北向东南倾斜，

而且下切河谷主弘线偏南，在现今的长江入海主流线方向 (图 2-2)，形成了下切河谷西北部埋藏浅，东南部埋藏深，中部埋藏深，两翼埋藏浅的地貌特征。

表 4-1　江苏南通及相邻地区晚第四纪沉积物测年数据

晚第四纪地层层序	九圩港 05 孔		崇明 CH4 孔		海门 ZK02 孔		
	埋深 /m	¹⁴C 年龄 / a BP	埋深 /m	年龄 / a BP	测年材料	埋深 /m	¹⁴C 年龄 / a BP
晚第四纪晚期层序	11.7	5750 ± 150			贝壳	22.3	2710 ± 30
	38.8	11030 ± 1 230			贝壳	31.8	7150 ± 30
晚第四纪晚期层序			54.8	12630 ± 120(¹⁴C)	贝壳	47.1	10950 ± 40
层序界面	80.5		88.6			81.3	
晚第四纪中期层序	94.5	34900 ± 960			木屑	104.5	> 43500
层序界面	108.5					113.0	
晚第四纪早期层序			105.6	95000 ± 4700(热释光)			
层序界面			133.2			> 128.0	

注：南通九圩港 05 孔测年资料来自张家强等 (1998)；崇明 CH4 孔测年资料来自张家强等 (1998)，孟广兰等 (1989)；ZK02 孔为本书成果，样品测试由美国 BETA 实验室完成。

ZK02 孔晚第四纪中期层序界面在 113.00 m 处，为一河流侵蚀不整合面，侵蚀面之下为晚第四纪早期河床相深灰、灰黄色砾质粗砂、砾质细砂，之上为晚第四纪中期河床相黑灰、青灰色砂砾石层，颜色和岩性突变明显 (图 3-23)。位于 ZK02 孔西北部的南通九圩港 05 孔，晚第四纪中期层序界面为 108.50 m 深处 (表 4-1)，同晚第四纪晚期层序界面相似，自西北向东南逐渐变深。

一般来说，江浙沿海平原暴露成陆始于冰期海平面下降之时，暴露自西向东依次推迟。冰消期海平面上升，发生海侵，海侵自东向西、自下切河谷向两侧漫溢，古地面自东向西逐渐淹没，并接受沉积，因此区域不整合面自海向陆为一穿时面。海平面上升，海侵首先波及河床，下切河谷内开始接受沉积，随后下切河谷内水体逐渐漫溢于河间地，河间地开始接受沉积，因此区域不整合面在平行海岸线方向上也是不等时面。当海平面相对上升速度变慢，逐渐达到其最大位置，海岸线向陆推移最远，此时海底的沉积界面便为最大海泛面。最大海泛面位于浅海沉积层中，是沉积层序中唯一的等时面。最大海泛面之下地层自下而上为河床相、河漫滩、古河口湾和浅海相，具有海水逐渐加深和海洋因素影响逐渐变强的特点，它们构成海侵沉积层序；最大海泛面之上地层为浅海相、三角洲相或现代河口湾相，具有海水逐渐变浅和海洋因素影响逐渐变弱的特点，它们构成海退沉积层序 (图 3-23)。

4.1.3 典型剖面的沉积序列

本书以钱塘江和长江晚第四纪下切河谷为例，对下切河谷充填物沉积序列精细特征进行了解剖。

1) A-A′ 剖面

A-A′ 剖面穿过钱塘江下切河谷 (图 4-1 和图 4-2)，由 12 口钻孔岩心组成。5 口相对较深的岩心都清楚地揭示出下切河谷底部侵蚀面的存在，表明河流侵蚀曾在此发生过，侵蚀深度为 34.9 ～ 64.4 m，宽度为 34 km。侵蚀面之下为白垩纪紫红色含砾砂岩、火山岩，以及其风化产物 (李从先等，1993；林春明，1996)。侵蚀面之上河床相、河漫滩和古河口湾相充填于下切河谷的轴部，其上覆盖近岸浅海相和现代河口湾相沉积物 (图 4-2)。河床相、河漫滩和古河口湾相沉积物的厚度为 11.6 ～ 20.8 m、6.0 ～ 14.2 m 和 4.1 ～ 9.1 m (表 4-2)，南部厚度较大，指示当时下切河谷的深泓线位于现代钱塘江河口湾的南岸平原，即钱塘江在其演化过程中河流明显由南向北迁移，且下切河谷的宽度比现代钱塘江大得多。而现代钱塘江河口湾形成之后涨潮流占优势，涨潮流偏北，落潮流偏南，使整个现代河口湾也由南向北岸迁移，现代河口湾的粉砂沉积厚度北部大于南部。古河口湾和河漫滩沉积物，特别是古河口湾相内透镜状砂体发育，砂体厚度可达 3 ～ 5 m，河漫滩沉积物中透镜状砂体的厚度可达 8 m。在下切河谷的北部还见一河流阶地，埋藏深度为 25 ～ 35 m，其上覆沉积物主要为硬黏土层，厚度为 4 ～ 8 m。

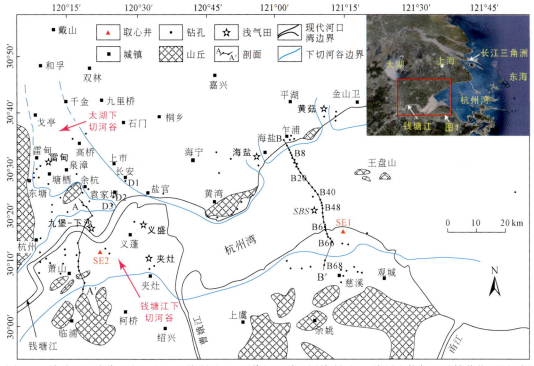

图 4-1 钱塘江和太湖下切河谷 (蓝线所示)、现代河口湾 (黑线所示)、浅层生物气田及钻井位置图 (据 Lin *et al.*，2005；Zhang *et al.*，2014)

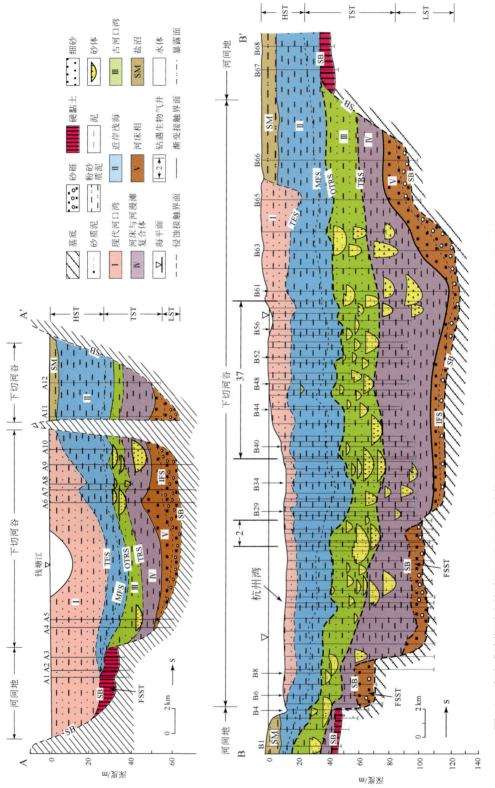

图4-2　末次盛冰期以来钱塘江下切河谷充填物沉积相、地层结构和层序地层学特征（剖面位置参见图4-1）（据Zhang et al., 2014）

FSST. 强制海退体系域；LST. 低水位体系域；TST. 海侵体系域；HST. 高水位体系域；SB. 层序界面；IFS. 初始海泛面；TRS. 海侵潮流侵蚀面；

OTRS. 海岸潮退潮流侵蚀面；MFS. 最大海泛面；TES. 海退潮流侵蚀面

表 4-2　钱塘江下切河谷地区 A-A′ 剖面内部各沉积相厚度及其占地层总厚度百分比表

钻孔	总厚度 /m	河床		河漫滩		古河口湾		近岸浅海		现代河口湾	
		厚度 /m	比例 /%	厚度 /m	比例 /%	厚度 /m	比例 /%	厚度 /m	比例 /%	厚度 /m	比例 /%
A1	24.9	0.0	0.0	0.0	0.0	0.0	0.0	0.0	0.0	24.9	100.0
A2	29.0	0.0	0.0	0.0	0.0	0.0	0.0	6.8	23.4	22.2	76.6
A3	29.0	0.0	0.0	0.0	0.0	0.0	0.0	7.5	25.9	21.5	74.1
A4	54.2	0.4	0.7	9.3	17.2	9.1	16.8	11.1	20.5	24.3	44.8
A5	54.8	2.0	3.6	8.6	15.7	8.9	16.3	10.3	18.8	25.0	45.6
A6	64.4	20.8	32.3	6.8	10.6	5.8	9.0	11.8	18.3	19.2	29.8
A7	62.0	13.6	21.9	12.8	20.7	4.7	7.6	15.5	25.0	15.4	24.8
A8	>40.7	未钻穿		>1.3		7.4		10.9		21.1	
A9	61.5	11.6	18.8	12.7	20.6	7.3	11.8	18.7	30.4	11.2	18.4
A10	>49.3	>1.6		11.3		6.0		24.9		5.6	
A11	>54.7	>15.3		6.0		4.2		29.2		0.0	
A12	49.0	0.0	0.0	14.3	29.2	4.1	8.4	30.6	62.4	0.0	0.0
平均值	49.5(10)	15.3(3)		10.0(9)		6.2(10)		16.1(12)		18.9(11)	
最小值	24.9	11.6		6.0		4.1		6.8		5.6	
最大值	64.4	20.8		14.3		9.1		30.6		25.0	

注：括号内数字代表钻孔数。

2) B-B′ 剖面

该剖面横跨现代钱塘江河口湾中部，从 300 多口钻孔中挑选出 68 口组成（图 4-1 和图 4-2）。该剖面下切河谷埋深为 50.5 ~ 124.6 m，宽度为 43 km。下切河谷北部发育两期河流阶地，上覆砂砾沉积，埋藏厚度分别为 60 ~ 70 m 和 90 ~ 110 m。与 A-A′ 剖面类似，下切河谷底部存在明显的河流侵蚀面，但明显变深，河间地硬黏土层的埋藏深度也增加到 33 ~ 46 m，揭示出当时地形西高东低、河流侵蚀强度由西向东增强，之后沉积的冰后期地层厚度呈现出自西向东逐渐变厚的特点。河床相、河床 - 河漫滩复合体和古河口湾相主要分布在下切河谷的轴部，其上被近岸浅海相和现代河口湾相覆盖。但河漫滩相和古河口湾相的厚度要大于 A-A′ 剖面，平均厚度分别由 10.0 m 和 6.2 m 增加到 20.9 m 和 24.1 m（表 4-3 和图 4-2）。较 A-A′ 剖面，厚层河漫滩相和古河口湾相沉积物内部，特别是后者，透镜状砂体更为发育。

表 4-3　钱塘江下切河谷地区 B-B′ 剖面内部各沉积相厚度及其占地层总厚度百分比表

钻孔	总厚度 /m	河床		河漫滩		古河口湾		近岸浅海		现代河口湾	
		厚度 /m	比例 /%	厚度 /m	比例 /%	厚度 /m	比例 /%	厚度 /m	比例 /%	厚度 /m	比例 /%
B6	60.5	16.5	27.3	4.8	7.8	15.3	25.4	22.6	37.4	1.3	2.1
B7	58.0	11.3	19.5	8.2	14.1	14.1	24.3	20.1	34.7	4.3	7.4
B8	50.5	8.0	15.8	6.9	13.7	10.1	20.0	22.0	43.6	3.5	6.9

续表

钻孔	总厚度 /m	河床		河漫滩		古河口湾		近岸浅海		现代河口湾	
		厚度 /m	比例 /%	厚度 /m	比例 /%	厚度 /m	比例 /%	厚度 /m	比例 /%	厚度 /m	比例 /%
B14	96.6	11.7	12.1	37.8	39.2	17.7	18.3	21.9	22.7	7.5	7.7
B15	91.8	12.1	13.2	25.7	29.0	24.4	26.6	22.7	24.7	6.9	6.5
B16	94.8	12.1	12.8	29.5	31.1	23.2	24.5	23.6	24.9	6.4	6.7
B18	92.6	9.4	10.2	27.6	28.9	25.6	27.6	23.2	25.1	6.8	7.2
B20	90.3	8.7	9.6	13.4	14.9	28.3	31.3	34.4	38.1	5.5	6.1
B22	92.3	10.4	11.3	19.3	20.9	33.5	36.3	23.8	25.8	5.3	5.7
B23	94.0	8.4	9.0	11.3	12.5	32.8	34.5	36.6	38.8	4.9	5.2
B24	89.7	7.9	8.8	9.9	11.1	32.6	36.3	34.2	38.1	5.1	5.7
B25	89.8	11.0	12.2	16.6	18.5	31.1	34.6	26.3	29.3	4.8	5.4
B26	88.9	7.6	8.5	20.3	22.8	27.9	31.4	27.5	30.9	5.6	6.4
B27	92.8	0.0	0.0	33.0	35.5	25.4	27.4	28.1	30.3	6.3	6.8
B61	124.0	4.8	3.9	46.5	37.2	28.3	22.8	32.0	25.8	12.4	10.3
B63	124.6	22.8	18.3	33.1	26.5	23.9	19.2	28.1	22.6	16.7	13.4
B65	99.0	18.5	18.7	14.4	14.5	18.1	18.3	21.5	21.7	26.5	26.8
B66	97.2	16.2	16.7	17.3	17.8	21.2	21.8	42.5	43.7	0.0	0.0
平均值	79.5 (18)	11.6 (17)		20.9(18)		24.1 (18)		27.3 (18)		7.6 (17)	
最小值	50.5	4.8		4.8		10.1		20.1		1.3	
最大值	124.6	22.8		46.5		33.5		36.6		26.5	

注：括号内数字代表钻孔数。

3) C-C′ 剖面

C-C′ 剖面自北向南穿过长江下切河谷 (图 4-3 和图 4-4)，由 11 口钻孔岩心组成。在前人研究基础上 (张家强等，1998；李从先、汪品先，1998)，增加了位于上海青浦附近 (31°05′N，120°58′E) 的 T1 孔，该孔进尺 23.91 m，自下而上分别为晚第四纪早期潮坪相、晚第四纪中期滨海、浅海和潮坪相，以及顶部 3.27 m 厚的晚第四纪晚期湖沼相。C-C′ 剖面直观地揭示了长江三角洲的地层结构和下切河谷的层序特征。从 C-C′ 剖面可以看到，长江三角洲晚第四纪形成了三个下切河谷层序，早期下切河谷深度 80 ~ 140 m，中期下切河谷深度 70 ~ 120 m；晚期下切河谷深度 30 ~ 100 m (图 4-4)。下切河谷两侧为古河间地，曾经暴露地表，发生沉积间断，形成的古土壤层指示地层边界。虽然下切河谷侵蚀面和古土壤层高程相差很大，但它们为同一时期产物，一起构成区域不整合面，是不同时

期地层的层序界面 (林春明等，2016)。C-C′剖面显示，03 孔、04 孔和 05 孔位于长江下切河谷内部，进尺均钻穿末次盛冰期以来下切河谷充填物，但三个钻孔揭露的沉积物特征有所不同。对末次盛冰期以来的地层，03 孔自下而上发育河床、古河口湾 – 河漫滩、三角洲和潮坪相，04 孔为河床、古河口湾 – 河漫滩、浅海、三角洲和潮坪相，05 孔和 04 孔沉积相类型相似，但各相沉积厚度不同。03 孔较 04 孔、05 孔差异较大，缺乏浅海相沉积，与 03 孔相邻的 02 孔发育自 5000 ~ 6000 a BP 的苏北潮成砂体 (图 4-4)(张家强等，1998；李从先等，1999)，因此可以推测 03 孔缺乏浅海沉积物可能是在三角洲发育期被冲刷剥蚀殆尽。此外，不仅末次盛冰期长江三角洲南翼河间地的滨海、浅海相较好地保存下来，上覆潮坪和湖沼相沉积，晚第四纪中期和晚期的南翼古河间地也相当完整地保存了滨海、浅海和潮坪相，以普遍发育泥质沉积有别于以砂质沉积为主的长江三角洲北翼 (李从先等，1999)。

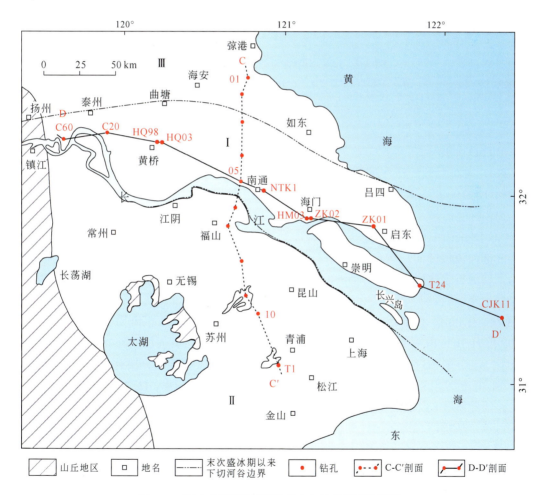

图 4-3 长江三角洲地区钻孔分布与连井剖面位置图

Ⅰ. 三角洲主体 (末次盛冰期以来长江下切河谷分布区域)(李从先、汪品先，1998)；Ⅱ. 三角洲南翼；Ⅲ. 三角洲北翼

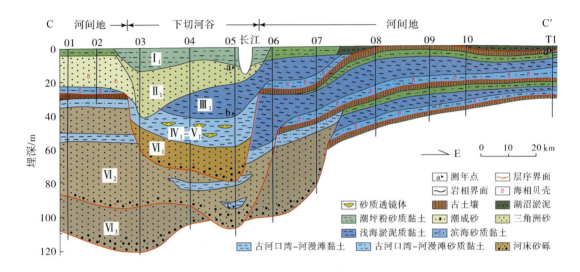

图 4-4 长江三角洲晚第四纪 C-C′ 剖面地质图

Ⅵ₃. 晚第四纪早期河床相；Ⅵ₂. 晚第四纪中期河床相；Ⅵ₁. 末次盛冰期以来（晚第四纪晚期）河床相；Ⅳ₁- Ⅴ₁. 古河口湾 – 河漫滩相；Ⅲ₁. 浅海相；Ⅱ₁. 三角洲相；Ⅰ₁. 潮坪相。¹⁴C 测年：a. 5750 ± 150 a BP，11.70 m；b. 11030 ± 1230 a BP，38.80 m；c. 34900 ± 960 a BP，94.50 m；d. 7064 ± 300 a BP，3.27 m

4) D-D′ 剖面

D-D′ 剖面为沿长江流向的 NW-SE 向纵剖面，自西向东剖面分别经过：C60、C20、HQ98、HQ03、05、NTK1、HM03、ZK02、ZK01、T24、CJK11 共 11 口钻孔（图 4-3 和图 4-5），跨经扬州、黄桥（泰州）、南通、海门、启东和崇明，延伸至长江水下三角洲（表4-4）。D-D′ 剖面中，除 HQ98 孔和 CJK11 孔之外，其他钻孔均揭示出末次盛冰期长江下切河谷底部河流侵蚀面，确定了河流侵蚀底界面的埋藏深度（表 4-5），该侵蚀不整合面之上即为下切河谷末次盛冰期以来形成的充填物。其中，ZK01、ZK02 等大多数钻孔的侵蚀不整合面上下岩性均有明显变化，ZK01 孔 83.40 m 之上为灰黄、灰色砾质砂，其下为淡褐色黏土；ZK02 孔 81.30 m 之下为深灰色黏土，之上为灰黄、灰色砾质砂、粉砂质砂等；HQ03 孔 71.70 m 以下为绿灰色砂泥沉积物，之上为受氧化的黄灰色砂砾沉积物（李保华等，2010）。NTK1 孔 83.63 m 处为河流侵蚀面，其下仍为厚层砂砾层，仅有少量的细砂层，但该孔 78.30 m、93.13 m 热释光测年年龄分别为 22420 ± 1910 a BP、42770 ± 3630 a BP（颜乐，2012），因此推测 83.63 m 处的河流侵蚀面为 NTK1 孔末次盛冰期下切河谷底部侵蚀面。D-D′ 剖面显示，从镇江、扬州地区到长江口，末次盛冰期形成的长江下切河谷河流侵蚀面埋深为 56.90 ~ 101.50 m（表 4-5），受地形、水动力的制约，局部地区侵蚀面深度有所起伏，但整体上呈一向东南方向倾斜的斜坡（图 4-5）。末次盛冰期长江下切河谷侵蚀面之上，自下而上分别发育河床（Ⅵ₁）、古河口湾 – 河漫滩（Ⅳ₁- Ⅴ₁）、浅海（Ⅲ₁）、三角洲（Ⅱ₁）和潮坪（Ⅰ₁）相沉积物（图 4-5）。

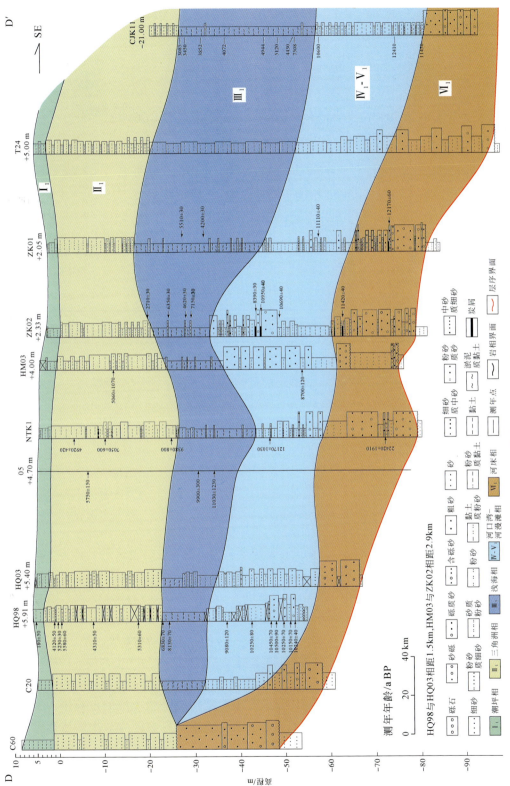

图4-5　长江三角洲晚第四纪D-D′剖面地质图

表 4-4　长江三角洲钻孔末次盛冰期以来地层资料概况

钻孔	钻孔分布		标高/m	孔深/m	末次盛冰期以来地层		资料来源
	地理坐标	地理位置			厚度/m	¹⁴C 测年	
HQ98	32°15′N，120°14′E	泰兴市黄桥镇	5.91	60.50	>60.50	有	Hori 等（2001b，2002）
HQ03	31°37′N，121°24′E	泰兴市黄桥镇	5.40	72.30	71.70	无	李保华等（2010）
NTK1	31°35′N，120°32′E	南通市啬园路	无	202.45	83.63	有	颜乐（2012）
HM03	31°53′N，121°09′E	海门市张南村	4.00	80.30	79.00	有	李保华等（2010）
ZK02	31°53′N，121°10′E	海门市南海路	2.33	118.0	81.30	有	本书
ZK01	31°50′N，121°33′E	启东市北新镇	2.05	112.0	83.40	有	本书
T24	—	上海市崇明县	5.00	109.4	101.50	无	李从先和汪品先（1998）
CJK11	31°20′N，122°27′E	水下三角洲	−21.00	72.20	>72.20	有	徐涛玉（2013）
T1	31°05′N，120°58′E	上海市青浦区	2.70	23.91	3.27	有	李从先和汪品先（1998）

表 4-5　长江下切河谷 D-D′ 剖面钻孔末次盛冰期以来沉积相厚度表（据邓程文，2017）

钻孔	底界面深度/m	各沉积相厚度/m				
		河床（Ⅵ₁）	古河口湾-河漫滩（Ⅳ₁-Ⅴ₁）	浅海（Ⅲ₁）	三角洲（Ⅱ₁）	潮坪（Ⅰ₁）
C60	56.90	22.60	0.00	0.00	27.10	7.20
C20	60.30	12.20	10.80	10.00	23.90	3.40
HQ98	>60.50	0.00	>22.20	9.80	26.20	2.30
HQ03	71.70	8.80	22.30	12.50	25.00	3.10
NTK1	83.63	15.52	20.11	16.95	28.20	2.85
HM03	79.00	13.30	25.10	14.40	24.50	1.70
ZK02	81.30	18.40	26.90	13.00	19.80	3.20
ZK01	83.40	13.00	22.40	28.60	17.65	1.75
T24	101.50	21.50	22.00	32.00	23.20	2.80
CJK11	>72.20	>11.90	23.70	30.20	6.40	0.00

注：">60.50"表示地层未完全揭露，实际厚度或深度可能大于该数值。

　　河床相岩性主要为砂、砾沉积物，分选性差，常构成下粗上细的正粒序，发育丰富的炭屑层，充分地表明了其陆相特征（图 4-5)。该相底界面即为末次盛冰期以来下切河谷的侵蚀不整合面，河床沉积物厚度为 8.80 ~ 22.60 m（表 5-2)，在各钻孔中揭示的厚度变化较大，整体上表现为西薄东厚，即长江下切河谷上游地区相对下游地区河床相厚度更小，这可能与上游地区受河流下切时间更长有关。剖面中最老测年为 NTK1

孔的 22420 ± 1910 a BP，最年轻测年为 ZK02 孔 11420 ± 40 a BP，与前人研究晚第四纪晚期时间开始于 25000 a BP 左右的认识相吻合 (张家强等，1998；李从先、汪品先，1998；林春明等，2016)。

古河口湾和河漫滩相的沉积物岩性、古生物等相标志特征一般很相似，在很多钻孔中难以明确划出界线 (图 4-5)，因此合并称为古河口湾 – 河漫滩相，代表两个颇为相似的沉积相类型。沉积物可大致分为两类，一是以黏土为主，夹少量砂质沉积物 (图 4-1)，二是黏土和砂组分含量近乎相当 (图 4-2)，广泛发育潮汐成因的沉积构造。本沉积相厚度一般在 20 m 左右，横向上厚度变化不大，大多数钻孔揭示的厚度基本相当 (表 4-5)。CJK11 孔 ¹⁴C 测年年龄最晚可达 11450 a BP，最新为 ZK02 孔 8390 ± 30 a BP，基本上体现了 11000 ~ 8000 a BP 中国东南沿海海平面快速上升的过程 (Liu et al.，2004；赵宝成等，2007)。

浅海相主要发育淤泥质黏土 (图 4-5)，常夹砂质透镜体，有孔虫丰富且丰度稳定等特征是该相的主要特征。从各钻孔资料来看，浅海层厚度为 9.80 ~ 32.00 m，各钻孔之间差别较大，但基本趋势是靠陆厚度小，靠海厚度大，同时，各钻孔测年年龄差异也较大，靠海的 CJK11 孔和 ZK01 孔浅海相年龄明显小于近陆的 HQ98 孔测年 (表 4-5)，在 D-D′ 剖面中表现为浅海相地层界线与地质年龄界面斜交，这是普遍存在的地层穿时现象。

三角洲沉积物以砂泥互层为主要特点 (图 4-5)，反映了水动力条件复杂，同时往往是有孔虫丰度最高的层段。三角洲相沉积厚度在 25 m 左右 (表 5-2)，横向对比各钻孔厚度差别不大，仅 CJK11 孔该相厚度为其顶部的 6.40 m，这是 CJK11 孔位于长江河口的水下区域，高程为 –21 m 的缘故 (图 5-3)。三角洲相底界面年龄从 6830 ± 70 a BP (HQ98 孔)、9380 ± 900 a BP (NTK1 孔)、2710 ± 30 a BP (ZK02 孔) 到 3085 a BP (CJK11 孔) 不等 (图 4-5)，整体上，下切河谷上游地区的测年年龄比下游地区的大，符合下切河谷在海退过程中进积的规律。

潮坪相则主要由黏土和粉砂构成，该层厚度相对较薄，一般为 2 ~ 3 m，大多遭受后期人工改造成耕作层 (图 4-5，表 4-5)。

沿长江流向的 D-D′ 剖面显示，末次盛冰期以来长江下切河谷充填物具由粗粒向上变为细粒，再转变为粗粒的粒度序列特点，沉积环境整体上经历了由陆相渐变为海陆过渡相再到海相，最后又转变为海陆过渡相的过程。同时，从 C60 孔缺失河口湾 – 河漫滩和浅海相，到 NTK1 孔发育完整的沉积序列，再到 ZK01 孔具有更厚层的浅海相沉积，最后到位于海平面之下的 CJK11 孔仅有较薄的三角洲沉积物，也基本上反映出末次盛冰期以来长江下切河谷不同时间和空间的沉积环境组合特征 (图 4-5)。

4.1.4　电法剖面

钱塘江下切河谷晚第四纪沉积层与其基底之间为一不整合面，它在下切河谷内表现为起伏的流水侵蚀面，在河间地表现为硬黏土 (古土壤) 层底界的沉积间断面。晚第四纪沉积层的基底有两类：① 杂色含砂砾黏土，致密，可能是更新世坡积、洪积物，厚 1.6 ~ 5.6 m；② 基岩及基岩风化壳，由白垩纪紫红色含砾砂岩、火山岩及其风化产物组成 (林春明，

1997a；林春明等，2005a)。不整合面下的基底与其上大孔隙度、高含水量的松散沉积层有明显的差异。

晚第四纪地层基底与上覆沉积层的岩性变化明显，导致它们的电阻率差异明显，形成一个电性界面，为开展电磁法测量工作提供了客观的地球物理前提。美国生产的 EH4 电磁成像系统可以通过测量地下地层的电阻率来反映地下沉积物岩性的变化。因此，可以用 EH4 电磁成像系统来识别晚第四纪地层基底不整合面。前人对钱塘江下切河谷区晚第四纪地层基底形态、埋深的研究主要以钻孔资料为基础，由于钻孔密度小、深度浅，不能反映孔与孔之间的基底起伏变化，以及未钻遇基底钻孔之下的基底起伏变化，这样所得到的晚第四纪地层基底形态比较粗糙，不能精确再现古地形变化及下切河谷的分布。EH4 电磁成像系统可以获得连续的电阻率 – 深度剖面，能更加详细地反映基底的变化情况 (李艳丽等，2007)。利用 EH4 电磁成像系统在钱塘江南岸新湾地区进行了电磁勘探试验，布置了 2 条测线 XW-1 和 XW-2，总长度 9800 m，完成有效物理点 249 个，取得了一系列数据 (图 4-6)。

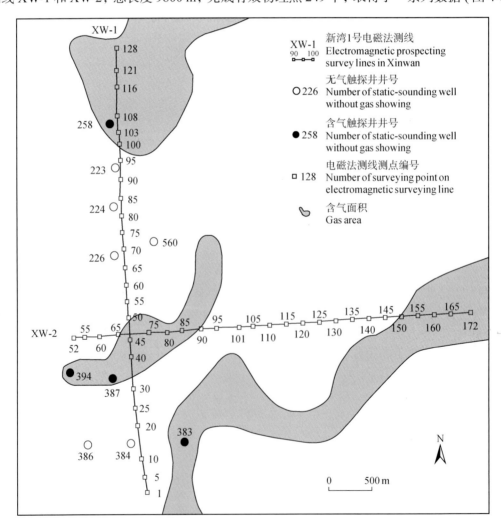

图 4-6　钱塘江下切河谷新湾地区 EH4 电磁勘探测线位置

　　通过对杭州湾新湾地区电磁测量所得数据进行处理，获得了晚第四纪地层电阻率 – 深度剖面图 (图 4-7)，清晰地反映出晚第四纪地层基底西高东低、凹凸不平，变化复杂，如第 102 测点基底埋深 130 m，而相邻的第 103 测点基底埋深 102 m，两者基底埋深相差 28 m；第 110 测点基底埋深 83 m，而第 111 测点附近基底埋深 70 m，两者基底埋深相差 13 m (李艳丽等，2007)。这与钻孔、横波地震资料所揭示的晚第四纪地层基底是一个起伏不平的不整合面 (林春明等，1997；Lin *et al.*，2005) 是一致的。

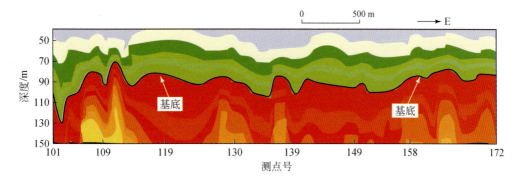

图 4-7　钱塘江下切河谷新湾地区 2 号测线东段下切河谷基底分布图 (位置参见图 4-6)

　　不同类型的岩石电阻率差别较大。就沉积物而言，随着沉积物粒度的减小电阻率也呈减小趋势。不同沉积环境下形成的沉积物类型不同，其粒度不同，因而借助电阻率的变化，可以大致判断沉积物类型，结合具体的环境演变过程可以粗略地划分沉积相 (李艳丽等，2007)。

　　钱塘江下切河谷内沉积物粒度自下而上的变化趋势为粗—细—粗，相应的电阻率值先减小后增大，可以根据电阻率的变化大致划分出各类沉积物的分布范围。然后，结合取心孔的岩性、沉积构造、粒度、古生物及静力触探等已有资料进行沉积相的划分 (图 4-8)。从图 4-8 中可看到，河床相砂砾层厚度较小；近岸浅海相淤泥质黏土和现代河口湾相粉砂及细砂层厚度相对最小；古河口湾 – 河漫滩相厚度最大，从中识别出了 13 个大小不等呈串珠状分布的砂质透镜体。古河口湾 – 河漫滩相砂质透镜体的埋深和规模变化大。多数砂体顶面埋深约为 26 m，个别可达 50 m。它们的规模差别很大，单个砂体长度为 27 ~ 179 m，大部分为 52 ~ 100 m；单个砂体厚度一般为 5 ~ 10 m，最厚为 1 号砂体，达 23 m。透镜体总体呈顶平底凸的形态，但长短轴比例变化很大，有呈半圆形的，也有呈条带状的，如图 4-8 中的 12 号砂体所示。在剖面上这些砂质透镜体可以单层分布，也可以表现为由多层、多个砂体叠加组成的复合层，如图 4-8 中 15 测点附近 4 个砂体组成的复合层。复合层中砂体与砂体之间往往有薄层的粉砂质黏土，当粉砂质黏土厚度很小时，电磁成像技术可能无法将它识别出，使电阻率反演得到的砂体厚度要大于实际砂体厚度。

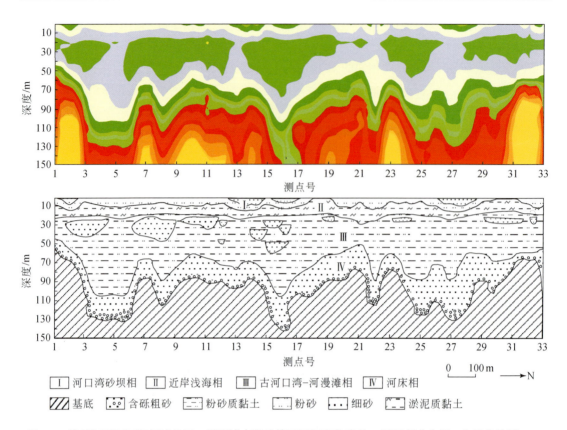

图 4-8　钱塘江下切河谷新湾地区 1 号测线南段晚第四纪沉积物岩性、沉积相分布图 (位置参见图 4-6)

4.1.5　沉积相序

　　前述众多的沉积相，在不同的沉积单元，以及由于局部性的沉积环境差异，形成了复杂的相序类型 (facies tract，沉积相的垂向组合)。根据其在下切河谷体系的不同部位及其组合特点，可以分为三大类型 (图 4-9)：类型 Ⅰ，底部为侵蚀面，通常下伏基岩、基岩风化壳或含砂砾黏土层，硬黏土层缺失。不整合面之上冰后期沉积相序完整，自下而上依次发育河床相、河漫滩相、古河口湾相、近岸浅海相和现代河口湾相 (图 4-9 中 Type 1)。类型 Ⅱ，底部为不整合面，下伏白垩纪地层、河阶地沉积层或河间地硬黏土层，与类型 Ⅰ 的不同之处为底部缺失河床相沉积，河漫滩相 (图 4-9 中 Type 2-1) 或古河口湾相 (图 4-9 中 Type 2-2) 直接覆盖于不整合面之上。类型 Ⅲ，底部为河间地硬黏土层，不整合面之上依次覆盖近岸浅海相和现代河口湾相 (图 4-9 中 Type 3-1) 或湖沼相，局部可见现代河口湾相直接覆盖于硬黏土层之上 (图 4-9 中 Type 3-2)。

　　这几类不同的沉积相序代表了下切河谷体系内的不同沉积环境。Ⅰ 类位于下切河谷中部，靠近主泓线的位置，末次冰期时强烈的河流下切作用导致了硬黏土层的缺失；Ⅱ 类位于下切河谷的边缘地带，对应于河漫滩的位置，缺失底部的河床相，多数情况下也缺失硬

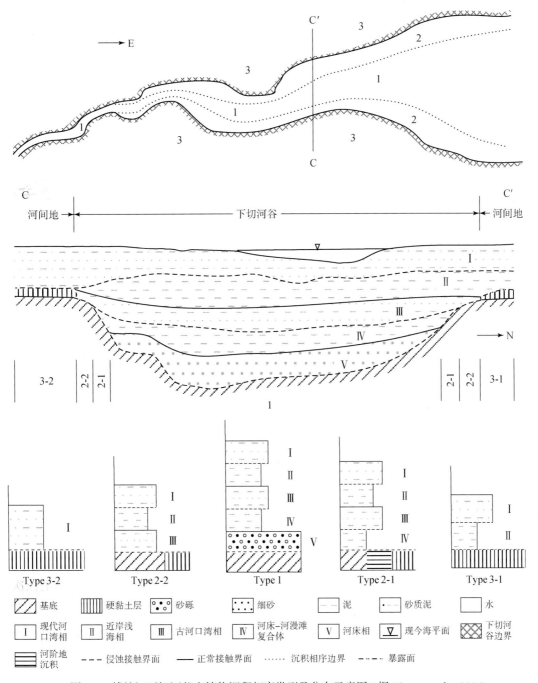

图 4-9　钱塘江下切河谷充填物沉积相序类型及分布示意图 (据 Zhang *et al.*，2014)

黏土层，因为河漫滩，被间歇性地淹没，这也抑制了硬黏土层的形成 (硬黏土层为地表长期暴露的产物)；Ⅲ类分布在古河间地，未发生河流的下切作用，地表长期暴露，形成了致密的硬黏土层 (古土壤层)，不整合面位于其顶部。

4.2　充填演化模式

末次冰期以来，中国东部的海平面变化经历了低海面—快速、阶段性海侵—高海面半个周期。末次盛冰期时，东海陆架曾一度下降为距现今水深 110 ~ 120 m 处 (图 2-2)(Saito et al.，1998；Hori et al.，2001b；Liu et al.，2004)。末次盛冰期后，东海海平面变化总体趋势与全球一致，由 15 ka BP 时的最低点迅速升至 7 ka BP 时的最高点 (金翔龙，1992；Wu et al.，2010)，但海平面上升过程中有多次波动 (Fairbanks，1989；Hanebuth et al.，2000；Liu et al.，2004，2007；Wu et al.，2010)。根据江浙沿海平原大量钻孔岩心、古生物、^{14}C 测年 (表 3-1，表 4-1)、地球化学资料分析 (李从先等，1993；林春明等，1999a，2005a)，随着海平面的变化，钱塘江和长江下切河谷无论在演化还是形成控制因素等方面非常相似，都经历了深切、充填和埋藏 3 个阶段 (Lin et al.，2004；Lin et al.，2005)，本书主要以钱塘江下切河谷为例来进行具体阐述。

4.2.1　深切阶段

末次冰期 (20000 ~ 15000 a BP) 海平面下降，冰盛期时低于现今海面 110 ~ 120 m (图 2-3)(Serge et al.，2002；Liu et al.，2004；2007)，海岸线在距现今海岸约 550 km 外的大陆架区，古钱塘江和古长江延伸至今陆架地区入海 (朱永其等，1979)。剧烈的相对海平面下降，降低了河流的侵蚀基准面，河流比降加大，流速加快。河流的侵蚀力与流速的高次方成正比，此时江浙沿海平原必然受到古钱塘江和古长江的强烈下切，形成底部为区域不整合面的下切河谷。下切河谷走向总体呈 EW 向，受到江浙沿海平原 NNE—NE 向及 NNW—NW 向 X 形断裂 (共轭节理) 的控制。大量钻孔和静力触探资料表明，钱塘江和长江下切河谷位于现今河口区，底界埋深 40 ~ 120 m，宽 6.5 ~ 70 km (李从先、汪品先，1998；Lin et al.，2005)，其宽度比现今河口湾或三角洲大得多 (图 2-2；图 4-1)。依据河床相砂砾层的厚度以及侵蚀面的最大埋深确定下切河谷的主流线大致位置，如钱塘江下切河谷的主流线大致位于现今钱塘江南岸平原 (图 4-10)，最大埋深可达 125 m (图 4-3)，说明钱塘江在演化过程中明显北移 (Lin et al.，2005)。

下切河谷的底部自西向东逐渐加深，说明水流的方向自西向东，与现今流向一致，显然这是受地形的控制。在河流剧烈下切过程中，河流携带的绝大部分沉积物"通过 (bypass)"下切河谷，在古外陆架上形成滨海、浅海沉积 (水下扇)，但部分较粗的砂砾和砾石滞留在河床上形成滞留沉积 (图 4-11A)。紧邻下切河谷分布的古河间地未经受河流侵蚀作用，因长期暴露于地表，其顶部形成广泛分布的古土壤 (硬黏土)，为一沉积间断面。虽然河流侵蚀面和沉积间断面高程相差很大，但它们同属一个地史时期的产物，一起构成区域不整合面，即冰后期地层的底界面 (Ⅰ类层序界面)，边界上下岩性突变，其上的冰后期地层属同一个海平面变化旋回，可互相对比，因而具有年代地层学意义。

从图 4-10 中还可看出，古钱塘江在萧山、杭州、余杭一带有两条支流，南支位于塔

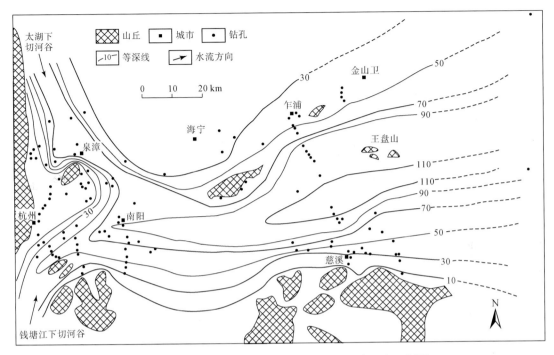

图 4-10　钱塘江下切河谷地区冰后期沉积层序基底埋深图

山与老虎洞山之间；北支位于老虎洞山与杭州之间，这两条支流于南阳附近汇合，再东流，其中以北支为主，它基本包含了现今钱塘江的流域。此外，在海盐、金山以东的杭州湾北岸区域，也发现了局部硬黏土层缺失的现象 (严钦尚、邵虚生，1987)，但因钻孔稀少，尚难以断定有较大的下切河谷存在，可能为一些小型河流或局部冲刷所致。在杭州湾北岸的一些钻孔，如乍 3、乍 4、乍 5、金塘 ZK2、独 20、独 25 等钻孔中，均无河床相沉积的存在，这与其东南的下切河谷有明显差异，因此，这些区域仍作为古河间地。西北部地区的自西北向东南的下切河谷，可能向北延伸至太湖，为太湖下切河谷，但从下切河谷的位置及冰后期沉积基底埋深分布的情况看，它并不是经杭州和余杭之间 (严钦尚、黄山，1987) 汇入古钱塘江，而是由余杭以西进入古钱塘江 (Lin *et al.*，2005)。

4.2.2　充填阶段

在 15000 ~ 7500 a BP，随气候转暖，海平面迅速上升 (图 2-3)，海水首先沿河谷内侵形成溺谷，下切河谷从侵蚀转变为堆积过程 (图 4-11B，C 和 D)，可进一步划分为早期充填和晚期充填。

早期充填 (15000 ~ 12000 a BP)，海平面由现今海平面之下 110 ~ 120 m 上升到距现今海平面之下 65 m 附近 (Liu *et al.*，2004，2007)，海平面上升速率为 22 mm/a。根据现代水库、黄河、长江、钱塘江的观测，海洋因素对下游河段的影响包括 4 个方面，即回水、

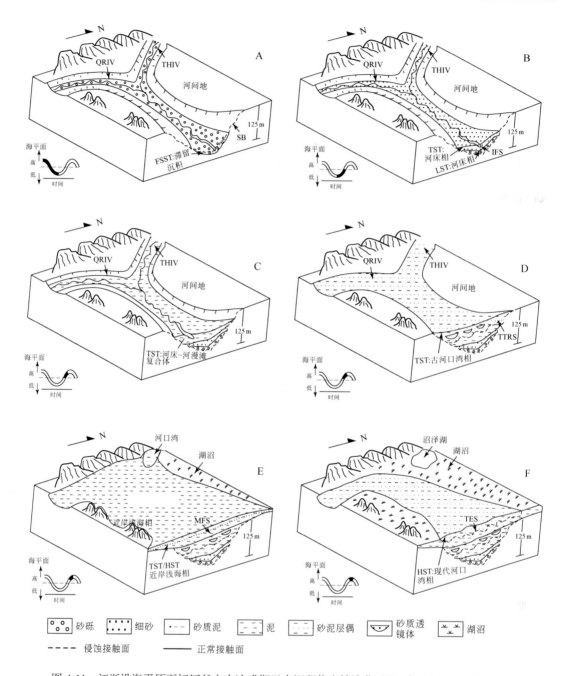

图 4-11 江浙沿海平原下切河谷末次冰盛期以来沉积物充填演化过程 (据 Zhang et al., 2014)

A. 形成阶段 (20000 ~ 15000 a BP): 河流回春侵蚀下切基底, 形成下切河谷, 底部侵蚀面为层序界面; 该时期粗粒河流沉积物大部分 "路过" 下切河谷沉积于古外陆架区, 形成低水位楔或水下扇, 只有少部分沉积于河床底部, 形成滞留沉积。B, C, D. 充填阶段 (15000 ~ 7500 a BP): 随海平面快速上升, 河口向陆迁移, 回水和溯源堆积作用加强, 下切河谷开始接受海侵早期沉积物, 即河床相沉积物 (B), 以及晚期沉积物, 包括河漫滩相 (C) 和古河口湾相 (D) 沉积物。E, F. 埋藏阶段 (7500 a BP ~ 现今): 下切河谷充填物被上覆近岸浅海相 (E) 和现代河口湾相 (F) 沉积物覆盖, 进入埋藏阶段, 此时海平面上升速率较低或趋于稳定。SB. 层序界面; IFS. 初始海泛面; MFS. 最大海泛面; TTRS. 海侵潮流作用面; TES. 海退潮流侵蚀面; FSST. 强制海退体系域; LST. 低水位体系域; TST. 海侵体系域; HST. 高水位体系域

溯源堆积、涨潮流和海水入侵。当海面上升、基准面抬高时，河流下游发生回水，河流纵比降减小，流速降低，水流挟砂能力减弱，下切河谷内河流从侵蚀转向堆积，沉积物大量堆积下来，形成下切河谷楔形体沉积。泥砂的沉积使河底抬高，水位也相应上升，在原始回水到达的上限，水位的上升又产生局部回水，致使流速降低和泥砂沉积 (李从先等，1993；Li et al., 2000, 2002)。这一过程溯河而上，形成河流相下部的溯源堆积砂砾层、砾质砂层和上部砂层沉积 (图 4-11B)，构成海侵的河道充填层序。虽然此阶段下切河谷被淹而形成溺谷，但海水仍局限在下切河谷内，古河间地仍为陆上暴露面，继续发生成壤作用。根据钱塘江下切河谷地区单井钻孔划分相所计算的各沉积相的厚度，编绘出了河床相沉积的分布图 (图 4-12A)。现代钱塘江河口湾北岸几乎无河床相砂砾层的分布 (图 4-12A)，在杭州湾的北侧，甚至连近岸处也无，而在河口湾的南侧，在萧山、瓜沥、南阳、慈溪北部等地均出现了广泛的河床相砂砾层，并且河床相砂砾层厚度最大的区域，如瓜沥、南阳、慈溪北部等，也出现在河口湾的南侧。这说明，下切河谷的主泓线 (河床相沉积厚度最大的部位) 与现今河口湾的主泓线相比明显南偏，也即钱塘江下切河谷在冰后期的演化过程中发生了明显的北移。冰后期早期河床相砂砾层的厚度为数米至 30 ~ 40 m，一般为 10 ~ 20 m，平均 12.9 m，分布范围大约 7000 km² (表 4-6)，在下切河谷最深部位砂砾层的厚度最大，可达 40 余米，远厚于现代河流沉积 10 余米的厚度 (Allen and Posamentier, 1993)。

表 4-6　钱塘江下切河谷地区各沉积相厚度、分布范围和体积

相	厚度区间 /m	平均厚度 /m	面积 /km²	面积 /%	体积 /10¹⁰ m³	体积 /%
I	5 ~ 20	16.4 (128)	6710	18.6	5.3	11.1
II	10 ~ 25	17.1 (184)	13800	38.4	19.1	40.0
III + IV	10 ~ 30	13.0 (134)	8500	23.6	17.4	36.5
V	10 ~ 20	12.9 (67)	7000	19.4	5.9	12.4
总计			36000	100	47.7	100

注：括号内数字代表钻孔数。

晚期充填 (12000 ~ 7500 a BP)，海面持续上升到现今海平面之下 5 m，随着海平面上升，河口向陆地方向迁移，形成巨大的河漫滩和古河口湾沉积 (图 4-11C, D)，它们也受到回水和溯源堆积作用影响。此时古河间地仍为陆上暴露面，继续发生成壤作用，但其分布范围比末次冰期低海平面时要小得多，这是因为河漫滩和古河口湾沉积的分布范围要比河床相沉积的分布范围大得多，河漫滩地带的坡度较小，在下切河谷两侧未发现河床相的地方，河漫滩相仍保存良好。河漫滩沉积厚度一般为 10 ~ 15 m，最大可达 38.5 m (慈农 15 孔)。在古钱塘江的支流河谷中，以北支河谷的河漫滩厚度较大，南支较小，且自西向东厚度逐渐变厚，厚度最大的区域，分布在现今钱塘江中部区域。在靠近山丘的地区 (如瓜沥、坎山等地) 河床 - 河漫滩复合体沉积中局部出现硬黏土层，且越靠近山丘，厚度越大，远离山丘变薄，直至消失，可能是由于暴雨洪水事件引起洪积物冲进河漫滩，之后这

些洪积物出露地表，缩水固结而成为硬黏土层。在一些钻孔中，河漫滩中的硬黏土层可出现多层，则是多次洪积事件所致。古河口湾相沉积位于河漫滩相之上，沉积物较细，开始受到海水的直接影响，出现海相微体化石和自生矿物，且越接近河口，影响程度越高，致使潮流搬运的海相微体化石逐渐增多。河漫滩和古河口湾相沉积范围可达 8500 km²，厚度为 10 ~ 30 m，平均 13 m（图 4-12B 和表 4-6）。

在下切河谷充填阶段，溯源堆积依次叠加，从而形成了下粗上细的沉积层序。涨潮流溯河而上可达 290 余千米。涨潮流是海相微体化石及自生矿物溯河搬运的主要动力，其溯河搬运的上限常与涨潮流到达的范围接近。据推算，回水作用的范围大于涨潮流，因此，溯源堆积的距离远远超过涨潮流（李从先等，1993）。在冰后期海侵过程中，就河流下游某一断面来说，溯源堆积首先到达该处并依次叠置。在溯源堆积已经到达而涨潮流的影响尚未波及的河段，其所形成的沉积层不含海相化石和自生矿物。尔后，海侵过程持续，涨潮流到达该地，于是沉积层中出现了海相化石，且其含量在垂向上逐渐增加。古河口湾相沉积物中的海相有孔虫的种类和数量向上逐渐增大就是一个很好的例证。溯源堆积和回水作用使下切河谷内充填的河流相厚度明显大于现代河流沉积物的厚度。

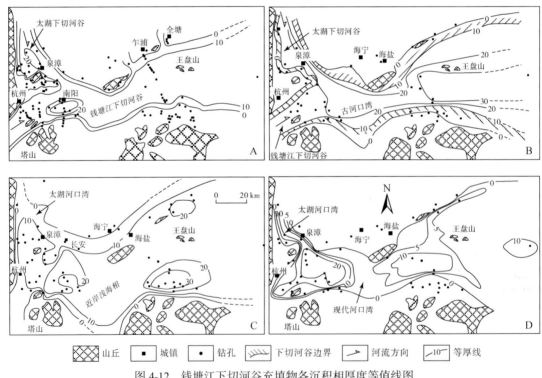

图 4-12　钱塘江下切河谷充填物各沉积相厚度等值线图

A. 河床相；B. 河漫滩和古河口湾相；C. 近岸浅海相；D. 现代河口湾相

4.2.3　埋藏阶段

自 7500 a BP 开始，随着近岸浅海相和现代河口湾相的形成，下切河谷开始进入埋藏阶段。其埋藏也可分为早期和晚期两个亚阶段。

　　早期埋藏时期 (7500 ~ 4000 a BP)，海水溢出下切河谷，浸没相邻河间地，继而直达山麓脚下，形成广泛的近岸浅海相沉积物 (图 4-11E 和图 4-12C)。海平面在 7000 ~ 6000 a BP 上升到最高，此时江浙沿海平原水深最大，海相影响最强，钱塘江和长江下切河谷演变为宽阔的海湾。这大致与西湖古海湾发育期 (汪品先等，1979) 及长江三角洲 7000 a BP 最大海侵时河口湾发育期 (王靖泰等，1981) 相当。近岸浅海相在江浙沿海平原分布最广，大部分地区直至山麓脚下 (图 4-12C)，今日杭州湾南、北两岸的杭嘉湖和宁绍平原当时为一片汪洋的浅海 (王颖，2012)。浅海相地层的厚度一般为 10 ~ 25 m，最大可达 30 m，平均 17.1 m (表 4-4 和图 4-12C)。在古钱塘江的支流中，浅海相地层的南支厚度最大，北支最小，但在余杭西部有一海相层较厚的洼地。海相地层的厚度既受制于下伏古地形的起伏，又受到后期上部冲刷的影响，侵蚀深度大的地方，海相沉积薄。在乔司农场上部后期的侵蚀使海相层消失殆尽，如乔司农场 CK4 孔 (图 3-12)。最大海侵时形成的海相沉积厚度零米线几乎沿山麓分布。近岸浅海相沉积西部至杭州附近；南部到达萧山—姚北一线 (图 4-12C)。姚北诸山，海蚀造成的海蚀崖和海蚀平台现在还可见到 (陈吉余等，1989)；北部则至九里桥以北的地区，海相地层界线的确定，遵从了严钦尚和黄山 (1987) 的研究；因钻孔资料缺失，只能推测东北部 (沈荡以东) 区域海相地层的分布界线。

　　晚期埋藏时期 (4000 a BP ~ 现今)，海平面趋于稳定，一直保持较高水平，起伏不大。但由于来自口外和上游河流沉积物的大量堆积，沉积速率超过相对海平面上升速率，海岸线向海方向推进，原来的海湾逐渐缩小而转变为漏斗状的现代河口湾 (图 4-11F 和图 4-12D)，其形成时间为 4000 ~ 3000 a BP (陈吉余等，1989)。此时其分布最广，面积可达 6710 km²，沉积物厚度为 5 ~ 20 m，平均 16.4 m (表 4-4 和图 4-12D)，分选良好，为强烈动荡动力环境的产物，经过潮流的反复改造。河口湾相的最大厚度出现在余杭与乔司一带，厚达 30 m (图 4-12D)，表明后期潮流的侵蚀作用导致了海相地层的大量缺失；河口湾相厚度较大的另一区域是余姚北部的杭州湾海岸平原区，该处海岸线不断地向湾内淤涨 (陈吉余等，1989)。

　　随后在河口湾的外围地区，因沉积淤积，发生海退不断成陆，总体特征为北蚀南淤。根据海堤及历史文化记录可大致判断海岸线近代以来的变化规律。长江输砂量大，以致杭州湾北岸长江三角洲发育，其南岸沙嘴向东南延伸，使钱塘江河口湾北侧快速向海延伸。再加上潮流场的作用，使该河口湾呈现南翼基本原地向湾内淤积，而北翼在向海延伸的同时内侧遭受侵蚀。东晋年间 (4 世纪) 北岸岸线大致在大金山、漱浦、王盘山、奉贤、嘉定一线，沙嘴前端一直伸展到王盘山，杭州湾北岸乍浦、金山外曾是一片沃野，2 世纪时的海盐县治在九山外的故邑城；随着湾口缩窄，潮流增强，海岸侵蚀后退，沙嘴前端向东北移动，速度为 25 m/a，引起杭州湾北岸内塌，12 世纪时的九涂十八滩、贮水陂 (离岸 25 km)、望海镇 (离岸 7.5 km)、望月亭以及大、小金山沦于海中，金山至乍浦间海底受到强烈冲刷，形成巨大冲刷槽；直到 14 世纪经过沿岸人民修筑海塘，控制了海岸坍塌，明代、清代以来，海岸处于人工稳定状态；距今 2000 年来北岸沙嘴顶端东移了 50 km (图 4-13A)(王颖，2012)。

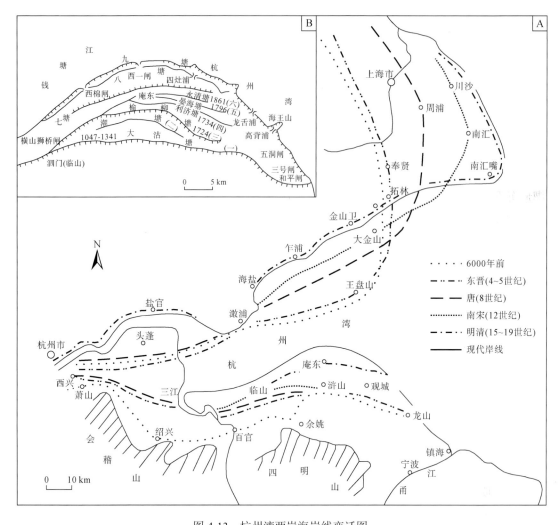

图 4-13　杭州湾两岸海岸线变迁图

A.杭州湾南、北两岸岸线变迁(陈吉余,2007);B.杭州湾南岸慈溪岸线变迁(王颖,2012)

杭州湾南岸岸线在历史时期虽有涨、坍交替变化,但总趋势是逐渐淤涨和外移。最大海侵时,钱塘江河口湾以南的余姚县北部诸山位于汪洋之中,但随着河流和潮流带入沉积物的不断堆积,逐渐形成姚江平原,原来的海山也逐渐连接起来,形成陆屿,在其北部发育着淤泥质海滩。1047~1341 年杭州湾南部的海岸线位于浒山、镇海一线,但到 1470 年、1490 年、1724 年、1734 年及现今的海岸线均明显北移,在约 650 年的时间内向外淤积 15 km,平均每年淤涨 20 多米,且中部较快,向两侧较慢(图 4-13B)(王颖,2012)。有时南岸也会有内塌现象的发生,如 13 世纪杭州湾的南岸潮流一度增强,造成海岸内塌,100 年间岸线向后退 8 km(陈吉余等,1989;王颖,2012)。14 世纪之后,海岸又开始外涨,一直持续至今(图 4-13B)(王颖,2012)。今日的杭州湾仍有南淤北蚀的趋势,杭州湾北岸金山、乍浦等地的沿岸深水槽即是例证,但人类工程措施很大程度上控制了这种趋势。杭州湾海岸南淤北蚀的特征,主要是因为潮流场的特殊性。湾内涨潮流速大于落潮流速，尽管涨潮流可从口外带来大量的物质，但因流速大，携砂量仍未超过涨潮流的搬运力，发生侵蚀，甚至可形成深达近百米的冲刷槽。而在南岸，潮流速度向外减小，沉积物得以大量堆积下来。

4.3　下切河谷沉积体系及层序地层学特征

现代河口湾三角洲地质历史与下切河谷体系有着紧密的联系。下切河谷是在末次冰期低海平面时河流下切形成的；在冰后期海侵过程中，下切河谷开始仅是河谷内充填，形成楔形沉积体；随着海侵的进一步增强，下切河谷被淹，海水溢出河谷，形成海湾，之后又随着沉积物的堆积，海湾逐渐收缩，进而演化成现今的河口湾。因此，下切河谷与河口湾有着成因上、时空上、沉积层序上的继承性；此外，下切河谷的特殊负地形，使其中的沉积物及它们所包含的地质记录得到很好的保存，这为全面、系统地研究河口湾三角洲的演化发展提供了极好的、完整的、有时也是唯一的素材 (Zaitlin *et al.*，1994)。然而，目前国内下切河谷体系的研究还未得到应有的重视。

4.3.1　定义和特征

下切河谷体系包括下切河谷及其充填沉积物。Zaitlin 等 (1994) 最先给出下切河谷体系的确切定义：“河流侵蚀成因的长条形负地形，通常比单个河道大。在其底部穿过区域可绘的层序界面、沉积相向海突然迁移为其特征。其充填物通常于下一次基准面抬升时开始沉积，也可以包括随后的高位以及海面变动旋回的沉积物。”一般形成于浅海坡地、陆架／陆坡的下切河谷体系常从下切河谷口部的低位三角洲延伸至相对海面变化不再影响河流下切和沉积作用的地方。在此上游，不存在下切河谷，而是非下切河道系统，其与下切河谷形成一种贯通河流网络。在海面下降至陆架／陆坡转折点以下的情况下，下切河谷可横穿整个陆架／陆坡，将沉积物搬运至陆坡，下切河谷口部直达海底峡谷 (Van Wagoner *et al.*，1988，1990；Posamentier and Erskin，1991)。下切河谷体系具有如下基本特征：① 下切河谷是一种负地形，其底部切割下伏地层，包括可能存在的任何区域标志层。② 下切河谷的底部和侧壁代表了层序界面，它可与古河间地的沉积间断面相对应。这种沉积间断面可能受到后期海侵的改造，形成层序界面／海侵面 (Plint *et al.*，1992) 或复合海泛面及层序界面。古河间地暴露面可见古土壤或植物根茎 (Van Wagoner *et al.*，1990)。下切河谷充填内的沉积标志层上超于河谷侧壁之上。③ 在下切河谷充填的底部，因存在沉积相向盆地方向的迁移，可见较远端 (向陆方向) 沉积相在较近端沉积相上的侵蚀叠置 (Van Wagoner *et al.*，1990)。

下切河谷的宽度从数百米到数十千米，深度从几十米到上百米。钱塘江下切河谷的宽度达 40 ~ 50 km，深度达 100 ~ 120 m。根据所切割的自然地理单元的不同，下切河谷体系可分为两种类型：① 山前下切河谷体系，发源于山间腹地，并穿过有明显坡降的“下降线"；② 海岸平原下切河谷体系，坡度较小，局限于海岸平原，未穿过"下降线"(Zaitlin et al., 1994)。前者通常河道和寿命较长，沉积物较粗，成熟度较低。而后者常常充填细粒的、成熟度较高的沉积物，它们来自海岸平原沉积的再旋回。此外根据下切河谷内有无多个层序界面的存在，则可将其分为：① 简单下切河谷体系，下切河谷是在一个低水位 – 海侵 – 高水位旋回中形成；② 复合下切河谷体系，伴随着基面的波动，有多次下切 – 沉积旋回产生，除底部的主要层序界面之外，还至少有一个内部层序界面 (Zaitlin et al., 1994)。通常，海岸平原下切河谷多为简单型，而山前下切河谷体系多为复合型。在海岸地区，这两种下切河谷体系可以相邻 (Hayes and Sexton，1989)。

钱塘江和长江下切河谷体系的时间跨度约 20000 年，这套 I 型层序属 IV 级海平面变动旋回 (Van Wagoner et al.，1988，1990) 产生的层序。末次冰期低海平面时，古钱塘江和古长江延伸至现今陆架外入海，其河口距现今海岸线约 550 km，距现代潮区界芦茨埠约840 km，范围远远超过了无论是现今还是末次冰期时的海岸平原，因此它属典型的山前下切河谷体系。受末次冰期以前的构造活动及全球海平面变动的影响，江浙沿海平原实际上不止一次经历了相对海平面下降到上升的过程，产生了多重切割、沉积旋回。江浙沿海平原在更新世地层中就有河流相和海相沉积的交替出现 (浙江省海岸带资源综合调查队，1986[①])，可见江浙沿海平原存在一个复合的下切河谷体系。大部分钻孔深度有限，没有钻遇晚第四纪中期地层，本书较多考虑末次冰期以来的下切河谷体系的演化和特征，因此将其作为简单型下切河谷体系。事实上，通过对简单型下切河谷体系充填模式的研究，能够比较容易地理解复杂型下切河谷体系充填物的沉积结构变化。

4.3.2 层序地层学特征

晚更新世以来，江浙沿海平原经历了海退 – 海进的海平面变动旋回，形成了下切河谷形成 – 低水位楔充填 – 海侵充填 – 高水位埋藏的沉积旋回，产生了一套较为完整的 I 型沉积层序，包括层序界面 (SB)、低水位体系域 (LST)、海侵体系域 (TST)、高水位体系域 (HST)，以及初始海泛面 (IFS)、最大海泛面 (MFS) 等重要的层序单元和界面。

江浙沿海平原下切河谷内充填了多种类型的沉积物，它们在不同部位表现为不同的沉积相组合，可将其纵向上分为 4 段 (图 4-14)。

第 1 段 (向海段) 的范围从低海面时下切河谷的口门延伸至目前近岸浅海相向陆分布的最远处 (也就是现代河口湾或三角洲的海向最远处) (图 4-14)。低海面时下切河谷的口门位于现今海岸线外约 550 km 的陆架上 (朱永琪等，1979)，已远远超出了本书的研究区域。与其他段一样，该段河谷开始于随基面下降的河流下切，沉积物通过河谷至口部 (除极少数滞留外) 沉积形成低位三角洲 / 低位扇，岸线前展。至最低海平面时，岸线最远，该时期产生底部层序界面 (I 型)，它在下切河谷内表现为河流侵蚀面，在古河间地则表现为陆上暴露面，形成古土壤层。随着海平面的上升，河谷的下游开始海侵，下切河谷从沉积物输送带逐渐变为"沉积物汇"，接受低水位和海侵体系域的河流和古河口湾相沉积物，

① 浙江省海岸带资源综合调查队 . 1986. 浙江省海岸带资源综合调查论文集 (内部报告).

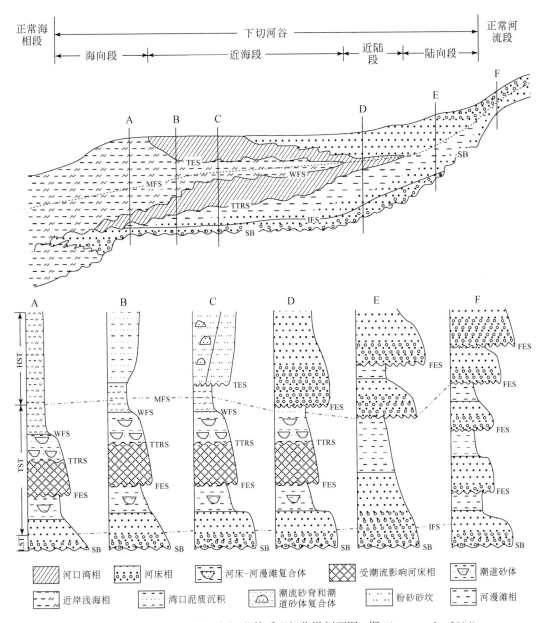

图 4-14　江浙沿海平原下切河谷体系理想化纵剖面图 (据 Zhang *et al.*，2014)

FSST. 强制海退体系；LST. 低水位体系；TST. 海侵体系；HST. 高水位体系；SB. 层序界面；TTRS. 海侵潮流作用面；
WFS. 体系域内洪泛面；MFS. 最大海泛面；TES. 海退潮流侵蚀面；FES. 河流侵蚀面

随后被海侵和高水位体系域的近岸浅海相泥质沉积物所覆盖 (图 4-14A)。河流沉积从晚低水位期 (早低水位期为滞留沉积)，一直持续到海侵的早期阶段，且沉积中心随海面的上升而向上游迁移。因此，初始海泛面应位于河流沉积内，而不是河流沉积的顶部。该段沉积中古河口湾和河流沉积物可能因长期受到潮流侵蚀作用而发育不完整。钱塘江下切河谷为强潮型下切河谷，古河口湾相随着海侵的进一步发育，其向陆迁移，垂向上底部为受潮流影响的河床和河漫滩沉积，之上为潮道和潮流砂脊沉积。随海侵的进一步发展，滨面超过了古河口湾的位置，与滨面后退有关的波浪侵蚀作用产生了波浪改造面，下切河谷充填物被随后的高水位开阔近岸浅海相泥质沉积物覆盖。

第 2 段从第 1 段的陆向端延伸至最大海侵时近岸浅海相向陆分布的最远处 (图 4-14)。最大海侵时近岸浅海相层分布最远的陆向端在本区可延伸至闸口附近的山麓地区 (图 4-12C)(张桂甲、李从先，1995)。与第 1 段沉积特征相似，该段低水位和海侵体系域的河流相沉积物直接覆盖在层序界面之上，随后被上覆水侵和高水位体系域的河口湾相和近岸浅海相沉积物覆盖；陆向段的现代河口湾沉积又被上覆高水位体系域的河流相沉积物覆盖。现代钱塘江河口湾相在该层段不同部位沉积特征各异。现代河口湾相的海向段主要由湾口泥质沉积物、潮流砂脊和潮道复合体组成 (图 4-14B 和 C)；中部主要表现为粉砂砂坝沉积 (图 4-14C)；陆向段则为受潮流影响的河床和河漫滩沉积。古河口湾相的沉积序列与第 1 段相似，其下部为受潮流影响的河床和河漫滩沉积，随后上覆潮道和潮流砂脊沉积。

第 3 段从第 2 段的陆向端延伸至最大海侵时河口湾相的陆向极限处 (图 4-14)；因此它对应于海侵末河口湾的区域。在该层段内，与第 1、第 2 段相类似，层序界面被低水位至早期海侵的河流沉积物覆盖，随后又被海侵和高水位体系域的河口湾相和河流相覆盖，但缺失近岸浅海相沉积 (图 4-14D)。在该层段内，古河口湾沉积序列在不同部位可发生变化。在其海向段附近，该序列与第 1、第 2 段相似，受潮流影响的河床和河漫滩相沉积物被潮道和潮流砂脊砂体覆盖。在该段的陆向端附近，潮道和潮流砂脊砂体缺失，受潮流影响的河床相沉积物直接被高水位体系域的河流相沉积物所覆盖。可以看出，海相影响的陆向极限处为第 3 段的内端，该点对应于 Dalrymple 在 (1992) 定义的河口湾的内端，也对应于 Allen 和 Posamentier (1993) 定义的 "湾线"。

下切河谷体系的最内段 (第 4 段) 位于第 3 段的陆向端及下切作用的陆向极限之间 (图 4-14)。该段可从第 3 段内端向上游延伸数十至数百千米。河流沉积作用贯穿于该段的整个历史，但低水位 – 海侵 – 高水位旋回的相对海面及可容空间的变化，影响沉积作用，可产生一定的河流形式垂向变化 (图 4-14E)。低水位河流沉积比较薄，因为当时该河流系统曾受到侵蚀，或作为传输地带。充填底部的晚期低水位和早期海侵沉积为相对较粗的混合河道沉积。随着海侵的发展，河流坡度及河流能力下降，形成总体向上变细的序列。基面抬升时形成的沉积物应包括较孤立的河道砂岩体和较多的河漫滩沉积。由于基面上升及可容空间增加速率减慢而产生的进积作用，上覆的高水位沉积应向上变粗。

第 1 ~ 第 3 段沉积物的保存潜力主要受潮流侵蚀作用的强度和深度控制，而第 4 段沉积物的保存潜力主要由河流侵蚀作用的强度和深度控制。第 4 段内端向陆部分为正常河流段，河流比降明显增大，海面变化不再控制河流的沉积作用，主要受气候、构造和沉积物供应等因素控制，海水或潮流的影响未到达该段 (Boyd et al., 2006)，尽管也可能有河流下切所形成的负地形，但已不属于下切河谷体系。沉积物主要由河床和河漫滩相沉积组成，低水位和海侵段表现为向上变细的沉积序列，而上部高水位沉积物则表现为向上变粗的沉积序列 (图 4-14F)。

由于不同地点及不同时空尺度、河谷形态、沉积坡度、沉积物供应和海面变化幅度、速度的影响，强潮型的钱塘江下切河谷与 Zaitlin 等 (1994) 建立的波浪型下切河谷体系模式具有许多不同之处：① 最大海侵时，海水淹没下切河谷及大片的古河间地，海水通常直达该区的山麓地带，在其上沉积了广泛的近岸浅海相沉积；② 该模式代表了贫砂的小河河口湾，由于泥砂量少，河口湾在最大海侵线附近，而钱塘江本身虽然泥砂量不大，但它靠近水浊砂丰的长江，长江三角洲南翼的前展，使河口湾不断向海扩展，同时也使河口湾较下切河谷的范围要大得多；③ 在波浪作用为主的下切河谷体系中存在河口砂坝、中央盆地、湾顶三角洲，但在强潮型的钱塘江下切河谷体系中，则没有这些沉积单元，因此其分段依据也不尽相同；④ 虽然 Zaitlin 等 (1994) 建立的波浪型下切河谷体系模式涉及溯源堆积在下切河谷充填中的作用，但对其强度估计不足。钱塘江河口湾的实例表明，溯源堆积可形成厚达数十米的河流相沉积，而且这一充填过程发生在下游河段，时间上在河口湾形成之前。因此，只有正确认识和评价溯源堆积在下切河谷中的作用，才能建立反映真实情况的充填沉积模式。

4.4　下切河谷体系形成的控制因素及其沉积模式对比

下切河谷体系的形成、内部充填物结构和分布模式的影响因素众多，有海平面变化、沉积物供应、河流、潮流和波浪作用特点及强度、气候、构造、基岩性质和下切河谷形态等 (Harris and Collins，1985；Harris *et al.*，2002，Lin *et al.*，2005)。海平面变化包括方向、速度、幅度、周期等方面，它们控制着下切河谷的形态、大小、坡度及充填物的特征和沉积相组合。沉积物的来源、类型及数量影响下切河谷充填沉积物的特征和沉积相格局。气候控制和影响着沉积物的供应类型和数量，以及流域性质和水动力条件。构造升降幅度和频率控制下切河谷的形态、规模、展布等。基岩的岩性、结构、胶结程度不同产生抗侵蚀能力的差异，从而影响下切河谷的形态、坡度及溯源堆积的长度等。下切河谷的宽度、弯曲程度影响着河流对基面变化的适应能力，如流域宽阔，或流域位于海岸平原之上，则其侧向迁移能力较强，加积或退积作用减弱；反之，河流局限于一个狭窄的河道内，河流只能发生加积或退积来平衡基面的变化，类似地，弯曲河流可以改变其弯曲度来适应基面的变化，而辫状河流容易发生下切加积作用。这些因素综合控制了下切河谷体系的形成及充填过程，但许多关于它们的作用过程、相对影响力的大小及相互作用方面的问题，尚不明确。晚第四纪以来，江浙沿海平原下切河谷均位于浙西北持续上升和长江三角洲稳定下降的过渡地带，由于海平面升降速度远远大于构造运动 (胡惠民等，1992)，下切河谷体系的形成和演化主要受海平面变化、沉积物供应、沉积过程和下切河谷形态控制。

4.4.1　海平面变化

整个下切河谷的长度是相对海平面下降幅度和历时，以及海岸坡度的函数。大幅度的海平面下降易使岸线到达陆架边缘之外，因而增加河流梯度、增强下切作用，而长时间的下降可使下切和坡折点后退过程持续时间变长，因此长期而大幅度海平面下降时形成的下切河谷，比短期快速海面下降产生的下切河谷要长且深。类似地，梯度较大的海岸比梯度较小的海岸平原更易产生下切作用 (Schumn, 1993)，但前者的海岸带较窄，所形成的下切河谷可能也较短。

相对海面上升速率与河流沉积速率的比值对下切河谷内海侵的发生及沉积相的变化也有着重要的控制作用。如果河流沉积物供应等于或超过相对海面上升的速率，整个下切河谷的充填可能都为河流进积或加积沉积，海侵不会发生，直至河间地被淹，下切河谷河口湾也不会产生。相反，若河流沉积物的供应速率小于相对海面上升速率，下切河谷就会发生明显海侵，且随着河流沉积物输入量的减小，河口湾相和海相沉积在河谷充填中的比例将不断增加。钱塘江是水丰砂少的河流，其沉积速率相对较低，因此在钱塘江下切河谷地区海侵层序发育非常完整，自下而上分别为河流相、古河口湾相和近岸浅海相，后随着沉积物，特别是长江沉积物的供应，以及其三角洲南翼前展的影响，近岸浅海相演变为现代河口湾相。

4.4.2　沉积物供应

末次冰盛期以来，钱塘江下切河谷及古河间地上堆积了约 47.7×10^{10} m^3 沉积物 (林春明, 1997b)，仅现代钱塘江河口湾内粉砂砂坎的沉积量估计就有 4.25×10^{10} m^3 (陈吉余等, 1989)，这些庞大沉积量的物质来源，一直受到研究者的关注，因钱塘江是水清砂少的中等河流，河流携带的沉积物难以满足这一巨大沉积量。

1. 河流和近岸浅海相沉积物的物质来源

下切河谷充填底部的河床相砂砾和河漫滩相泥质沉积，从形成过程上可分为 2 个阶段，即下部河床相滞留沉积和上部随基面抬升而产生的加积和退积沉积。河床相砾石的直径可达数十厘米，磨圆度较差，无海相化石的出现，河漫滩相中见大量植物碎屑和根茎。这些特征说明河流相沉积物绝大多数来自上游古钱塘江、古长江及其支流的供应，少量来自原地基底侵蚀提供，古长江和口外沉积物当时未影响到钱塘江下切河谷。近岸浅海相沉积物主要由灰色粉砂质淤泥组成，夹粉砂纹层，水平层理发育，含大量的有孔虫，每 50 g 干样中多达数百枚，显然其沉积物主要来自口外，但在边缘地带仍有一些河流输入一定的沉积物。重矿物和微量元素特征也显示近岸浅海相沉积物与河床和河漫滩相沉积物的来自完全不同的物源，近岸浅海相沉积物主要来自中基性物源 (张霞, 2013)。

2. 河口湾相沉积物的物质来源

古河口湾内部有孔虫及潮汐层理的出现表明其开始接受由潮流带入的口外沉积物，从钻孔分析中也可看到海相生物化石含量向上逐渐增大，表明口外沉积物对钱塘江和长江下切河谷的充填演化影响逐渐增强。口外沉积物主要来自东海陆架区，该沉积区晚更新世至全新世早期 (15000 ~ 7000 a BP) 主要由粗粒沉积物组成，以细砂为主；全新世高海面之后主要为泥质沉积物，以粉砂和黏土为主 (陈吉余等, 1964；王颖, 2012)。长江大约从 9000 a BP (与浅海相的形成时期相当) 开始向钱塘江沉积体系开始供砂, 且在 5000 ~ 6000 a BP (大约现代钱塘江河口湾的形成时期) 供应量增大, 古长江的泥质沉积物可直接向南搬运进入钱塘江下切河谷内, 大部分在东海近陆一侧呈带状分布, 为沿岸流长期作用的结果 (Li et al., 2002, 2006; Hori et al., 2002; 王颖, 2012)。可见, 古河口湾相沉积时期, 东海陆架区基本被粗粒沉积物覆盖, 而现代钱塘江河口湾时期东海陆架区表层沉积物主要由长江细粒沉积物组成。这些沉积物由潮流带入钱塘江下切河谷内, 在潮流和河流相互作用下形成不同的沉积相组合, 这也是古钱塘江河口湾内部潮道砂体发育, 而在现代钱塘江河口湾内部不发育的主要原因。潮道和潮流砂脊群的发育不仅需要强烈的潮流和足够的沉积空间, 而且还需要大量的粗粒砂质沉积物 (Dalrymple, 1992; Dyer and Huntley, 1999)。

长江细粒沉积物对现代钱塘江河口湾相的影响可从正反两方面证明。

1) 河流输砂不足以提供如此巨大的物源

现代钱塘江河口湾为一巨大的沉积物 "捕集器" (sediment trap), 大量分选优良的粉砂质沉积物沉淀下来, 达数百亿吨。现代钱塘江河口湾在 5000 ~ 6000 a BP 开始形成, 至今其沉积量已达 5.3×10^{10} m^3 沉积物 (林春明, 1997b), 取平均比重为 2.5 t/m^3, 则其平均沉积速率约为 2.65×10^7 t/a (时间跨度取 5000 年)。流入现代钱塘江河口湾的河流有钱塘江、甬江、曹娥江, 它们为水丰砂少的河流, 现代年均输砂量分别为 658.7×10^4 t/a、35.9×10^4 t/a、128.7×10^4 t/a (表 2-1), 三条河流的年均总输砂量为 823×10^4 t/a。即使这些河流搬运的沉积物全部堆积在河口湾地区, 也不足现代河口湾相年均沉积速率的一半。更何况, 泥砂大部分沉积在澉浦以上河段 (王颖, 2012), 且河流通过杭州湾入海, 必然会有相当一部分相对较细沉积物进入口外海域。因此我们有理由相信现代钱塘江河口湾内有相当一部分的沉积物来自口外。

2) 长江输砂间接地提供了主要物源

北邻现代钱塘江河口湾的长江是世界著名的丰砂大河, 其年均输砂量为 48600×10^4 t/a (表 2-1), 是钱塘江年平均输砂量的 73.8 倍, 也是钱塘江、曹娥江和甬江年均输砂量总和的 59.0 倍。由于其平原河流的属性, 入海泥砂主要为粉砂和黏土。长江携带的巨量泥砂, 有一半以上堆积在口门附近和口外海滨, 形成巨型拦门砂体和水下三角洲, 该三角洲前缘远至 30 ~ 50 m 等深线; 部分随潮流进入苏北沿岸海域, 为苏北辐射沙洲的发育提供重要物源; 还有一部分随沿岸流南下, 进入杭州湾的口外海区, 再随涨潮流进入杭州湾 (陈吉余等, 1964; 李从先等, 1979; 李从先、赵娟, 1995)。吴华林等 (2006) 认为现在大约 40% 的长江沉积物 (10×10^6 m^3/a) 在沿岸流和潮流的作用下沉积于现代钱塘江河口湾地区 (王颖, 2012)。

这是因为杭州湾与长江口紧邻相依, 存在直接水力联系, 长江口又是东海陆架最主要的泥砂补给源, 东海陆架与长江有着极为相似的重矿物组合 (王昆山等, 2003), 因此, 杭州湾直接接受长江入海泥砂补给既有充分的物质条件, 又有良好的动力条件。此外, 张桂甲 (1996) 研究认为长江口和杭州湾处于同一流场系统的海域, 口门区受到多种水流的交汇作用, 南汇嘴附近的潮流无论是在涨转落, 还是落转涨的转流期间, 都有一股沿南汇嘴边滩指向杭州湾的分流，说明长江水体可以直接进入杭州湾内的口部区域，同时带来了大量的长江输砂沉积物。曹沛奎等 (1989) 通过对杭州湾内盐度等值线分布特征研究认为长江径流入侵杭州湾造成其北部盐度低南部盐度高的特点。杭州湾水域 CH2 孔的重矿物组合也说明现代钱塘江河口湾的沉积物主要由长江沉积物提供 (张霞，2013)，而 SE2 孔重矿物和微量 – 稀土元素组成与现代长江沉积物差异较大的原因可能说明 SE2 孔位于当时钱塘江河口湾的陆向段，沉积物主要受局部物源影响较为严重，这方面还需进一步研究 (张霞，2013)。

现代钱塘江河口湾沉积的物质来源，除了上述的河流输砂及长江间接的供砂外，还可来自对下伏沉积物的冲刷侵蚀。在现代钱塘江河口湾内部发育一些小型的潮流砂脊，其粗粒砂质沉积物主要来自潮流对下伏沉积层的侵蚀，而不是东海陆架或长江 (陈吉余等，1964；王颖，2012)。

河口湾内潮流作用，在一般的情况下，向内逐渐减弱 (Dalrymple，1992；Allen and Posamentier，1993；Zaitlin et al.，1994)，但在钱塘江河口湾，由于喇叭状河口的潮汐束狭作用，最大潮差出现在澉浦，即河口湾漏斗内。因此，在澉浦地区因涌潮的存在粉砂和细砂沉积物沉积于此，形成巨大的粉砂砂坎，而泥质沉积物由落潮流搬运至湾口形成湾口细粒浅滩沉积。现代钱塘江河口湾陆向端的潮流影响河床和河漫滩沉积物主要来自钱塘江，且钱塘江的粗粒沉积物最远可到达澉浦区 (王颖，2012)。与 Zaitlin 等 (1994) 提出的下切河谷沉积模式相比，钱塘江下切河谷内河流沉积物非常厚，且初始海泛面位于河床相的内部，而不是河流相的顶部。目前世界比较典型的、河流供应沉积物很少的下切河谷中河流相沉积物均很薄，且初始海泛面均位于河口湾沉积相的底部，如芬迪湾 (Dalrymple and Zaitlin，1994)，South Alligator 河口湾 (Tessier，2012)，以及古代的斯匹次卑尔根岛始新世 Aspelintoppen 组 (Plink-Björklund，2005)。Li 等 (2006)，Simms 等 (2006) 认为 Zaitlin 等 (1994) 提出的下切河谷沉积模式可能仅代表某一端元，本书非常同意这一观点。

同样，由 Dalrymple (1992) 提出的潮控型河口湾沉积模式也可能只代表河口湾的一个端元，因为该模式的建立是基于芬迪湾的沉积特点，该河口湾内部海向沉积物的影响要远大于陆向沉积物，且河口湾内部主要为砂质沉积物。例如，Mont-Saint-Michel (Norman-Breton Gulf) 和 Vilaine (Northern Bay of Biscay) (Tessier，2012) 河口湾内部就不发育湾口砂坝沉积，这是因为它们的沉积物主要来海向细粒沉积物；一般位于大型三角洲下游的潮控型河口湾，其湾口为泥质湾口，而非砂质湾口，湾口砂坝沉积不发育，且泥质沉积物主要来自附近三角洲河流沉积物的沿岸流搬运，如现代钱塘江河口湾 (张霞，2013；Dalrymple，2012)、Gironde 北部的 Charente 河口湾 (Chaumillon and Weber，2006)，以及 Loire River 北部的 Vilaine 河口湾 (Tessier，2012)。

4.4.3　沉积过程

潮流、波浪和河流在河口区相互作用强度的大小可以影响下切河谷和河口湾内部沉积物的分布模式。钱塘江河口湾为典型的强潮型河口湾，其内部沉积物的分布模式与典型的浪制型河口湾相差甚远。浪控型河口湾平面沉积相分布具典型的三元结构，即湾口砂坝和潮道复合体沉积、中央盆地以及湾顶三角洲 (Allen and Posamentier，1993；Zaitlin et al.，1994；Boyd et al.，2006；Boyd，2010)。钱塘江下切河谷内部古河口湾平面沉积相表现为一系列潮道砂体沉积，向陆逐渐汇聚成一单潮道，并与钱塘江主河道相接，在潮流和河流汇聚带，潮道弯曲，形成陆向和海向沉积物汇聚带 (bedload convergence zone，BCZ)，沉积物粒度最细。现代钱塘江河口湾沉积相平面上陆向端为受潮流影响的河床和河漫滩沉积，中部为粉砂砂坎沉积，海向端为潮道和潮流砂脊复合体，以及湾口泥质浅滩沉积。粉砂砂坎区沉积水动力最强。陆向端潮流影响的河床形态变化并不明显，与典型河口湾内部"顺直 – 弯曲 – 顺直"的模式不太一致，这可能与现代钱塘江河口湾正处于进积充填阶段，曲流段截弯取直有关，本书推测 BCZ 带应位于七堡—仓前一带，这一现象已被澳大利亚 Fitzroy 河证实 (Dalrymple，2012)。平面上古钱塘江河口湾沉积物粒度自陆向海表现出粗 – 细 – 粗的沉积特点，BCZ 带粒度最细，与世界典型潮控河口湾相似，如现代芬迪湾河口湾 [Cobequid Bay-Salmon River (CB-SR) estuary](Dalrymple，1992；Dalrymple and Zaitlin，1994)，布里斯托尔海峡—塞汶河河口湾 (Bristol channel-Severn estuary)(Harris and Collins，1985；Mclaren et al.，1993) 和 Mont-Saint-Michel 河口湾 (Tessier，2012)，以及古代的斯匹次卑尔根岛始新世 Aspelintoppen 组沉积 (Plink-Björklund，2005)。而现代钱塘江河口湾沉积物粒度平面上向海方向表现出粗 – 细 – 粗 – 细的沉积特点，在 BCZ 带和湾口区沉积物粒度最细，且后者粒度比前者更细，这与大多数河口湾常见的粗 – 细 – 粗的沉积物分布格局 (Allen and Posamentier，1993；Dalrymple and Zaitlin，1994) 明显不同，这可能与钱塘江河口湾独特的动力条件和泥砂运动特征紧密相关。前述强潮型河口湾尽管沉积物也是既来自于上游河流，也来自口外，但河流输砂仍占主要的成分，再加上湾口波浪作用强烈，形成了河口砂坝及狭窄的进潮口，相应地在河口湾中部形成了水动力较弱的中央盆地。在湾口的进潮口处，潮流作用强烈，稍粗的砂砾沉积得以保留下来，而在其后的中央盆地，水动力条件较弱，形成较细的泥质和粉砂沉积，再向上游又受到河流输砂的影响，沉积物又逐渐变粗。现代钱塘江河口湾情况则不同，由于河口舟山群岛的阻碍，波浪作用微弱，再加钱塘江本身是水清砂少的河流，年径流量仅 380 亿 m³，而口门澉浦断面的涨潮流量甚达 27 万亿 m³/s。因此，现代钱塘江河口湾主要受潮流控制 (贺松林，1991)，而口外物质以泥质和粉砂沉积物为主，无法在湾口形成潮成砂坝以阻隔河口与外海的联系，潮流可以从宽阔的湾口进出。涨潮流进入杭州湾后，受地形束狭 (喇叭状河口) 的影响，潮差增大，在澉浦附近达到最大，粗粒沉积物沉积于此形成巨大的粉砂砂坎，而不是中央盆地的泥质沉积；湾口处面积宽广、水深较大，潮流对底质作用甚微，易形成粉砂质泥沉积层；在湾口与砂坎沉积之间，由于岛屿的束狭作用，局部潮流增强，下切侵蚀剥蚀下伏粗粒沉积物，并搬运至潮道周围形成粗粒潮流砂脊沉积体；再往上游，尽管潮流作用开始减弱，但河流的影响也开始逐步增加，沉积物分布总体呈现粗—细—粗—细的独特分布格局。

4.4.4 下切河谷形态

目前研究认为，下切河谷形态因其对潮流动力的影响，间接地控制着下切河谷充填物的沉积特征。在河谷充填早期 (原几何形态遭受沉积改造之前)，这种作用尤为明显。下切河谷形态会放大或抑制潮流作用 (Nichols and Biggs，1985)，不规则的河谷形态会抑制潮流作用，产生滞时效应，河口湾以波浪作用为主，在湾口形成障壁砂坝 (Boyd *et al.*，1987)；相对规则的漏斗型河谷，特别是长宽比较大的下切河谷非常有利于潮流的超时效应，从而形成潮控型河口湾，如芬迪湾、布里斯托尔海峡、Norman-Breton 海湾和孟加拉海湾 (Lin *et al.*，2005；Tessier，2012)。地形的快速改变可造成潮流作用和影响强度的快速变化，以及潮流和波浪控制作用之间的快速转换，如芬迪湾中的 Maine-Bay 因地形的改变，潮流从小潮到强潮的演化只用了几千年 (Dalrymple and Zaitlin，1994；Shaw *et al.*，2010)。因此下切河谷体系的性质 (主要是海向段，而陆向端为受基面变化影响的河流作用) 在一定程度上受原始形态的控制，这种控制作用甚至可延续至今日河口湾。下切河谷体系性质的变化则影响着沉积相和地层层面的性质，也影响着充填物遭受波浪及潮流改造过程的程度。在强潮系统中，随着向内潮差的增大，强劲的潮流甚至可以改造下切河谷的形态，造成岸线的后退。在海侵期，这种河口湾加深、拓宽，并向上游迁移，伴随着河道内潮流对邻近或下伏沉积物的侵蚀。所以，海侵河口湾漏斗局限于其两侧及底部的潮汐改造面之上，与波浪为主的系统相比，该潮汐改造面几何形态变化大，分布范围广。

另外，下切河谷的下切深度控制着河谷充填物的保存潜力，钱塘江和长江下切河谷下切深度在湾口最大可达 125 m，充填物沉积序列保存相对完整，而 Mont St Michel 河口湾下切深度较小，潮流侵蚀作用面可直接下切到基底，致使大部分河谷充填沉积物和沉积特征被侵蚀破坏，高水位体系域比海侵体系域发育程度高 (Tessier，2012)。

第 5 章 晚第四纪浅层生物气形成、富集成藏

5.1 浅层天然气化学组分特征及其成因

目前国内外大多数学者认为，生物气中甲烷含量在 90% 以上，乙烷以上的重烃含量微弱，并含少量 N_2 和 CO_2，生物气甲烷碳同位素 ($\delta^{13}C_1$) 值一般 $< -55‰$ (Schoell，1983；戴金星、陈英，1993)，最小可到 $-110‰$ (Blair，1998)，陆相生物气中甲烷氢同位素值一般小于 $-190‰$，而海相生物气中甲烷氢同位素值一般大于 $-190‰$ (Schoell，1983)。

江浙沿海平原晚第四纪地层天然气中甲烷含量大都在 90% 以上，含极少量 N_2、CO_2、CO、O_2，一般很少能检测出重烃，甲烷碳同位素组成以富集轻碳同位素 ^{12}C 为特征，其甲烷碳同位素 ($\delta^{13}C_1$) 值一般小于 $-65‰$，二氧化碳碳同位素 ($\delta^{13}C_{CO_2}$) 值小于 1.6‰ (表 5-1)，除江苏启东地区一个样品 (CT14) 天然气中氮气含量达到 63.99%，属于氮气型生物气外，江浙沿海平原晚第四纪浅层天然气均属于典型的甲烷类型生物气 (图 5-1)。在同一

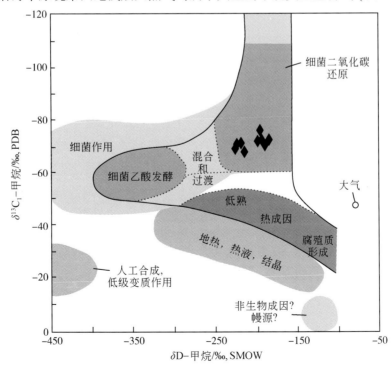

图 5-1 长江三角洲地区浅层天然气甲烷碳氢同位素交汇图 (底图据 Whiticar，1999)

地点相距不远的两口井中出现甲烷型和氮气型气体，这种现象既说明了浅层气气源与深部油气无关，基本上属未经运移的浅层原生气，也说明沉积过程中环境的差异性，导致动物遗体的可能堆积 (王明义，1982)。

表 5-1　江浙沿海平原晚第四纪浅层天然气化学组分及同位素特征

地区	井位或采样点	深度 /m	CH_4	C_2H_6	CO_2	CO	N_2	O_2	$\delta^{13}C_1$ /‰, PDB	$\delta^{13}D$/‰, SMOW	$\delta^{13}C_{CO_2}$ /‰, PDB
夹灶气田	夹 1 井	37.00	96.20	微量	1.04	0.00	2.08	0.00	−74.22	—	−4.10
雷甸气田	雷 1 井	33.93	94.46	微量	2.08	0.00	3.49	0.00	—	—	—
	东 5 井	31.33	92.30	0.00	1.49	0.00	3.78	0.54	—	—	—
义盛气田	头 1 井	45.40	93.90	0.00	1.89	0.00	1.35	0.15	—	—	—
九堡 – 下沙气田	CK17 井	42.66	98.43	0.00	1.28	0.00	0.29	0.00	−66.15	—	—
三北浅滩气田	XZK299 井	54.67	97.54	0.00	0.86	0.00	1.58	0.00	−67.30	—	—
	XZK267 井	55.00	96.99	0.00	1.73	0.00	1.09	0.00	−66.03	—	—
	XZK264-1 井	57.90	96.47	0.00	2.02	0.00	1.49	0.00	−65.90	—	—
	XZK264-2 井	60.50	97.60	0.00	1.87	0.00	0.51	0.00	−65.80	—	—
	XZK264-3 井	61.00	96.91	0.00	1.79	0.00	1.28	0.00	−66.40	—	—
杭州之江大桥	PQK204 井	32.00	94.77	0.00	2.52	0.00	2.68	0.00	−68.20	−209.50	1.60
椒江市	岩屿村方 6 井	49.50	91.42	0.00	1.47	0.00	7.01	0.00	−73.31	—	−20.09
	黄礁乡下洋村	26.00	95.62	0.00	2.06	0.00	2.31	0.00	−69.78	—	−15.42
温岭市	箬横镇	50.50	91.34	0.00	1.40	0.00	7.12	0.00	−84.49	—	—
	乌沙乡	30.00	93.09	0.00	0.71	0.00	6.04	0.00	−83.89	—	−21.72
温州市	瓯海	28.00	95.52	0.00	0.74	0.00	3.67	0.00	−72.71	—	—
	敖江 1 井	30.00	94.82	0.00	0.52	0.00	4.53	0.00	−84.45	—	—
	敖江 2 井	30.50	93.56	0.00	0.67	0.00	5.59	0.00	−85.55	—	—
	钱仓镇	31.50	94.81	0.00	2.39	0.00	2.73	0.00	−67.32	—	—
	钱仓镇水井	32.00	91.36	0.00	2.69	0.00	5.81	0.00	−68.88	—	—
	钱仓镇气井	32.50	97.32	0.00	2.28	0.00	0.37	0.00	−69.60	—	—
上海浦东	东滨村 1	35.00	98.03	0.00	1.93	0.00	0.00	0.00	−71.83	—	−17.87
	东滨村 2	36.00	97.36	0.00	2.64	0.00	0.00	0.00	−70.42	—	−23.30
	庆星村	39.00	97.97	0.00	1.46	0.00	0.57	0.00	−69.69	−177.75	—
	唐锁村	39.50	94.98	0.00	3.00	0.00	1.99	0.00	−71.15	—	—
	高桥镇	38.00	96.68	0.00	2.91	0.00	0.79	0.00	−70.09	—	—
	孙小桥	40.00	96.09	0.00	2.37	0.00	1.49	0.00	−68.60	—	—
	三林镇	34.00	97.70	0.00	2.27	0.00	0.01	0.00	−70.98	—	—
上海嘉定	娄塘 1	50.50	95.83	0.00	2.59	0.00	1.55	0.00	−70.34	—	—
	娄塘 2	51.00	95.12	0.00	2.23	0.00	2.58	0.00	−71.64	—	—
上海崇明	新河镇	45.00	97.27	0.00	2.56	0.00	3.14	0.00	−70.44	—	—
江苏启东	CT00 井	20.00	87.69	0.00	3.23	0.00	9.07	0.00	−71.70	−199.00	−34.50
	CT00 井	70.00	96.23	0.00	1.81	0.00	1.96	0.00	−72.20	−194.00	−20.40
	CT08 井	40.00	97.73	0.00	1.25	0.00	1.02	0.00	−72.30	−185.00	−21.40

续表

地区	井位或采样点	深度 /m	CH$_4$	C$_2$H$_6$	CO$_2$	CO	N$_2$	O$_2$	$\delta^{13}C_1$ /‰, PDB	$\delta^{13}D$/‰, SMOW	$\delta^{13}C_{CO_2}$ /‰, PDB
江苏启东	CT08 井	70.00	95.12	0.00	1.14	0.00	3.73	0.00	-75.80	-196.00	-21.40
	CT11 井	62.00	98.05	0.00	1.20	0.00	0.75	0.00	-70.20	-190.00	-6.60
	CT14 井	69.00	23.55	0.00	1.54	10.93	63.99	0.00	-67.70	-215.00	-19.30
江苏海门	CTHM01 井	50.00	97.61	0.00	0.98	0.00	1.41	0.00	-71.00	-219.00	-20.30
	CTHM02 井	49.00	96.49	0.00	1.41	0.00	2.11	0.00	-70.60	-224.00	-15.80
	CTHM02 井	61.00	97.17	0.00	1.82	0.00	1.01	0.00	-68.90	-226.00	-19.10

注："—"表示未测试该项目内容；椒江、温岭、上海资料来自戴金星和陈英 (1993)；三北浅滩气田资料来自杭州湾大桥工程指挥部内部报告。

5.2　浅层生物气储层特征

5.2.1　储层类型

江浙沿海平原晚第四纪地层浅层天然气主要赋存于下切河谷内砂质透镜体中。钱塘江河口湾地区自 1991 年以来发现夹灶、义盛、九堡—下沙、三北浅滩、海盐、黄菇和雷甸七个浅气田，前六者位于钱塘江下切河谷及其支谷内，雷甸浅气田位于太湖下切河谷内 (图 4-1)(林春明等，1997；Lin et al.，2004)。从气田的探明储量、产能和稳定时间看，义盛、夹灶和三北浅滩浅层气田要好于其他浅气田 (Lin et al.，2004)，这是因为下切河谷深度和宽度越大，谷内充填沉积物则越厚，气源岩的生气量就越大，储层展布也更发育，越有利于浅层气田的形成和发育。太湖下切河谷和钱塘江下切河谷的支谷规模较小 (图 4-1)，不利于其内部生物气藏的发育。长江三角洲地区目前已发现的生物气苗、气藏也多沿着长江下切河谷内分布，如启东、海门、南通、黄桥一带 (王明义，1982；郑开富，1998；林春明等，2015)。江浙沿海平原浅层生物气的储集层有七种类型，分别为河床相内含砾砂和砂层；河漫滩相内砂质透镜体；古河口湾相内砂质透镜体；近岸浅海相所夹砂质透镜体；现代河口湾粉砂砂坎和潮流砂脊砂体；三角洲相粉砂质细砂、砂质粉砂层；滨海砂砾层。以往对江浙沿海平原晚第四纪地层生储盖研究表明，江浙沿海平原晚第四纪地层生气层厚度比较大，分布广泛、连续性好，生、盖条件配置良好，只要有良好的储层条件，就能形成良好的气藏，因此，江浙沿海平原寻找天然气的关键是找到好的储集层。目前勘探成果证实具商业性的天然气多存储于古河口湾和河漫滩相砂体中，这些砂体呈大小不等的串沟状或条带状透镜体，其顶底均被非渗透性泥层包围，厚度大，面积广，气源及保存条件良好，是天然气聚集的最有利相带，只要有良好的砂体发育，往往可寻找到可开发利用的气藏。因此，开展古河口湾和河漫滩相内部砂质透镜体的形态、大小、储集物性、分布规律和成因机制等方面的精细研究，对江浙沿海平原浅层生物气勘探和开发具有重要的意义。

5.2.2 典型气藏剖析

1) 夹灶浅气田

夹灶浅气田地处钱塘江南岸萧绍平原，位于杭州萧山地区夹灶乡一带（图 5-2）。1991 年 10 月发现，1992 年 2 月正式投入采气开发，之后布设了 9 条 44.85 km 不成网的浅层横波地震，完成静力触探井 21 口，总进尺 1071.78 m，全取心井 2 口，3 口生产井均出气，总进尺 313.3 m。按照静力触探井出气显示级别的划分（特强是指气喷达 2 m 以上，强为气喷达 1 ~ 2 m，较强是气喷达 1 m 以下，中等为火苗小，但能持续不自熄灭，弱是火苗能持续一段时间，微弱是点火可燃，但又立即熄灭，无气为无气喷声，又点不着火；将较强以上级别的圈定为含气区），以及结合浅层横波地震圈定含气面积 2.21 km^2（图 5-2），控制储量 0.15×10^8 m^3，至 1995 年年底累积产气 0.04×10^8 m^3。储气砂体为分布于古河口湾相内部的透镜状砂体，砂体顶平底凸，呈大小不等的串沟状或条带状，埋深为 36 ~ 46 m；砂体厚度为 5.7 ~ 7.7 m，最大可达 10 余米，含气厚度可达 5.6 m；砂体沉积物类型多样，一般为粉砂、砂质粉砂、粉砂质细砂、细砂和中砂，垂向上具向上粒度变细的特点，个别砂体内部自下向上粒度逐渐增大（图 5-2），这主要是水流的流量、强度变化所致。砂体压实和胶结程度低，孔隙度大，渗透能力强，经测试，孔隙度为 28.0% ~ 36.1%，渗透率为 360.8×10^{-3} ~ 818.8×10^{-3} mm^2（表 5-2），按容积法和压降法计算的储量进行换算，推测气层有效厚度为 5.6 m（林春明等，1997）。气田原始压力为 0.36 ~ 0.41 MPa，夹 1 生产井（对应静力触探 J13 井）、夹 2 生产井（对应静力触探 J14 井）、夹 5 生产井（对应静力触探 J2 井）6 mm 油嘴日产量分别为 2075 m^3、1481 m^3、2300 m^3。气藏属于岩性圈闭气藏，气藏具底水，采气过量，易水淹和泥砂堵，在夹 2 生产井、夹 5 生产井气层的下部采集地层水样品分析，其 pH 分别为 7.0 和 7.1，矿化度分别为 10882.2 mg/L 和 10885.8 mg/L（表 5-3）。一个气藏开采年限很短，可以保持 4 ~ 5 年稳定期。

表 5-2　杭州湾地区全新世生物气田储层物性特征（据林春明等，1994）

浅气田名称	井位	井深 /m	岩性	孔隙率 /%	渗透率 /10^{-3} μm^2
夹灶	夹 3 井	38.0	含砂质粉砂	36.1	360.8
		40.2	含砂质粉砂	28.0	818.8
东塘	东 5 井	31.6	浅灰黄色细砂	40.8	1033.0
		36.3	土黄色含砾砂	29.4	723.5
雷甸	雷 5 井	25.3	灰黄色细砂	33.9	158.9
	雷 8 井	35.6	灰黄色含砾中粗砂	28.8	272.0
黄菇	黄 1 井	53.7	浅灰绿色细砂	30.9	488.3
	黄 3 井	34.9	浅黄绿色细砂	37.5	1678.0
	黄 4 井	63.0	黄绿色粉砂	43.2	564.0
	黄 5 井	54.1	灰绿色细砂	30.5	60.8

续表

浅气田名称	井位	井深 /m	岩性	孔隙率 /%	渗透率 /10⁻³ μm²
海盐	海 1 井	20.0	灰绿色粉细砂	40.2	707.7
		23.5	灰绿色粉砂	40.1	197.2
	洪 1 井	15.0	浅黄色细砂	39.5	537.0

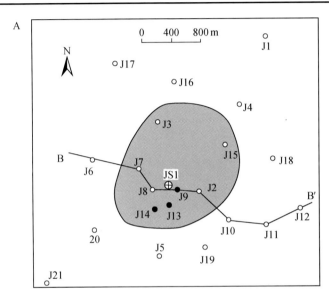

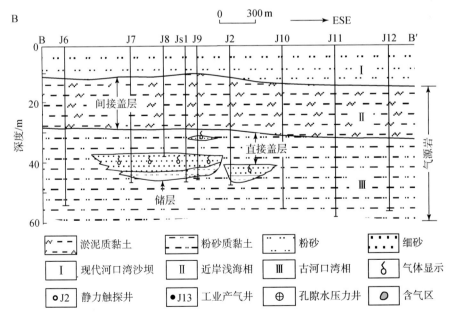

图 5-2　杭州萧山地区夹灶浅气田平面图和气藏剖面综合解释图

A. 钱塘江下切河谷地区夹灶浅气田静力触探井、产气井和含气区平面分布图；B. 古河口湾相透镜状砂体，砂体内部沉积物颗粒粒度向上逐渐变粗

表 5-3　杭州湾地区晚第四纪地层水质化验成果 (据林春明、钱奕中，1997)

采样地点		深度 /m	Ca^{2+}	Mg^{2+}	K^+	Na^+	Cl^-	SO_4^{2-}	HCO_3^-	I^-	Br^-	pH	矿化度
夹灶气田	夹2井	41.5	187.2	391.0	77.2	3334.8	6368.0	0.4	532.6	0	0	7.0	10882.2
	夹5井	42.2	212.6	394.9		3353.4	6371.3	24.2	529.4	0	0	7.1	10885.8
余杭市塘栖镇		36.0 ~ 38.0	168.8	102.2	13.5	661.7	1602.4	277.1	307.5	3.0	2.4	6.6	3138.6
			205.2	182.7	14.7	645.4	1609.5	262.2	398.0	2.8	2.1	6.7	3322.6
			210.6	128.2	22.1	927.2	1804.6	288.0	439.2	3.3	1.9	6.8	3825.1
			148.0	120.2	31.5	439.9	1961.6	290.1	474.4	4.0	2.4	7.0	3462.1
	地表水		42.3	17.4	0	16.6	41.7	89.5	90.6	0	0	7.1	298.1

　　近岸浅海相所夹的粉砂、黏土质粉砂透镜体也有气显示，但由于砂体厚度薄、分布范围小，岩石的孔渗性较细砂差而不具开采价值。现代河口湾相粉砂及粉细砂，虽然其物性极佳，但其上覆盖层太薄或无盖层，生物气一般逸散至地表而不能聚集成藏。河床相砂砾、砂层，由于其相互连通性好，难以聚集气体成藏，只有在生物气来源充足，砂层顶面具有局部圈闭等条件下，方可储集生物气。

　　2) 义盛浅气田

　　义盛浅气田地处钱塘江南岸萧绍平原，位于萧山市北东 30 km 的头蓬镇、义盛镇及新湾镇一带 (图 5-3)。共完成静力触探井 148 口，生产井 6 口，6 mm 油嘴日产量一般为 1500 ~ 2300 m^3，最高为 2742 m^3，按照静力触探井出气显示级别较强以上级别的圈定为含气区的原则，计算义盛浅气田圈定含气面积 87.93 km^2，控制储量为 1.90×10^8 m^3。砂体储集层仍为位于古河口湾相内部的透镜状砂体，埋藏深度为 42 ~ 56 m 孔深，厚度为 2 ~ 7 m (图 5-3)，如头 9 井气层埋深为 45.8 ~ 48.2 m，厚度为 2.4 m (图 3-16)。气藏属于岩性圈闭气藏，气田原始压力为 0.31 ~ 0.46 MPa。紧邻义盛浅气田相继发现了宏伟区块和前进区块，圈定含气面积分别为 20.7 km^2 和 8.0 km^2，控制储量分别为 0.38×10^8 m^3 和 0.28×10^8 m^3，单井 6 mm 油嘴日产量为 2448 ~ 2742 m^3。

　　浅海相所夹砂质透镜体，埋深 25 ~ 35 m，由于砂体厚度小、分布范围小，以及砂体上覆盖层相对薄、分布不稳定等不利因素，虽然其含有天然气，但它难以形成具有商业开采价值的气藏 (图 5-3)。

　　生产过气的 33 口井中的 15 口井平均产气年限 3 年，平均产气量近 8×10^4 m^3。产气良好的有头 9 井 (图 3-16)，从 1994 年 10 月至 2004 年在产气，截至 2000 年 6 月，累积产气 43.97×10^4 m^3，气层原始压力为 0.37 MPa。该井深度 52.8 m，为一取心井，气层为 45.8 ~ 48.2 m 井段的古河口湾相内部的透镜状砂体，之下为 3.9 m 厚古河口湾相含粉砂黏土，之上为 13.7 m 厚古河口湾相含粉砂黏土和 13 m 厚的海湾相淤泥质黏土。

EH4 电磁成像系统 (图 4-7 ~ 图 4-9) 研究发现新湾地区古河口湾相内发育 12 个大小不等呈串珠状分布的砂质透镜体。这些砂质透镜体埋深和规模变化大。多数砂体顶面埋深大约 26 m，个别可达 50 m。它们的规模差别很大，单个砂体长度为 27 ~ 179 m，大部分为 52 ~ 100 m；单个砂体厚度一般为 5 ~ 10 m，最厚为 1 号砂体，达 23 m。透镜体总体呈顶平底凸的形态，但长短轴比例变化很大，有呈半圆形的，也有呈条带状的，如图 4-9 中的 12 号砂体。剖面上这些砂质透镜体可单层分布，也可表现为由多层、多个砂体叠加组成的复合层，如图 4-9 中 15 测点附近 4 个砂体组成的复合层。复合层中砂体与砂体之间往往有薄层的粉砂质泥，当粉砂质泥厚度很小时，电磁成像技术可能无法将它识别出，

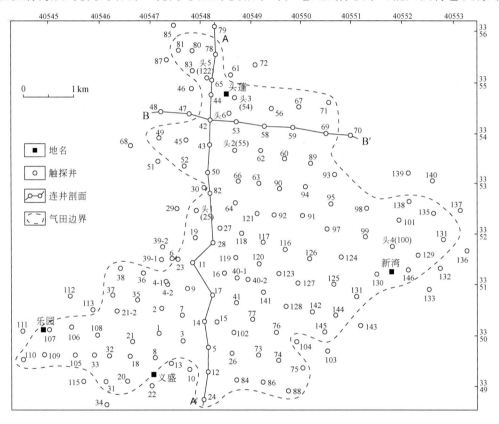

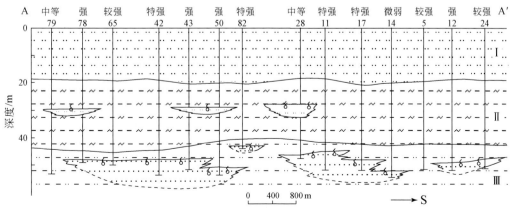

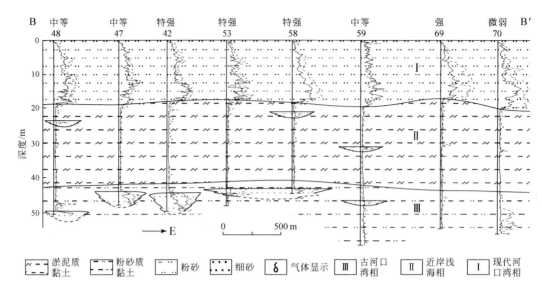

图5-3 杭州萧山义盛浅气田含气面积、地层、生物气藏剖面解释图

使电阻率反演得到的砂体厚度要大于实际砂体厚度。此外利用 EH4 电磁成像技术不仅可以较好地识别出砂体分布的深度及其延伸范围,而且可推断出气层的具体分布位置,这有利于更准确地确定勘探范围和目标,提高勘探精度 (李艳丽等,2007)。

3) 雷甸浅气田

雷甸浅气田地处钱塘江北岸杭嘉湖平原,位于德清县雷甸镇及杭州市余杭区东塘镇一带 (图 5-4)。共施工静力触探井 300 余口;完成生产井 15 口,雷 5 井既是取心井,也是一口生产井 (图 3-14),3 mm 油嘴日产气量 245 m²,关井压力 0.125 MPa,其他生产井换成 6 mm 油嘴,日产气量为 1368 ~ 2016 m²,气田原始压力为 0.12 ~ 0.28 MPa。根据取心井、静力触探井、生产井,以及结合钻井施工情况,圈定了含气面积 51.4 km² (图 5-4),解剖了雷甸浅气田晚第四纪地层和气藏特征 (图 5-5),计算了雷甸浅气田生物气的控制储量为 0.79×10^{8} m³ (林春明、宋平,1994[①])。

从晚第四纪地层和气藏剖面图中可以看到,雷甸浅气田主力产气层是古河口湾相内部的透镜状砂体,砂体被古河口湾相黏土所包围,界线明显 (图 5-5)。砂体大小不一,砂体的厚度为 2 ~ 5 m,最厚可达 10 m;埋深差别较大,分布在 32 ~ 50 m 深处,相邻钻井埋深可相差数米至十多米;砂体层数可达 2 ~ 3 层,但相邻钻井缺失这些砂层,这样就难以把它们看成统一的砂体,实质上多呈顶平底凸的透镜状、串珠状分布 (图 5-5)。气体首先聚集在砂体隆起部位或岩性尖灭封闭端,该部位触探井气显示特强或超特强,当气体来源丰富时才在低部位聚集,气藏属于岩性圈闭气藏 (图 5-5)。气层有效厚度因资料所限难以估算,孔隙率实测值为 28.8% ~ 40.8%,渗透率实测值为 158.9×10^{-3} ~ 1033.0×10^{-3} μm²（表 5-2),以细砂为最好。近岸浅海相所夹的粉砂、黏土质粉砂透镜体 (图 5-5) 也有气显示,但由于砂体厚度薄、分布范围小,岩石的孔渗性相对差而不具开采价值。

① 林春明,宋平 .1994. 浙江雷甸——东塘浅气田控制储量报告 . 浙江石油勘探处 (内部报告).

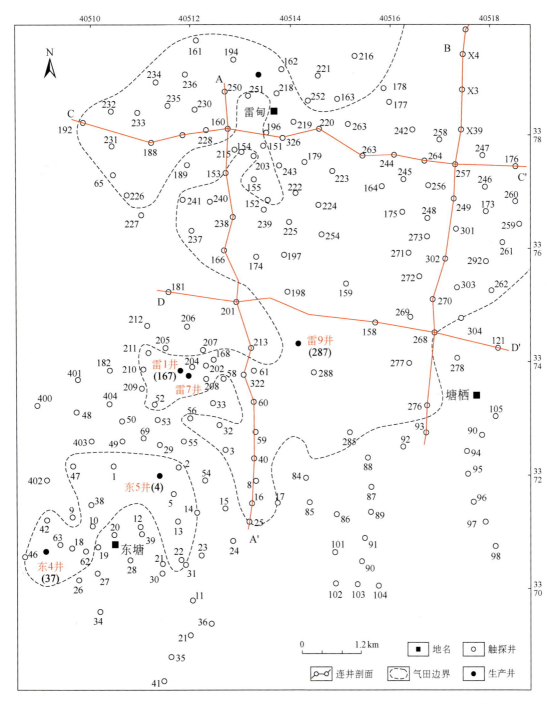

图 5-4　杭嘉湖平原雷甸浅气田含气面积及地层剖面位置（据林春明、宋平，1994[①]）

①林春明，宋平．1994．浙江雷甸——东塘浅气田控制储量报告．浙江石油勘探处（内部报告）．

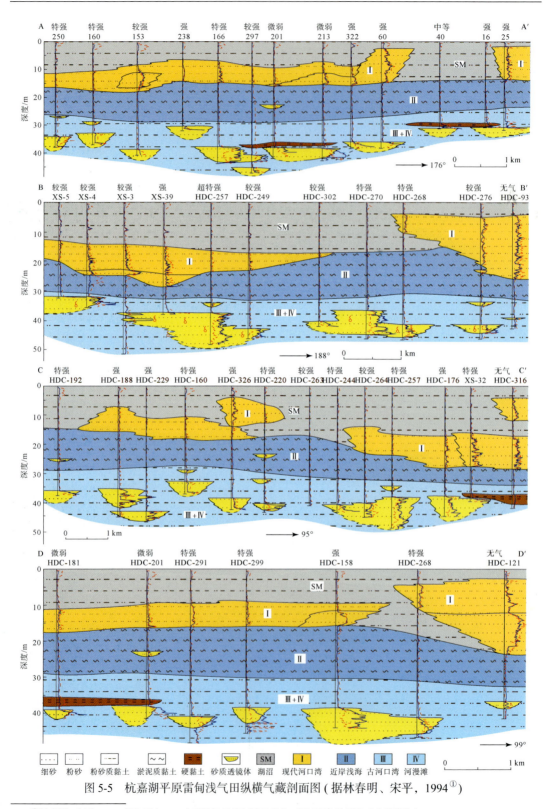

图 5-5 杭嘉湖平原雷甸浅气田纵横气藏剖面图（据林春明、宋平，1994①）

①林春明，宋平．1994．浙江雷甸——东塘浅气田控制储量报告．浙江石油勘探处（内部报告）.

从浅气田含气面积分布看，雷甸浅气田位于太湖下切河谷内 (图 5-4)，依据取心井、静力触探井确定了雷甸浅气田全新世现代河口湾的分布 (图 5-6)，现代河口湾的存在，间接地证实了在现代河口湾的下部存在一个下切河谷，即太湖下切河谷是存在的。由于资料所限 (严钦尚、黄山，1987；严钦尚、邵虚生，1987)，太湖下切河谷向北怎样展布还不清楚，还有待今后更多的工作去落实。

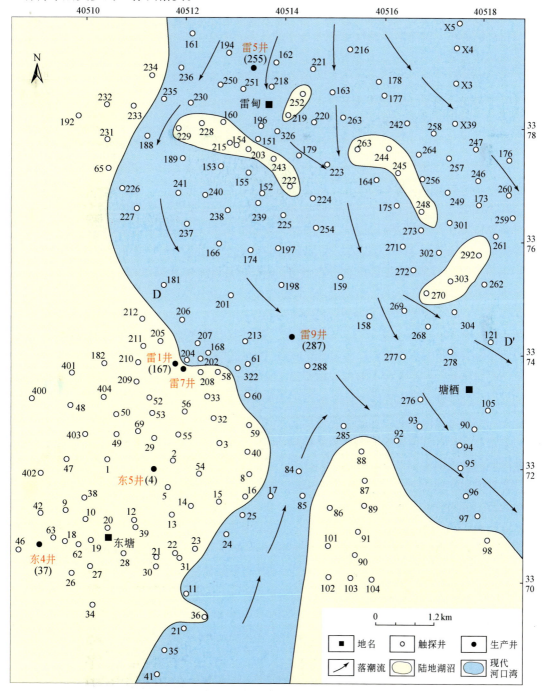

图 5-6　杭嘉湖平原雷甸浅气田全新世现代河口湾分布

4) 三北浅滩浅气田 (SBS)

该气田位于杭州湾大桥附近。对钻遇该浅气田的 39 口钻井岩心进行详细研究表明古河口湾相砂体主要位于 45.0 ~ 61.0 m 孔深，以粉砂、细砂和中砂沉积为主；当钻头拔出时沉积物随生物气喷出地表，气柱高度有时可达 10 ~ 20 m；生物气的喷流致使海面水体持续翻滚波动，套管拔出后可持续几天到几个月，随后的 3 个月内仍可见到气泡持续溢出水面。该气田含气砂体的厚度为 5 ~ 15 m，最厚可达 20 m；埋深差别较大，分布在 28 ~ 64 m 深处，相邻钻井埋深可相差数米至十多米；有时砂体层数可达 3 ~ 4 层，单个钻井可钻遇 3 ~ 4 个砂体，但相邻钻井缺失这些砂层，难以把它们看成统一的砂体，实质上呈顶平底凸的透镜状、串珠状分布，周围被泥质沉积物包裹；砂体大小不一，有的很小，只在单口钻孔中可见，有的规模较大，单个砂体可延伸几千米、特别是多个砂体在平面上错叠连片，可形成宽数千米、长十余千米的砂体群 (图 4-3)。SE1 孔共钻遇 2 套厚层古河口湾砂体，砂体埋深为 43.9 ~ 66.5 m；厚度最大可达 7.6 m；沉积物内部潮汐层理发育，旋回性明显，每个旋回自下而上砂质含量逐渐增加，砂泥层偶厚度比逐渐增大 (图 4-1，图 3-3M，N 和 O)。

其他浅气田主气层埋深一般在 40 m 左右，为河漫滩相砂质透镜体，厚 2 ~ 6 m，气层有效厚度因资料所限难以估算，孔隙率、渗透率实测见表 4-9。表 4-9 对比结果显示，细砂储集性能最好，其次为粉砂，然后是含砾中粗砂。因储集体处于未固结松散状态，取心难度较大，实测样品多少含一些泥质，其真实孔隙率和渗透率应较实测值大些，孔隙率一般为 40% ~ 50%。气田原始压力为 0.25 ~ 0.46 MPa，单井产量 6 mm 油嘴为 1400 ~ 6413 m³/d，单个气藏面积为 2 ~ 5 km²，多个含气砂体在平面上错叠连片，从而形成一个浅气田，储量为千万立方米数量级，圈闭类型与夹灶气田相似。

以上可看到，分布在 12 ~ 34 m 深的近岸浅海相砂质透镜体，砂体厚度、分布范围小，孔渗性相对较差，以及砂体上覆盖层相对薄、分布不稳定等不利因素，使其难以形成具有商业开采价值的气藏。分布在 30 ~ 55 m 深的河漫滩相砂质透镜体，为主力产气层，且以储集性能好的细砂透镜体产能为最好。气体首先聚集在砂体隆起部位或岩性尖灭封闭端，当气体来源丰富时才在低部位聚集。当其他条件具备时，砂体的大小及其相互连通性是影响气藏规模及产能的重要因素，如夹灶浅气田由单独一个大砂体 (平均厚度 7.0 m，面积 2.21 km²) 组成，周围被质纯的黏土包围，因此其气藏规模及产能大，而雷甸浅气田，单个砂体 (气藏) 相对小些，多个砂体相互连通性相对好些，砂体中的气体流动性相对好，易散失掉，这样一来，单个气藏规模小，产能不稳定。河床砂体相互连通性太好，难以聚集气体成藏，只有在生物气来源充足，砂层顶面具局部圈闭等条件下，方可储集生物气。现代河口湾相粉砂、砂体，虽然物性极佳，但其上覆盖层太薄或无盖层，生物气一般逸散至地表而不能聚集成藏。

5) 长江三角洲储层特征

从 ZK01 和 ZK02 孔看，浅海相所夹砂层厚度薄，单层厚度为 1 ~ 20 mm，局部可达 10 ~ 30 cm (图 3-18 和图 3-23)，岩性太细，不能作为好的储层；三角洲相砂层虽然厚度大，但埋藏深度浅，主要是在距今 3000 年以来形成的 (赵庆英等，2002)，上覆没有盖层，也不能作为好的储层。相对而言，古河口湾 – 河漫滩相、河床相砂层埋藏深度较大，有一定厚度，分布面积广，临近气源岩，上覆又有浅海相泥质沉积物作为区域盖层，它们可以作为本区良好的储气层，从静力触探井实施过程中也可看到，在钻进 50 ~ 70 m 古河口湾 – 河漫滩相以及河床相砂层时，拔钻后都有大量生物气喷出 (图 5-7)，这表明古河口湾 – 河漫滩相和河床相砂层是良好的储气层。

　　静力触探是地基土工程勘察中的一种原位测试方法，具有操作简易，费用低廉，对储层非常敏感，并能直接确定所钻穿的地层是否含天然气等许多独特的优点，20 世纪 90 年代初被广泛应用于杭州湾地区浅层生物气勘探，取得了显著成效。ZK01 孔与附近的 CT00 静力触探井做了对比后 (图 5-7)，可以看到静力触探井在本地区能够很好地识别地层垂向层序。因此，通过解释静力触探井资料，可以看到古河口湾 – 河漫滩相砂层埋深差别大，一般分布在 50 ~ 70 m，相邻钻井砂体埋深可相差数十厘米至数米；砂体厚度不稳定，单砂层厚 0.5 ~ 2.1 m，在某些情况下，砂体层数可达 7 ~ 8 层，砂体累积厚度达 10 余米，但相邻钻井却缺失这些砂层，这样难以把它们看成统一的砂体，实质它是被古河口湾 – 河漫滩相黏土所包围，多呈透镜状、串珠状分布 (图 5-7)。砂体大小不一，有的很小，有的规模较大，单个砂体可延伸数百米，特别是多个砂体在平面上错叠连片，可形成宽数千米、长十余千米的砂体群，可能属于串沟砂或潮道砂。相比于古河口湾 – 河漫滩相砂体，河床相砂体粒度更粗，颗粒间隙更大，单层厚度更大，可达 10 ~ 20 m，河床相砂体连通性非常好，生物气在此砂体中易于流动，砂体能否储气主要取决于是否有大量生物气的供给和能否形成有效的圈闭两个因素，一般在生物气量充足，其顶部具局部圈闭等条件下，方可储集生物气，预测向海方向由于砂体埋藏深度增大可能成为较好的储气体。

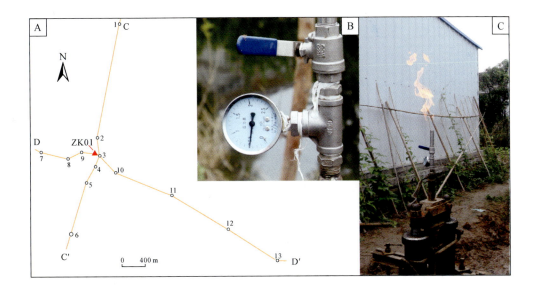

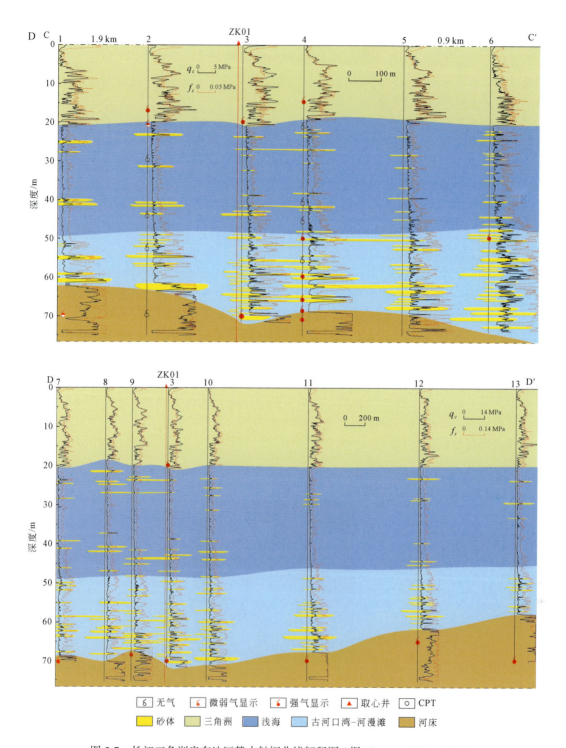

图 5-7　长江三角洲启东地区静力触探曲线解释图（据 Zhang and Lin，2017）

以往多认为这种砂体是发育于受潮流影响的河漫滩相中的串沟砂 (Li and Zhang，1996)，也有人认为其为受潮流影响的河漫滩环境的潮流砂脊砂体 (Lin et al.，2005)。本书认为这些砂体为古河口湾相内部的潮道砂体沉积，周围为泥坪和盐沼环境，如图 5-8A 所示 (Hughes，2012)。潮道砂体的形成应具备 3 个条件，即强劲的潮流、充足的沉积物供给和沉积空间 (Dalrymple，1992)。研究区古河口湾相形成于 7500 ~ 12000 a BP，该时期海平面由现今海平面之下 50 m 上升到现今海平面之下 5 m (王宗涛，1982；蔡祖仁、林洪泉，1984；严钦尚、黄山，1987)，形成了充足的沉积空间。前人数值模拟认为古河口湾相时期有强潮流通过研究区，且潮差与现今钱塘江河口湾相似 (Yang and Sun，1988；Uehara et al.，2002；Uehara and Saito，2003)，现今长江三角洲南岸平原潮流砂脊群的分布可证明此观点，该砂脊群形成于 7000 ~ 11000 a BP，且向海方向时代逐渐变老。第四纪冰期和间冰期旋回中季风气候、海平面变化和海洋环流控制陆源沉积物的入海通量和陆架沉积体系的发育过程，尤其是在末次冰盛期，东海陆架大部分暴露成陆，在随后海侵过程中沉积物被多次改造，形成目前广泛分布的砂质沉积和泥质沉积，是海侵体系域和高水位体系域地层 (李广雪等，2005)。泥质沉积主要分布在东海大陆架近陆一侧，以粉砂和黏土为主，该带自长江口起向 SSW 向延展，宽度自北而南逐渐趋窄，其东界大致以 50 m 等深线为限，沉积物厚度为 10 ~ 20 m，向海变薄，该带沉积物为全新世高海面之后的近代或现代沉积物，为长江口供砂，沿岸流长期作用的结果，卫星照片分析也证实了长江口入海悬砂向浙闽扩散的趋势 (恽才兴等，1981)。该带之外侧为粗粒沉积物带，主要由细砂组成，多数年龄为 15000 ~ 7000 a BP，是晚更新世至全新世早期海侵阶段的产物，经历了复杂的动力变化，与现在动力环境不一致，为残留潮流 / 滨岸砂体或改造砂体沉积，为陆架源物质，现代沉积速率很低，很少接受现代长江物质。可见，在海平面上升时期，特别是古河口湾相沉积时期，东海陆架区基本被粗粒沉积物覆盖，这些粗粒沉积物由潮流带入钱塘江古河口湾内，为砂体的形成提供充足的砂质物源，古钱塘江上游也可能提供一些粗粒河流沉积物。

古河口湾相口门部位与古长江类似，可能也发育潮流砂脊沉积砂体，需要进一步研究确定 (图 5-8A)。砂质透镜体在近岸浅海相和现代河口湾相内很少发育，主要原因如下，一是海平面上升之后，特别是最大海泛面之后，东海大陆架靠陆部位主要接受来自长江的细粒沉积物，砂质沉积物供给逐渐变得有限；二是随着现代河口湾水体的增长，可容空间减小，潮流增强，从而使潮流速度变得极高，阻碍细粒物质在潮道中沉积，泥质沉积物不得不在潮间坪聚集，砂质沉积物在非常高的流速下变得很易移动，就像今日河口坝这种状态，这可解释现代河口湾相中地层结构和巨大粉砂砂坝出现的现象。另外，古钱塘江河口湾靠陆部位，因潮流影响较弱，以钱塘江径流为主，因此以受潮流影响的河漫滩和河床相沉积为主。其与潮道砂体的过渡部位为潮流与径流的汇合部位，水动力最弱，沉积物粒度最细 (图 5-8A)。总体来看，古钱塘江河口湾沉积物在平面上自陆向海呈现粗 – 细 – 粗的分布模式，与大多数河口湾常见的粗 – 细 – 粗的沉积物分布格局较为一致 (Allen and Posamentier，1993；Dalrymple and Zaitlin，1994；Roy，1994)。

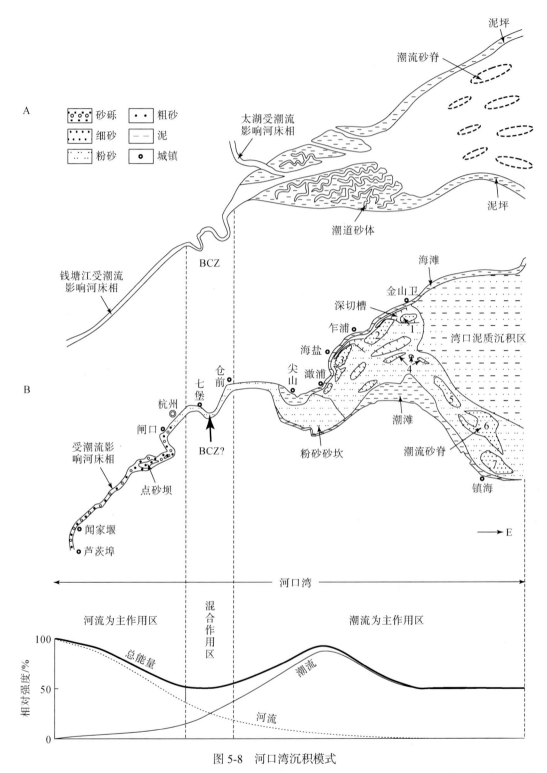

图 5-8　河口湾沉积模式

A. 古钱塘江河口湾沉积模式；B. 现代钱塘江河口湾沉积模式（王颖，2012，略修改）。BCZ. 潮流和径流汇合部分，水动力最弱，沉积物粒度最细

5.3　浅层生物气源岩特征

5.3.1　气源岩

江浙沿海平原晚第四纪晚期下切河谷内沉积物自下而上可划分为 5 种沉积相类型：河床相、河漫滩、古河口湾相、浅海相和现代河口湾砂坝或三角洲相 (图 3-6)，其中古河口湾 – 河漫滩相粉砂质黏土及浅海相淤泥质黏土生气能力强，为江浙沿海平原浅层生物气有效气源岩；而湖沼相或潮坪泥质沉积物尽管生气能力强，但因其近于地表，埋深一般小于 7 m，所生成的气逸散到地表而不具成藏意义，因此本书仅对前两种气源岩进行探讨。

1) 古河口湾 – 河漫滩相气源岩

古河口湾 – 河漫滩相粉砂质黏土分布在下切河谷内部，埋深 30 ~ 80 m，残留地层厚度 10 ~ 30 m (Lin *et al.*, 2005; Li and Lin, 2010)，在河流主流线最厚，向海方向略变深增厚。

岩性为灰 – 灰黑色黏土、粉砂质黏土和灰色淤泥质黏土。黏土矿物以伊 / 蒙混层和伊利石占优势，二者含量占黏土总含量的 69% ~ 81%，高岭石含量为 8% ~ 13%，绿泥石为 11% ~ 18% (表 5-4)。碎屑矿物主要为石英，颗粒组成以粉砂 (0.005 ~ 0.074 mm) 为主。天然含水量一般为 30% ~ 50%，孔隙度为 45% ~ 55%，具有饱和、流塑 – 可塑、中 – 高压缩性，页理发育，比重为 2.71 ~ 2.75 (林春明，1997a)。

表 5-4　杭州湾地区晚第四纪浅层生物气藏盖层的黏土矿物组成

深度 /m	沉积环境	岩性	黏土矿物相对含量 /%				盖层类型
			伊 / 蒙混层	伊利石	绿泥石	高岭石	
4.7			32	46	12	10	
15.5			48	34	9	9	
20.2	浅海相	淤泥质黏土	36	43	11	10	间接盖层
26.7			45	36	10	9	
32.0			45	39	8	8	
32.7			45	35	11	9	
36.1			37	44	11	8	
41.4	古河口湾 – 河漫滩相	粉砂质黏土	38	41	11	10	直接盖层
47.1			39	40	1	10	
49.0			28	41	18	13	

古河口湾 – 河漫滩相泥炭层、植物碎片和根茎的含量较高 (图 5-9)，根据浙北雷 5 井孢粉分析 (图 3-15)，古河口湾 – 河漫滩相木本植物平均含量达 52%，草本植物平均含量达 40%，其余为水龙骨科、蕨属、水生草本植物眼子菜科等，孢粉组合以松属、柏科、禾

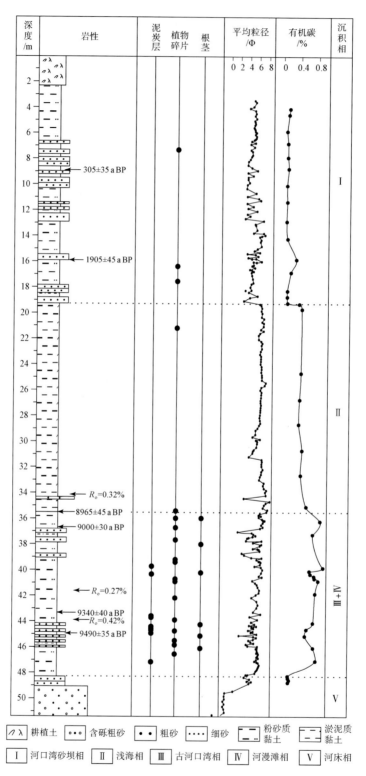

图 5-9　钱塘江下切河谷地区 SE2 井综合柱状图 (据潘峰等, 2011；Zhang *et al.*, 2013)

本科、莎草科等喜凉干植物的含量高占优势，栎属等喜暖植物相对含量较低，喜温的阴地蕨科植物平均含量在 2.5% 以上，喜温湿的眼子菜科植物较少，推测当时古河口湾 – 河漫滩相气源岩沉积时气候为温凉略干。浙南的孢粉组合特征与浙北相似，不同的是据椒浅参 1 井孢粉样品分析，草本植物仅占孢粉总量的 17.5% ~ 22.3%（陈英，1993）。

古河口湾 – 河漫滩相气源岩的 S^{2-} 含量为 0.02% ~ 0.65%，平均为 0.12%；Fe^{2+}/Fe^{3+} 最小 0.2，最大为 2.31，平均为 1.05（表 5-5）。此外，古河口湾 – 河漫滩相地层水为 NaCl 型，pH 为 6.6 ~ 7.2，矿化度高，含少量的 I^- 和 Br^-（表 5-6），表明古河口湾 – 河漫滩相气源岩长期处于封闭的弱还原至强还原环境（林春明等，1999a）。古环境指标较多，一般当沉积物中 $Fe^{2+}/Fe^{3+} > 1$ 时为还原环境，< 1 为氧化环境；I^- 及 Br^- 含量也可作为还原环境的标志；海相地层还原硫（S^{2-}）含量 >0.1% 可作为还原环境的标志，陆相地层该值要大些，为 0.2%；还原环境中植醇加氢脱水还原成植烷，而在弱氧化环境中则大量产生姥鲛烷，在缺氧水域的沉积物中姥鲛烷／植烷的比值 (Pr/Ph) 远小于 1，含氧环境中则大大高于 1，接近于 1 的比值被认为是出现在含氧和缺氧条件交替变化时期，或者在含氧和缺氧界面深度起伏变化的时候（林春明，1997a）。姥鲛烷／植烷比值会随着成熟度的增加而增大，但对于江浙沿海平原尚未成岩，热演化程度极低的沉积物来说，姥鲛烷／植烷比值在分析沉积物所处的氧化还原环境方面具有重要的参考价值。姥鲛烷／植烷 (Pr/Ph) 比值越低，则还原环境越强。全新统古河口湾 – 河漫滩相气源岩灰色黏土及粉砂质黏土姥鲛烷／植烷的比值 (Pr/Ph) 为 0.53 ~ 1.14（表 5-7），表明源岩有明显的植烷优势，处于相对较强的还原环境，有利于气源岩的发育。

表 5-5   浙江沿海平原晚第四纪地层不同沉积环境中泥质沉积物的化学环境参数

埋深 /m		杭州湾		浙南椒江	
		15.20 ~ 34.00	30.50 ~ 47.75	15.52 ~ 26.65	46.36
岩性		灰色淤泥质黏土	灰色黏土	灰色淤泥质黏土	灰色黏土
沉积环境		近岸浅海	古河口湾 – 河漫滩	近岸浅海	古河口湾 – 河漫滩
S^{2-}/%	最小值	0.05	0.02		
	最大值	0.27	0.65		
	一般值	0.09 ~ 0.15	0.05 ~ 0.12		
	平均值	0.12(15)	0.12(15)		
Fe^{2+}/Fe^{3+}	最小值	0.77	0.20		
	最大值	1.64	2.31		
	一般值	0.98 ~ 1.42	0.89 ~ 1.95		
	平均值	1.17(15)	1.05(15)		
Pr/Ph	最小值			0.044	
	最大值			0.69	
	平均值			0.55(3)	0.37(1)

注：括号内数字为样品数。

表 5-6 浙江沿海平原晚第四纪地层水质化验成果 (据林春明、钱奕中，1997)

采样地点		深度 /m	Ca²⁺	Mg²⁺	K⁺	Na⁺	Cl⁻	SO₄²⁻	HCO₃⁻	I⁻	Br⁻	pH	矿化度
夹灶气田	夹 2 井	41.5	187.2	391.0	77.2	3334.8	6368.0	0.4	532.6	0	0	7.0	10882.2
	夹 5 井	42.2	212.6	394.9		3353.4	6371.3	24.2	529.4	0	0	7.1	10885.8
余杭市塘栖镇		36.0 ~ 38.0	168.8	102.2	13.5	661.7	1602.4	277.1	307.5	3.0	2.4	6.6	3138.6
			205.2	182.7	14.7	645.4	1609.5	262.2	398.0	2.8	2.1	6.7	3322.6
			210.6	128.2	22.1	927.2	1804.6	288.0	439.2	3.3	1.9	6.8	3825.1
			148.0	120.2	31.5	439.9	1961.6	290.1	474.4	4.0	2.4	7.0	3462.1
	地表水		42.3	17.4	0	16.6	41.7	89.5	90.6	0	0	7.1	298.1

表 5-7 江浙沿海平原全新统气源岩还原性特征

地区 / 钻孔	埋深 /m	沉积环境	岩性	Pr/Ph
长江三角洲 /ZK01	30.40	浅海	深灰色淤泥质黏土	0.63
	41.40			0.64
	44.70			0.58
	53.60	古河口湾 – 河漫滩	灰色黏土及粉砂质黏土	0.53
	54.70			0.75
	62.60			0.78
杭州湾 /SE2	27.71	浅海	青灰色淤泥质黏土	0.84
	30.31			0.79
	33.51			0.78
	35.08			0.89
	36.78	古河口湾 – 河漫滩	灰及灰黄色黏土和粉砂质黏土	0.64
	37.18			1.03
	39.78			1.03
	40.23			0.42
	42.63			1.14
	44.68			1.02

以上特征表明河漫滩相气源岩沉积于弱还原 – 强还原环境。

2) 浅海相气源岩

浅海相淤泥质黏土层直接覆盖在古河口湾 – 河漫滩相粉砂质黏土气源岩上，埋深一般为 5 ~ 35 m，残留地层厚度一般为 10 ~ 20 m (Lin *et al.*，2004)，向海方向有变深增厚趋势。

岩性为灰色淤泥质黏土。黏土矿物成分、碎屑矿物及颗粒组分与河漫滩相气源岩差异小 (表 5-4)，浅海相泥炭层、植物碎片和根茎的含量较低 (图 5-9)。天然含水量一般为 30% ~ 50%，孔隙度为 45% ~ 50%，具有饱和、流塑 – 软塑、中压缩性，以厚层均质块状层理为主，比重为 2.71 ~ 2.74（林春明，1997a）。据雷 5 井 8.8 ~ 25.6 m 井段浅海相气源岩孢粉分析表明，与下段（25.6 ~ 34.0 m）河漫滩相比较，木本植物百分含量明显增大，最高达 70% 之多，草本植物减少，水龙骨科和水生草本植物眼子菜科含量略有增加（图 3-15）；椒浅参 1 井孢粉分析，草本植物也减少，占孢粉总量的 7.9% ~ 21.4%（陈英，1993），这说明浅海相气源岩沉积时，气候总貌已由温凉略干转为热暖潮湿，进而演化为温暖湿润。年均温度比现今高 1 ~ 3 ℃，降水量比现今多 200 ~ 600 mm（王开发等，1984）。

气源岩中的 S^{2-}、Fe^{2+}/Fe^{3+} 分别为 0.09% ~ 0.15% 和 0.98 ~ 1.42，S^{2-} 值最大为 0.27%，最小为 0.05%，Fe^{2+}/Fe^{3+} 值最大为 1.64，最小为 0.77（表 5-5），Pr/Ph 为 0.53 ~ 0.89（表 5-7），说明沉积环境还原性相对较强，有利于气源岩的发育。

上述特征说明，浅海相气源岩沉积于弱还原 - 还原环境，水深应小于 20 m。距物源近，气源岩既有陆源组分，也混合海相浮游生物来源有机质，为近岸浅海相。

5.3.2　气源岩有机质的地球化学特征

1. 有机质丰度

丰富的有机质来源是生物气大量形成的物质基础。江浙沿海平原晚第四纪泥质沉积物中的有机质具有如下特征（表 5-8）：① 古河口湾 - 河漫滩环境中的泥质沉积物有机质丰度高于近岸浅海环境，据头 9、宏 1、九堡 CK17 和坎山 CK1 等系统采样井数据显示，有机碳含量随深度增加（由浅海相→古河口湾 - 河漫滩相）呈递增的变化趋势（图 5-10），反映了古河口湾 - 河漫滩环境比浅海环境更有利于有机质的富集。古河口湾 - 河漫滩及浅海相两套气源岩中产烃潜量和有机碳含量呈正相关关系，表明有机碳丰度是控制气源岩排烃量的主要影响因素之一（图 5-11）。② 浙南椒江地区、长江三角洲古河口湾 - 河漫滩气源岩有机碳含量均值在 0.4% 附近，比杭州湾地区古河口湾 - 河漫滩相气源岩（均值 0.64%）要差些，这也可能是杭州湾地区生物气产量大、勘探效果好的原因之一。③ 浙南椒江地区、长江三角洲晚第四纪气源岩氯仿沥青"A"含量低，均值小于 100×10^{-6} mg/L，也低于杭州湾地区相同层位相同环境的气源岩，反映了浙南椒江地区、长江三角洲有机质未成熟，有机质尚未大量向烃类转化。④ 浙南椒江地区气源岩总烃含量低，平均值仅为 31.64×10^{-6}，反映有机质未成熟，有机质尚未大量向烃类转化。⑤ 由浅海相到古河口湾 - 河漫滩相，有机碳、氯仿沥青"A"含量、产烃潜量随深度增加略呈递增的变化趋势（图 5-12 和图 5-13）。分析认为两套气源岩总有机碳含量的差异可能与沉积时期的古气候条件有关，浅海相地层形成时期，气候转暖，降水量变大，水动力条件较强，水体中含氧量相对较多，造成氧化程度高，保存下来的有机质丰度低。与此同时，陆源碎屑颗粒供应量增大，沉积速率变快，稀释了有机质丰度（冯旭东，2017）。此外，有机质在浅海环境沉积、埋藏过程中可能遭受其他生物、细菌的吞噬，不利于保存。⑥ 长江三角洲地区，三角洲相褐色、灰黄色黏土由于厚度薄，埋藏深度浅，一般埋深小于 20 m，尽管可能有一定的生气能力，但其生成气体易于逸散到地表而不具成藏意义。

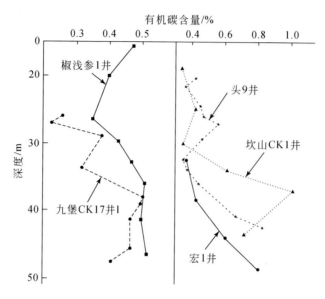

图 5-10 江浙沿海平原晚第四纪淤泥质黏土及黏土层有机碳含量与埋藏深度的变化关系图

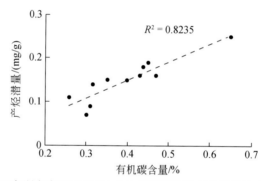

图 5-11 长江三角洲启东地区 ZK01 井全新统气源岩产烃潜量和有机碳含量关系

表 5-8 江浙沿海平原晚第四纪不同沉积环境中的泥质沉积物有机质丰度

| 地区 | 埋深 /m | 岩性 | 沉积环境 | 有机碳 /% | | | 氯仿沥青 "A" 平均值 /10⁻⁶ | 总烃平均值 /10⁻⁶ |
				最小值	最大值	平均值		
长江三角洲	16.50 ~ 23.10	褐色、灰黄色黏土	三角洲	0.17	0.33	0.24(4)	82.33 (3)	na
	20.30 ~ 57.40	深灰色淤泥质黏土	近岸浅海	0.14	0.61	0.38(43)	76.63 (40)	na
	36.70 ~ 89.80	灰色黏土及粉砂质黏土	古河口湾 – 河漫滩	0.20	0.65	0.42(39)	67.92 (36)	na
杭州湾	7.00 ~ 38.35	灰色淤泥质黏土	近岸浅海	0.11	0.62	0.40(66)	153.60 (18)	na
	28.50 ~ 54.70	灰及灰黑色黏土	古河口湾 – 河漫滩	0.20	1.08	0.64(41)	268.15 (16)	na
浙南椒江	15.50 ~ 29.50	灰色淤泥质黏土	近岸浅海	0.35	0.47	0.41 (4)	63.00 (2)	29.00 (2)
	32.70 ~ 46.30	灰色淤泥质黏土	古河口湾 – 河漫滩	0.47	0.52	0.50 (4)	72.50 (2)	32.28 (2)

注：括号内为样品数；na 表示无分析。

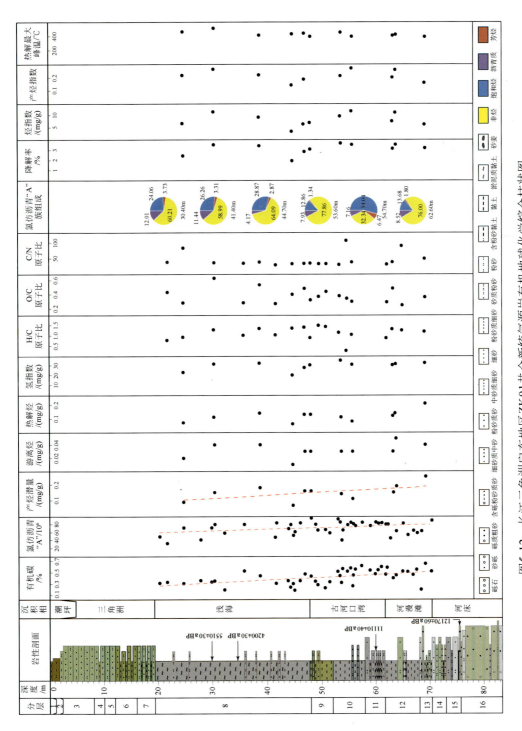

图5-12 长江三角洲启东地区ZK01井全新统气源岩有机地球化学综合柱状图
受四舍五入的影响，图中"氯仿沥青'A'族组成"一栏中数据稍有偏差

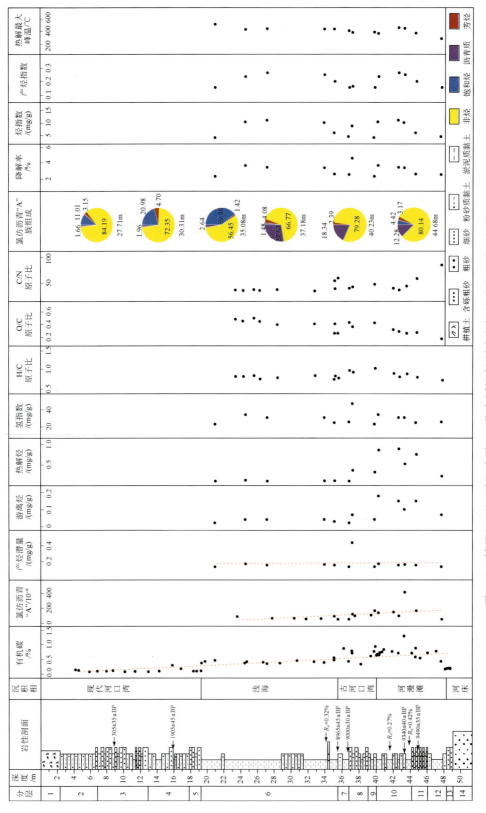

图5-13 钱塘江下切河谷地区SE2井全新统气源岩有机地球化学综合柱状图

图中"氯仿沥青 'A' 族组成"受四舍五入的影响，一栏数据稍有偏差

2. 有机质类型

虽然有机质的丰度和沉积物中的氧化 – 还原条件对生物甲烷的生成比其他因素更重要，但有机质的类型及其来源似乎也有一定的作用 (Rashid and Vilks，1977)。前人研究认为，港湾、近岸地区通常含有很多陆源有机质，它能提高甲烷的产率，有利于大量甲烷的形成，分析数据表明，甲烷含量高的沉积物腐殖质可高达 95%，说明高丰度陆源有机质有利于生物甲烷的生成。泥质沉积物的生物气产率在淡水湖泊、沼泽环境为 50 ~ 100 g/(m²·a)，在大陆架为 5 ~ 10 g/(m²·a)，在开阔海洋为 0.012 g/(m²·a)（张义纲、陈焕疆，1983)，现代淤泥生物气模拟生成试验也证实了陆相（湖、河滨）淤泥比海相（滨海）淤泥产气率高（陆伟文、海秀珍，1991)。产甲烷菌不具有直接分解有机质的能力，但它主要依赖发酵菌和硫酸盐还原菌分解有机质而产生的 CO_2、H_2 与乙酸取得碳源和能量得以生存。生物气甲烷产率与有机质类型有关，不同的有机质类型具有不同的化学成分和显微组分，决定了被微生物利用的难易程度，因而类型好的气源岩中可被降解的有机质越多，总产气率就越大（李明宅等，1995；关德师等，1997；刘建等，2015)。此外，不同类型的有机质在生物模拟试验中产气能力、生物转化率相差巨大（张英等，2009)。江浙沿海平原全新世沉积物时代新、埋藏浅，有机质演化程度很低，其生源构成基本上代表了原始的成烃母质的组成，因而能更真实地反映原始生气母质的类型。干酪根是沉积物中的主要有机质来源，而对于全新世尚未固结成岩的年轻沉积物来说，其有机质主要为浅层未成熟的干酪根。沉积物中的有机质主要由不溶有机质（干酪根）及可溶有机质（氯仿沥青 "A"）组成，它们一起构成一个有机联系的整体，共同反映着生气母质的面貌（冯旭东，2017)。因此，本书主要采用干酪根有机元素分析、干酪根镜检、氯仿沥青 "A" 族组成、饱和烃气相色谱等方法对江浙沿海平原全新世生物气气源岩中的不溶有机质和可溶有机质进行综合分析，以求对生物气气源岩的有机质类型获得全面、具体、客观的认识。

1) 不溶有机质性质

杭州湾萧山地区 SE2 井全新统古河口湾 – 河漫滩相气源岩样品干酪根有机元素组成有如下特征（表 5-9）：碳元素占 31.23% ~ 70.74%，氢元素占 2.52% ~ 4.72%，氧元素占 13.86% ~ 25.72%，氮元素占 0.84% ~ 1.62%。浅海相气源岩样品干酪根有机元素组成有如下特征：碳元素占 26.99% ~ 49.26%，氢元素占 1.90% ~ 3.16%，氧元素占 16.52% ~ 19.56%，氮元素占 0.86% ~ 1.17%。两套气源岩中，主要元素均是碳，占 26.99% ~ 70.74%，平均 42.32%，其次是氧元素，占 13.86% ~ 25.72%，平均 19.01%，氢元素仅占 1.90% ~ 4.72%，平均 2.95%，氮元素占 0.84% ~ 1.62%，平均 1.13%，形成了 C>O>H>N 的含量关系。古河口湾 – 河漫滩相气源岩样品干酪根 H/C(原子比) 分布在 0.72 ~ 1.03，O/C(原子比) 分布在 0.17 ~ 0.43。浅海相气源岩样品干酪根的 H/C 分布在 0.76 ~ 0.84，O/C 主要分布在 0.26 ~ 0.50（表 5-9)。将两套气源岩干酪根 O/C 和 H/C 绘制有机质演化类型判别图 (图 5-14)，结果显示，有机质有机质类型以腐殖型为主，O/C 较高。此外，古河口湾 – 河漫滩相气源岩 C/N(元素比) 为 30.82 ~ 72.02，平均 41.56；浅海相气源岩 C/N 为 29.32 ~ 49.76，平均 34.74。

表 5-9 浙江沿海平原全新统气源岩干酪根有机元素组成

井位	深度/m	沉积环境	主要元素组成 /%				原子比		元素比	数据来源
			C	H	O	N	H/C	O/C	C/N	
杭州湾萧山地区 SE2 井	23.31		30.38	2.06	19.44	0.99	0.81	0.48	30.69	本书
	24.21		28.19	1.91	17.11	0.92	0.81	0.46	30.64	
	25.51		26.99	1.90	17.89	0.86	0.84	0.50	31.38	
	26.21		30.80	1.94	18.35	1.02	0.76	0.45	30.20	
	28.31	浅海	33.78	2.22	17.81	1.07	0.79	0.40	31.57	
	32.71		34.31	2.40	18.63	1.17	0.84	0.41	29.32	
	35.08		48.47	3.06	16.52	1.05	0.76	0.26	46.16	
	35.11		36.28	2.50	19.56	1.10	0.83	0.40	32.98	
	35.47		49.26	3.16	17.07	0.99	0.77	0.26	49.76	
	36.78		31.23	2.52	17.98	0.93	0.97	0.43	33.58	
	37.18		46.49	3.58	22.34	1.30	0.92	0.36	35.76	
	39.78		42.90	3.69	24.18	1.07	1.03	0.42	40.09	
	41.95	古河口湾 – 河漫滩	54.35	4.05	22.72	1.62	0.89	0.31	33.55	
	42.63		40.07	2.69	15.36	1.30	0.81	0.29	30.82	
	43.53		54.63	4.06	18.69	1.47	0.89	0.26	37.16	
	44.73		70.74	4.72	25.72	1.43	0.80	0.27	49.47	
	47.70		60.50	3.64	13.86	0.84	0.72	0.17	72.02	
头 9 井	32.80	浅海	52.79	3.68	14.80	1.96	0.84	0.21	26.93	
	49.50	古河口湾 – 河漫滩	45.78	2.67	13.44	1.49	0.69	0.22	30.72	
椒浅参 1 井	15.52	浅海	39.47	2.80	9.35	0.74	0.85	0.18	53.34	林春明和钱奕中 (1997)
	26.65		39.34	2.71	8.19	0.47	0.83	0.16	83.70	
	36.05	古河口湾 – 河漫滩	41.45	2.96	9.37	0.95	0.86	0.17	43.63	
	46.36		41.75	2.68	9.80	0.78	0.77	0.18	53.52	

长江三角洲地区全新统相同层位两套气源岩与杭州湾萧山地区类似 (表 5-10)。将两套气源岩干酪根 O/C 和 H/C 绘制有机质演化类型判别图 (图 5-15),结果显示,有机质显微组分主要集中于壳质组和木质素这一区间,表明以陆源有机质供应为主要来源,有机质类型为腐殖型、腐泥腐殖型。由于有机质主要由陆源高等植物供应,显微组分以

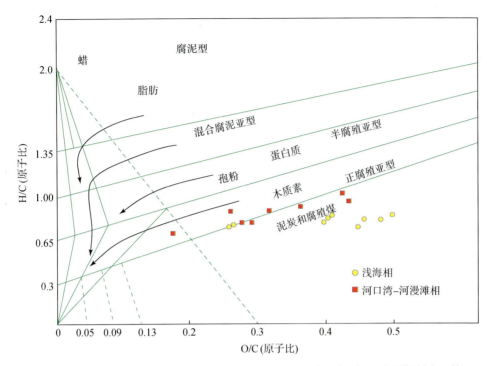

图 5-14　钱塘江下切河谷地区 SE2 井全新统气源岩有机质演化类型判别图 (底图据周煮虹等，1994)

镜质组和壳质组为主，O/C 较高，且沉积有机质尚处在转化过程中，亲水含氧官能团虽然有所减少，但远未达到时代古老且已固结岩石中有机质的特征，属于浅层未熟干酪根。生物甲烷的形成需要氢源和碳源，氢源来源于富氢物质，碳源则来源于高等植物，富氢富氧有机质的输入在一定程度上决定了产甲烷菌活动的强烈程度，因此，富氢富氧混源输入的有机质是有利的生物气气源岩 (刘健等，2015)。此外，陆源木本植物 C/N 一般大于 40，草本植物和菌、藻等水生生物 C/N 一般小于 30 (陈安定等，1991)。C/N 为 20 ～ 40 时有利于生物甲烷的形成 (周煮虹等，1994)。古河口湾 – 河漫滩相气源岩 C/N 为 25.32 ～ 90.75 (表 5-10)，平均 42.22；浅海相气源岩 C/N 为 24.56 ～ 70.54 (表 5-10)，平均 33.90。总体上，两套气源岩有机质中草本生源所占比例不容小觑，且随着气候转暖，草本植物和低等水生生物含量有所增加。

　　杭州湾萧山地区 SE2 井全新统古河口湾 – 河漫滩相气源岩干酪根显微组分组成表现为腐泥组占 3% ～ 9%，平均 6%，壳质组占 12% ～ 17%，平均 14 %，镜质组占 50% ～ 52%，平均 51%，惰质组占 27% ～ 33%，平均 30%，具有镜质组＞惰质组＞壳质组＞腐泥组的特点 (表 5-11)。而浅海相气源岩的腐泥组占 8% ～ 11%，平均 9%，壳质组占 11% ～ 13%，平均 12%，镜质组占 59% ～ 62%，平均 61%，惰质组占 16% ～ 19%，平均 18%，形成镜质组＞惰质组＞壳质组＞腐泥组的关系 (表 5-11)。有机质显微组分中以结构镜质体、无结构镜质体以及丝质体占优 (图 5-16 A ～ F)，局部可见明显的孢粉体 (图 5-17 D1 ～ F) 和木栓质体 (图 5-17 H1，H2)，藻类和无定形体较少 (图 5-17 A1 ～ C2)，为典型腐殖型、腐泥腐殖型特征。具体的特征描述见表 5-12。

两套气源岩中富氧组分镜质组＋惰质组含量占显微组分总量的 78%～85%，而富氢组分腐泥组＋壳质组占显微组分总量的 15%～22%，均具有镜质组＋惰质组＞壳质组＋腐泥组的特征，计算出两套气源岩的类型指数 TI 均小于 0，为 –62～–48，平均 –52，为典型的腐殖型有机质特征。古河口湾－河漫滩相气源岩中惰质组百分含量高于浅海相气源岩，表明该沉积时期陆源高等植物输入量高于浅海相沉积时期，随着气候转暖，进一步海侵，陆源输入有所降低，但仍起主要作用。杭州湾萧山地区两套气源岩镜质组＋惰质组百分含量均高于邻区长江三角洲地区相同层位气源岩镜质组＋惰质组百分含量，而两套气源岩腐泥组含量均低于邻区同层位气源岩。

表 5-10　长江三角洲启东地区 ZK01 井全新统气源岩干酪根有机元素组成

深度 /m	岩相 / 岩性	主要元素组成 /%					原子比		元素比	镜质组反射率 R_o/%		
		C	H	O	N	S	H/C	O/C	C/N	最小值	最大值	平均值
21.80		38.60	2.55	22.03	1.19	—	0.79	0.43	32.44	—	—	—
24.70		43.03	3.37	15.86	0.61	0.96	0.94	0.28	70.54	0.53	0.61	0.57(17)
30.40		40.21	4.32	33.68	1.31	—	1.29	0.63	30.69	—	—	—
35.80	浅海相 / 淤泥质黏土	46.09	3.96	17.24	1.56	1.52	1.03	0.28	29.54	0.50	0.59	0.56(16)
38.70		51.26	5.76	36.08	1.61	—	1.35	0.53	31.84	—	—	—
41.60		30.70	2.67	11.11	1.25	0.94	1.04	0.27	24.56	—	—	—
44.70		50.38	5.73	27.05	1.79	—	1.36	0.40	28.15	—	—	—
46.89		51.02	5.94	32.64	1.79	—	1.40	0.48	28.50	—	—	—
48.00		44.97	3.36	19.03	1.56	1.49	0.90	0.32	28.83	0.53	0.61	0.57(18)
49.60		51.10	6.34	25.53	1.86	—	1.49	0.37	27.47	—	—	—
50.89	古河口湾相 / 黏土	52.10	6.19	30.45	1.89	—	1.43	0.44	27.57	—	—	—
53.30		23.55	2.27	11.96	0.93	0.69	1.16	0.38	25.32	—	—	—
54.70		46.28	1.04	21.19	0.51	1.09	0.27	0.34	90.75	0.53	0.61	0.56(20)
55.70		46.36	4.06	18.85	1.43	—	1.05	0.30	32.42	—	—	—
62.10		37.51	2.78	14.29	1.42	0.92	0.89	0.29	26.42	—	—	—
63.19		49.67	5.48	32.00	1.52	—	1.32	0.48	32.68	—	—	—
65.00	河漫滩相 / 黏土	43.81	4.56	14.82	0.58	1.23	1.25	0.25	75.53	0.53	0.65	0.58(19)
69.19		53.55	5.41	25.68	1.28	—	1.21	0.36	41.84	—	—	—
86.70		44.89	3.81	14.78	1.20	1.38	1.02	0.25	37.40	0.53	0.61	0.56(18)

注：“—”表示未测试，括号内为镜质组反射率测点数。

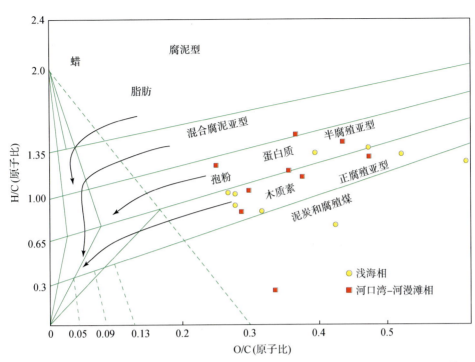

图 5-15　长江三角洲启东地区 ZK01 井全新统气源岩有机质演化类型判别图 (底图据周翥虹等, 1994)

表 5-11　钱塘江下切河谷地区 SE2 井全新统气源岩显微组分组成

深度 /m	沉积环境	腐泥组 /%	壳质组 /%	镜质组 /%	惰质组 /%	类型指数 TI
29.91		8	12	61	19	−52
35.23	浅海相	9	13	62	16	−48
37.08		11	11	59	19	−48
39.78		9	13	51	27	−50
40.23	古河口湾 – 河漫滩相	5	17	50	29	−53
43.18		3	12	52	33	−62

表 5-12　钱塘江下切河谷地区 SE2 井全新统气源岩干酪根镜检特征

组	来源	组分	对应图版	特征描述
镜质组	镜质组是植物的茎、叶和木质纤维经过凝胶化作用形成的各种凝胶体,是富氧组分	结构镜质体	(图 5-16 G ~ I)	一般具有较为清晰的木质结构,呈长条状、纤维状,结构的清晰、模糊和透明程度可能与再沉积作用有关,透射光下颜色由浅至深,没有荧光显示
		无结构镜质体	(图 5-16 J ~ L)	一般没有植物细胞结构,质地均一,呈小块段 (两端断口状)、长条板块状,透射光下颜色为棕褐色、棕黑色,没有荧光显示
惰质组	惰质组是一种丝碳化组分,由木质纤维素经过丝碳化作用而成,属于稳定组分,富含氧。惰质组基本无油气潜力,它的存在表明原始母质中含有陆源高等植物	丝质体	(图 5-16 M ~ O)	一般没有结构,呈段块状、碎片状、条带状、卵圆形,透射光下为纯黑色,没有荧光显示

续表

组	来源	组分	对应图版	特征描述
腐泥组	腐泥组中主要包括藻类体和无定形体，是富氢组分	藻类体	（图 5-17 A1～B2）	一般为具有一定结构的单细胞或多细胞，外壁较薄，有的含有细胞核，透射光下颜色为浅色至浅褐色，有荧光显示
		无定形体	（图 5-17 C1、C2）	多呈云雾状、棉絮状或团粒状等，一般中间部分比边缘厚，颜色为棕褐色，有荧光显示
壳质组	壳质组主要来源于植物的孢粉、角质、表皮组织、树脂、蜡质等，包括孢粉体、角质体、树脂体和木栓质体，也是富氢组分	孢粉体	（图 5-17 D1～F）	一般呈圆形、椭圆形，不同种属的孢粉常具有不同的孔、沟、缝等萌发器官，表面具有纹饰或突起，颜色为浅棕色至褐色，有荧光显示
		树脂体	（图 5-17 G1、G2）	呈圆形，比较均一，轮廓线清晰平滑。颜色呈浅黄色至橙红色，富有光泽，有荧光显示
		木栓质体	（图 5-17 H1、H2）	具有细胞结构，细胞呈长方形、方格状、鳞片状、叠瓦状等，颜色为浅色至黄褐色、褐色，有荧光显示
		菌孢体	（图 5-17 I）	多节，形态多样，壁厚，棕色至暗棕色，无荧光显示

长江三角洲启东地区 ZK01 井全新统古河口湾 - 河漫滩相、浅海相两套气源岩镜下干酪根中结构镜质体、无结构镜质体以及丝质体占优 (图 5-18 A ～ F)，为典型的腐殖型、腐泥腐殖型有机质类型。具体的特征描述见表 5-13、图 5-19。

表 5-13　长江三角洲启东地区 ZK01 井全新统气源岩干酪根镜检特征

组	来源	组分	对应图版	特征描述
镜质组	镜质组是植物的茎、叶和木质纤维经过凝胶化作用形成的各种凝胶体，是富氧组分	结构镜质体	（图 5-18 G～I）	一般具有较为清晰的木质结构，呈长条状、纤维状，结构的清晰、模糊和透明程度可能与再沉积作用有关，透射光下颜色由浅至深，没有荧光显示
		无结构镜质体	（图 5-18 J～L）	一般没有植物细胞结构，质地均一，呈小块段（两端断口状）、长条板块状，透射光下颜色为棕褐色、棕黑色，没有荧光显示
惰质组	惰质组是一种丝碳化组分，由木质纤维素经过丝碳化作用而成，属于稳定组分，富含氧。惰质组基本无油气潜力，它的存在表明原始母质中含有陆源高等植物	丝质体	（图 5-18 M～O）	一般没有结构，呈段块状、碎片状、条带状、卵圆形，透射光下为纯黑色，没有荧光显示
腐泥组	腐泥组中主要包括藻类体和无定形体，是富氢组分	藻类体	（图 5-19 A1～B2）	一般为具有一定结构的单细胞或多细胞，外壁较薄，有的含有细胞核，透射光下颜色为浅色至浅褐色，有荧光显示
		无定形体	（图 5-19 C1、C2）	多呈云雾状、棉絮状或团粒状等，一般中间部分比边缘厚，颜色为棕褐色，有荧光显示
壳质组	壳质组主要来源于植物的孢粉、角质、表皮组织、树脂、蜡质等，包括孢粉体、角质体、树脂体和木栓质体，也是富氢组分	孢粉体	（图 5-19 D1～E2）	一般呈圆形、椭圆形，不同种属的孢粉常具有不同的孔、沟、缝等萌发器官，表面具有纹饰或突起，颜色为浅棕色至褐色，有荧光显示
		角质体	（图 5-19 F1、F2）	呈不同形态的波纹、锯齿状，有时带有表皮细胞组织的气孔，质地柔软，常有褶皱，颜色为浅色至浅棕色，具有荧光显示
		木栓质体	（图 5-19 G1、G2）	具有细胞结构，细胞呈长方形、方格状、鳞片状、叠瓦状等，颜色为浅色至黄褐色、褐色，具有荧光显示

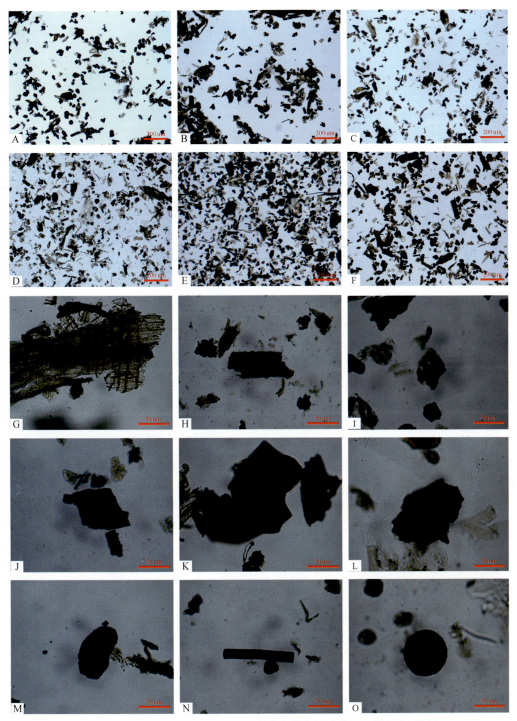

图 5-16　钱塘江下切河谷地区 SE2 井全新统气源岩典型显微组分图版 I

A. 浅海相有机质全貌，29.91 m，透射光，×100；B. 浅海相有机质全貌，35.23 m，透射光，×100；C. 浅海相有机质全貌，37.08 m，透射光，×100；D. 古河口湾 – 河漫滩相有机质全貌，39.78 m，透射光，×100；E. 古河口湾 – 河漫滩相有机质全貌，40.23 m，透射光，×100；F. 古河口湾 – 河漫滩相有机质全貌，43.18 m，透射光，×100；G. 结构镜质体，29.91 m，透射光，×500；H. 结构镜质体，39.78 m，透射光，×500；I. 结构镜质体，35.23 m，透射光，×500；J. 无结构镜质体，35.23 m，透射光，×500；K. 无结构镜质体，37.08 m，透射光，×500；L. 无结构镜质体，40.23 m，透射光，×500；M. 丝质体，35.23 m，透射光，×500；N. 丝质体，40.23 m，透射光，×500；O. 丝质体，39.78 m，透射光，×500

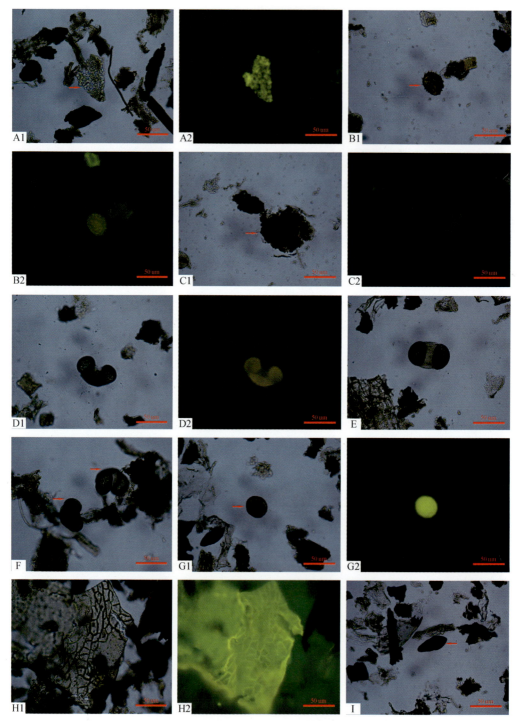

图 5-17　钱塘江下切河谷地区 SE2 井全新统气源岩典型显微组分图版 Ⅱ

A1. 藻类体，37.08 m，透射光，×500；A2. 藻类体，37.08 m，荧光，×500；B1. 藻类体，40.23 m，透射光，×500；B2. 藻类体，40.23 m，荧光，×500；C1. 无定形体，39.78 m，透射光，×500；C2. 无定形体，39.78 m，荧光，×500；D1. 孢粉体，40.23 m，透射光，×500；D2. 孢粉体，40.23 m，荧光，×500；E. 孢粉体，37.08 m，透射光，×500；F. 孢粉体，37.08 m，透射光，×500；G1. 树脂体，37.08 m，透射光，×500；G2. 树脂体，37.08 m，荧光，×500；H1. 木栓质体，40.23 m，透射光，×500；H2. 木栓质体，40.23 m，荧光，×500；I. 菌孢体，37.08 m，透射光，×500

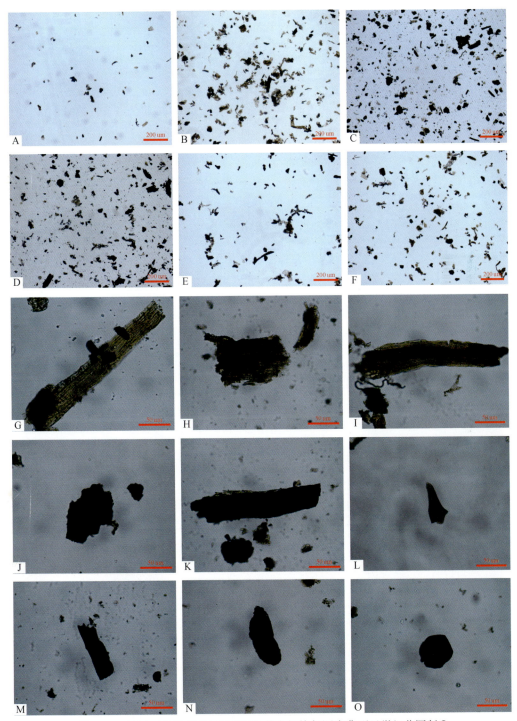

图 5-18　长江三角洲启东地区 ZK01 井全新统气源岩典型显微组分图版 I

A.浅海相有机质全貌，21.80 m，透射光，×100；B.浅海相有机质全貌，38.70 m，透射光，×100；C.浅海相有机质全貌，46.89 m，透射光，×100；D.古河口湾 – 河漫滩相有机质全貌，53.89 m，透射光，×100；E.古河口湾 – 河漫滩相有机质全貌，55.70 m，透射光，×100；F.古河口湾 – 河漫滩相有机质全貌，63.29 m，透射光，×100；G.结构镜质体，46.89 m，透射光，×500；H.结构镜质体，46.89 m，透射光，×500；I.结构镜质体，53.89 m，透射光，×500；J.无结构镜质体，55.70 m，透射光，×500；K.无结构镜质体，46.89 m，透射光，×500；L.无结构镜质体，21.80 m，透射光，×500；M.丝质体，46.89 m，透射光，×500；N.丝质体，53.89 m，透射光，×500；O.丝质体，63.29 m，透射光，×500

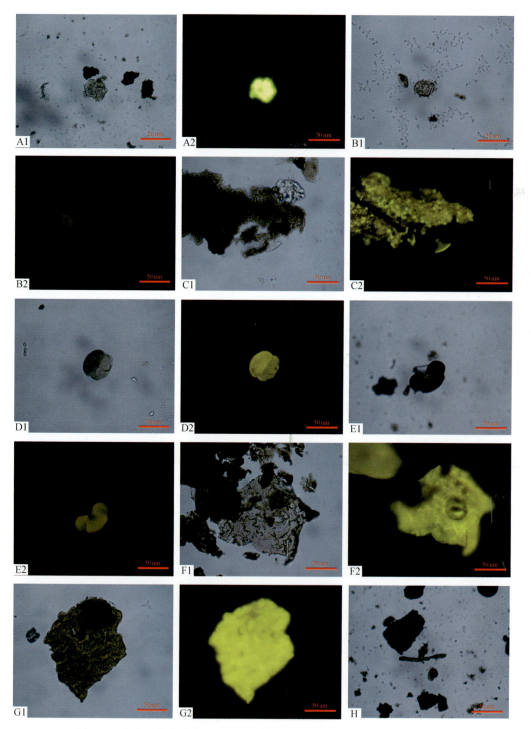

图 5-19　长江三角洲启东地区 ZK01 井全新统气源岩典型显微组分图版Ⅱ

A1. 藻类体，46.89 m，透射光，×500；A2. 藻类体，46.89 m，荧光，×500；B1. 藻类体，63.29 m，透射光，×500；B2. 藻类体，63.29 m，荧光，×500；C1. 无定形体，55.70 m，透射光，×500；C2. 无定形体，55.70 m，荧光，×500；D1. 孢粉体，21.80 m，透射光，×500；D2. 孢粉体，21.80 m，荧光，×500；E1. 孢粉体，63.29 m，透射光，×500；E2. 孢粉体，63.29 m，荧光，×500；F1. 角质体，53.89 m，透射光，×500；F2. 角质体，53.89 m，荧光，×500；G1. 木栓质体，55.70 m，透射光，×500；G2. 木栓质体，55.70 m，荧光，×500；H. 菌孢体，46.89 m，透射光，×500

启东地区 ZK01 井全新统古河口湾 – 河漫滩相气源岩样品干酪根显微组分组成有如下统计学特征 (表 5-14):腐泥组占 7% ~ 17%,平均 11%,壳质组占 8% ~ 14%,平均 10%,镜质组占 58% ~ 74%,平均 66%,惰质组占 11% ~ 14%,平均 12%,具有镜质组＞惰质组＞腐泥组＞壳质组的特点。浅海相气源岩样品干酪根显微组分组成有如下特征 (表 5-14):腐泥组占 9% ~ 20%,平均 16%,壳质组占 10% ~ 16%,平均 12%,镜质组占 56% ~ 60%,平均 58%,惰质组占 12% ~ 15%,平均 13%,形成镜质组＞腐泥组＞惰质组＞壳质组的关系。腐泥组平均含量有所增加,与气候转暖,海平面上升,低等水生生物大量繁殖有关。而镜质组含量较高,与由于有机质主要由陆源高等植物供应,O/C 较高的描述相对应。一般认为气源岩中富氢组分 (腐泥组＋壳质组) 产气率高于富氧组分 (镜质组＋惰质组),镜质组虽然产气率相对较低,但数量上的优势使其在产气中的贡献同样不可忽视 (赵师庆等,1992)。宋金星等 (2016) 研究认为镜质组富集煤样生物产气总量、甲烷生成量和甲烷浓度变化幅度最高,而惰质组富集煤样最少,原煤则居中。总体上两套气源岩均具有镜质组＋惰质组＞腐泥组＋壳质组的特征,原始有机物输入特征大致相同,根据类型指数计算公式 (许怀先等,2001) 计算出两套气源岩的类型指数 TI 均小于 0,为 –56 ~ –30,平均 –40,为典型的腐殖型有机质类型,有利于产气 (表 5-15)。干酪根在分离过程中,经过盐酸和氢氟酸处理,对有机质会产生一定的水解作用,有机质成熟度越低,这种水解作用就越强。除水解作用以外,还可能产生其他的化学反应,在相同的演化程度下,腐泥型有机质的损失要比腐殖型有机质明显 (程克明等,1995),因此计算出的类型指数 TI 值偏小。

表 5-14　长江三角洲启东地区 ZK01 井全新统气源岩显微组分组成

深度 /m	沉积环境	腐泥组 /%	壳质组 /%	镜质组 /%	惰质组 /%	类型指数 TI
21.80		20	11	56	13	–30
38.70	浅海相	19	10	59	12	–32
46.89		9	16	60	15	–43
53.89		17	14	58	12	–31
55.70	古河口湾 – 河漫滩相	10	8	68	14	–51
63.29		7	8	74	11	–56

表 5-15　江苏地区第四系气源岩有机质类型划分标准 (据郑开富,1998)

类型参数		腐泥型 (Ⅰ 型)	腐殖腐泥型 (Ⅱ₁ 型)	腐泥腐殖型 (Ⅱ₂ 型)	腐殖型 (Ⅲ 型)
干酪根	镜检成分	藻质体＋无定形	壳质体＋无定形＋少量镜质体	壳质体＋镜质体	镜质体＋惰质体
	类型指数	＞ 80	40 ~ 80	0 ~ 40	＜ 0
岩石热解	氢指数 /(mg/g)	＞ 600	250 ~ 600	120 ~ 250	＜ 120
	降解率 /%	＞ 50	0 ~ 50	10 ~ 20	＜ 10
	产烃潜量 /(mg/g)	＞ 20	10 ~ 20	2 ~ 10	＜ 2

续表

类型参数		腐泥型（Ⅰ型）	腐殖腐泥型（Ⅱ₁型）	腐泥腐殖型（Ⅱ₂型）	腐殖型（Ⅲ型）
氯仿沥青"A"族组成	饱和烃 /%	40 ~ 60	20 ~ 40	20 ~ 30	5 ~ 17
	芳烃 /%	15 ~ 25	5 ~ 15	5 ~ 15	10 ~ 20
	饱和烃 / 芳烃	> 3	1.5 ~ 3	1 ~ 1.5	< 1
	非烃 + 沥青质 /%	20 ~ 40	40 ~ 50	50 ~ 60	60 ~ 80
饱和烃气相色谱	碳数范围	15 ~ 23	15 ~ 25	17 ~ 29	23 ~ 29
	主峰碳数	C_{17}、C_{19}	前峰 C_{17}、C_{19}，后峰 C_{21}、C_{23}	前峰 C_{17}、C_{19}，后峰 C_{27}、C_{29}	C_{25}、C_{27}、C_{29}
	峰型特征	前高单峰型	前高双峰型	后高双峰型	后高单峰型
	$nC_{21}+nC_{22}/nC_{28}+nC_{29}$	> 2	1.5 ~ 2	1 ~ 1.5	< 1

2) 可溶有机质性质

a. 氯仿沥青"A"族组成特征

氯仿沥青"A"主要由饱和烃、芳烃、非烃和沥青质组成。其中，饱和烃中的正构烷烃大都来自脂肪酸和生物蜡，异构烷烃主要来自色素（如叶绿素、胡萝卜素等），环烷烃可能主要来自萜类或生物体中的其他环状化合物；芳烃主要与高等植物中木质素、纤维素等有关，也可由甾萜化合物和色素的分解和芳构化形成；非烃和沥青质都是含氧、氮、硫等杂原子的高分子有机化合物。族组成中组分的相对含量是有机质母质和演化经历的反映。一般认为，在成熟度不高的有机质中，腐泥型有机质氯仿沥青"A"及总烃含量较高，饱和烃相对丰富；而腐殖型有机质则富芳香结构，非烃和沥青质。

杭州湾萧山地区 SE2 井全新统古河口湾 – 河漫滩相气源岩氯仿沥青"A"族组成中（表5-16）饱和烃含量为 0.00% ~ 5.07%，平均 2.34%，芳烃含量为 1.79% ~ 4.08%，平均 2.78%，饱和烃 / 芳烃为 0.00 ~ 2.07，平均 0.90，非烃含量为 66.77% ~ 88.56%，平均 78.31%，沥青质含量为 7.67% ~ 27.67%，平均 16.52%，非烃和沥青质总量为 92.42% ~ 97.61%，平均 94.83%，（非烃 + 沥青质）/ 总烃为 12.19 ~ 40.89，平均 22.11，有机质类型为腐殖型。杭州湾萧山地区 SE2 井全新统古河口湾 – 河漫滩相气源岩非烃和沥青质总量平均值比长江三角洲启东地区高 9.67%，比（非烃 + 沥青质）/ 总烃平均值高出 16.36，比饱和烃含量平均值则低 10.93%，反映全新世时期本区的陆源高等植物有机质供给更占优势。此外，非烃 / 沥青质为 2.41 ~ 11.55，平均 6.03，非烃含量明显高于沥青质，为草本植物主要特征，进一步确定有机质类型为含草本腐殖型。SE2 井全新统浅海相气源岩氯仿沥青"A"族组成中（表5-16）饱和烃含量为 11.01% ~ 39.48%，平均 21.09%，芳烃含量为 1.42% ~ 4.70%，平均 2.98%，饱和烃 / 芳烃为 3.50 ~ 27.75，平均 10.14，非烃含量为 56.45% ~ 84.19%，平均 72.21%，沥青质含量为 1.66% ~ 8.64%，平均 3.73%，非烃和沥青质总量为 59.09% ~ 85.84%，平均 75.93%，(非烃 + 沥青质)/ 总烃为 1.44 ~ 6.06，平均 3.96，有机质类型为腐殖型、腐泥腐殖型。随着气候转暖，低等水生生物、藻类大量繁殖，饱和烃含量较下覆古河口湾 – 河漫滩相气源岩增多。非烃 / 沥青质为 8.77 ~ 50.84，平均 29.45，进一步确定有机质类型为含草本腐殖型、含草本腐泥腐殖型。

表 5-16 钱塘江下切河谷地区 SE2 井全新统气源岩氯仿沥青 "A" 族组成

深度 /m	沉积环境	饱和烃 /%	芳烃 %	非烃 /%	沥青质 /%	非烃 + 沥青质 /%	饱和烃 / 芳烃	非烃 / 沥青质	非烃 + 沥青质 / 总烃
27.71		11.01	3.15	84.19	1.66	85.85	3.50	50.84	6.06
30.31	浅海相	20.98	4.70	72.35	1.96	74.31	4.46	36.86	2.89
33.51		12.86	2.65	75.84	8.64	84.48	4.85	8.77	5.45
35.08		39.48	1.42	56.45	2.64	59.09	27.75	21.35	1.44
36.78		2.41	1.79	85.56	10.24	95.80	1.34	8.35	22.82
37.18		1.48	4.08	66.77	27.67	94.44	0.36	2.41	17.01
39.78	古河口湾 – 河漫滩相	0.70	2.81	88.56	7.67	96.23	0.25	11.55	27.45
40.23		0.00	2.39	79.28	18.34	97.62	0.00	4.32	40.89
42.63		5.07	2.45	69.56	22.91	92.47	2.07	3.04	12.28
44.68		4.42	3.17	80.14	12.28	92.42	1.39	6.53	12.19

杭州湾地区全新世地层孢粉分析结果显示，草本植物平均含量为 7% ~ 40%(林春明、钱奕中，1997)。杭州湾萧山地区 SE2 井全新统两套气源岩氯仿沥青 "A" 族组成基本上满足非烃与沥青质之和大于饱和烃与芳烃之和，具有 "一高三低" 的特征，即非烃含量高，饱和烃、沥青质和芳烃含量低。有机质类型为含草本腐殖型、含草本腐泥腐殖型。

长江三角洲启东地区 ZK01 井古河口湾 – 河漫滩相气源岩氯仿沥青 "A" 族组成中饱和烃含量为 12.86% ~ 13.68%，平均 13.27%，芳烃含量为 1.34% ~ 1.80%，平均 1.57%，饱和烃 / 芳烃为 7.62 ~ 9.57，平均 8.59，非烃含量为 76.00% ~ 77.86%，平均 76.93%，沥青质含量为 7.93% ~ 8.52%，平均 8.23%，非烃和沥青质总量为 84.53% ~ 85.80%，平均 85.16%，(非烃 + 沥青质)/ 总烃为 5.46 ~ 6.04，平均 5.75，有机质类型为腐殖型 (表 5-17)。值得注意的是，54.70 m 处样品氯仿沥青 "A" 族组成中饱和烃含量达到了 54.04%，芳烃达到 6.47%，饱和烃 / 芳烃为 8.36，非烃和沥青质总量为 39.50%，(非烃 + 沥青质)/ 总烃为 0.65 (表 5-17)，有机质类型为腐泥型。这可能与河漫滩相向古河口湾相转化过程中，海平面升高，低等水生生物、藻类发育有关。浅海相气源岩氯仿沥青 "A" 族组成中饱和烃含量为 24.06% ~ 28.87%，平均 26.39%，芳烃含量为 2.87% ~ 3.73%，平均 3.30%，饱和烃 / 芳烃为 6.46 ~ 10.08，平均 8.15，非烃含量为 58.99% ~ 64.09%，平均 61.10%，沥青质含量为 4.17% ~ 12.01%，平均 9.21 %，非烃和沥青质总量为 68.27% ~ 72.22%，平均 70.30%，(非烃 + 沥青质)/ 总烃为 2.15 ～ 2.60，平均 2.38 (表 5-17)，有机质类型为腐泥腐殖型。随着气候转暖，低等水生生物、藻类大量繁殖，饱和烃含量增多。两套气源岩氯仿沥青 "A" 族组成基本上满足非烃＞饱和烃＞沥青质＞芳烃的关系，非烃与沥青质之和大于饱和烃与芳烃之和，具有 "一高三低" 的特征，即非烃含量高，饱和烃、沥青质和芳烃含量低。54.7 m 处样品具有饱和烃＞非烃＞沥青质＞芳烃的特征。总体上长江三角洲全新统古河口湾 – 河漫滩相、浅海相两套气源岩有机质类型属于腐殖型、腐泥腐殖型。又因非烃含量高，沥青质含量低，非烃 / 沥青质为 4.52 ～ 15.36，平均 8.13，为较典型的草本或半草本腐殖型有机质特征。长江三角洲全新世早 – 中期地层孢粉分析结果认为，草本植物平均含量为 24.07% ～ 25.57% (于俊杰等，2015)，以及考虑在生物化学作用过程中 N 的大量消耗而使 C/N 元素比升高的影响效应。可进一步判定有机质类型为含草本腐殖型、含草本腐泥腐殖型。与全新世温暖湿润气候条件下植被广泛发育，河流携带大量陆源有机质入海相适应。就甲烷产率而言，它在水生草本植物茂盛和有陆源草本植物供给区高，在离岸稍远的海区则较低 (关德师，1990)。

表 5-17　长江三角洲启东地区 ZK01 井全新统气源岩氯仿沥青 "A" 族组成

深度 /m	沉积环境	饱和烃 /%	芳烃 /%	非烃 /%	沥青质 /%	非烃 + 沥青质 /%	饱和烃 / 芳烃	非烃 / 沥青质	非烃 + 沥青质 / 总烃
30.40	浅海相	24.06	3.73	60.21	12.01	72.22	6.46	5.01	2.60
41.40		26.26	3.31	58.99	11.44	70.43	7.93	5.15	2.38
44.70		28.87	2.87	64.09	4.17	68.26	10.08	15.36	2.15
53.60	古河口湾 – 河漫滩相	12.86	1.34	77.86	7.93	85.79	9.57	9.81	6.04
54.70		54.04	6.47	32.34	7.16	39.50	8.36	4.52	0.65
62.60		13.68	1.80	76.00	8.52	84.53	7.62	8.92	5.46

b. 饱和烃气相色谱特征

气相色谱图中不同峰代表不同结构和碳数的烷烃组分，每一组分都有一个相对应的色谱峰，其峰高或面积大小与相应组分浓度成正比，不同生源的饱和烃组分在色谱图上具有明显不同的峰群特征。研究表明，来自低等水生生物的腐泥组生源母质，其正构烷烃主峰碳靠近相对的低碳数，在谱图上主要表现为低碳数饱和烃较多，高碳数饱和烃较少，主峰碳以 C_{17} 或者 C_{19} 为主 (表 5-18)，无明显的奇偶优势 (Cranwell，1984)，分布呈前单峰型；而以高等陆源植物为主的有机质则富含蜡，在谱图上表现为主峰碳靠近相对的高碳数，高碳数饱和烃较丰富，低碳数饱和烃较贫乏，主峰碳以 C_{27}、C_{29} 和 C_{31} 等高碳数为主 (表 5-18)，且具有明显的奇偶优势，其碳优势指数 CPI 值一般大于 5 (Rieley et al.，1991)，分布呈后单峰型；混合型有机质则介于二者，在谱图上出现双峰特征。

表 5-18 生物体中主要的正构烷烃分布特征（据侯读杰、冯子辉，2011）

生物体	碳数范围	主峰碳数	峰型特征	碳优势指数 CPI	沉积环境
光合合成的细菌	$C_{14} \sim C_{29}$	C_{17}，C_{24}	双峰型	低	水生、远洋
非光合合成的细菌	$C_{15} \sim C_{28}$，$C_{15} \sim C_{29}$	$C_{17} \sim C_{20}$，C_{17}，C_{25}	单峰型	低	水生、底栖
真菌	$C_{25} \sim C_{29}$	C_{29}	双峰型		
蓝藻	$C_{14} \sim C_{19}$	C_{17}	单峰型	高	
藻类	$C_{15} \sim C_{21}$	C_{17}	单峰型	高	水生、远洋
褐藻	$C_{13} \sim C_{26}$	C_{15}	单峰型	低	水生、远洋
红藻	$C_{15} \sim C_{24}$	C_{17}	单峰型	低	水生、底栖
浮游动物	$C_{18} \sim C_{34}$ 或 $C_{20} \sim C_{28}$	C_{18} 和 C_{24}	单峰型	低	水生、远洋
高等植物	$C_{15} \sim C_{37}$	C_{27}，C_{29} 和 C_{31}	单峰型	高	陆地

杭州湾萧山地区 SE2 井全新统两套气源岩中大部分样品正构烷烃的碳数主要分布在 $C_{14} \sim C_{39}$ （图 5-20，图 5-21，表 5-19）。古河口湾 – 河漫滩相气源岩正构烷烃峰型特征以后高单峰型、后高双峰型为主，分别以低碳数 C_{17}、C_{19} 和高碳数 C_{29}、C_{31} 为主峰，低碳数部分正构烷烃的相对丰度显著低于高碳数部分，低碳数部分的正构烷烃没有明显的奇偶优势，而高碳数部分的正构烷烃具有明显的奇偶优势 （图 5-21），其生源应为混源输入，并以富含蜡的陆源高等植物为主，相对富氧，有机质类型为腐殖型、腐泥腐殖型。古河口湾 – 河漫滩相气源岩正构烷烃的轻重比 $nC_{21}-/nC_{22}+$ 为 0.11 ~ 0.24，平均 0.17，$(nC_{21}+nC_{22})/(nC_{28}+nC_{29})$ 为 0.17 ~ 0.49，平均 0.36 （表 5-19），轻重比远小于 1，说明陆源高等植物有机质输入高于低等水生生物。正构烷烃 Pr/nC_{17} 为 0.85 ~ 1.12，平均 0.97，Ph/nC_{18} 为 0.82 ~ 1.18，平均 0.94 （表 5-19）。

浅海相气源岩正构烷烃峰型特征以后高双峰型为主，分别以低碳数 C_{18} 和高碳数 C_{31} 为主峰，与下覆古河口湾 – 河漫滩相气源岩正构烷烃峰型特征相似，低碳数部分正构烷烃的相对丰度显著低于高碳数部分，低碳数部分的正构烷烃没有明显的奇偶优势，而高碳数部分的正构烷烃具有明显的奇偶优势 （图 5-21），其生源也为混源输入，并以富含蜡的陆源高等陆源植物为主，有机质类型为腐泥腐殖型。浅海相气源岩正构烷烃的轻重比 $nC_{21}-/nC_{22}+$ 为 0.27 ~ 0.41，平均 0.32，$(nC_{21}+nC_{22})/(nC_{28}+nC_{29})$ 为 0.27 ~ 0.66，平均 0.41 （表 5-19），与下覆古河口湾 – 河漫滩相气源岩正构烷烃轻重比相比，平均比值变高，但仍小于 1，表明此时期气候温暖湿润，海平面上升，细菌、藻类、低等水生生物生源有所增加，但仍以陆源高等植物有机质输入占优。正构烷烃 Pr/nC_{17} 为 1.33 ~ 1.53，平均 1.40，Ph/nC_{18} 为 1.38 ~ 1.57，平均 1.51 （表 5-19）。此外，浅海相饱和烃气相色谱中可见明显鼓包 （图 5-20），形成 UCM 峰，说明遭受生物降解，与长江三角洲启东地区 ZK01 井全新统浅海相气源岩类似。

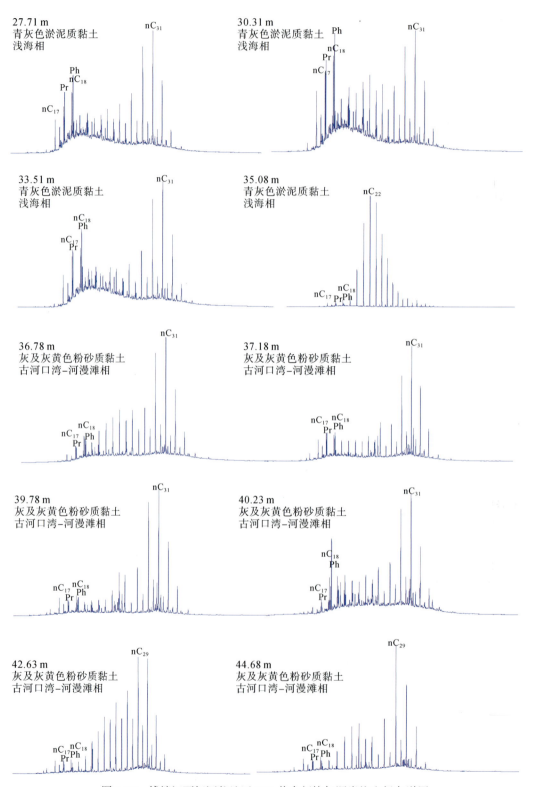

图 5-20 钱塘江下切河谷地区 SE2 井全新统气源岩饱和烃色谱图

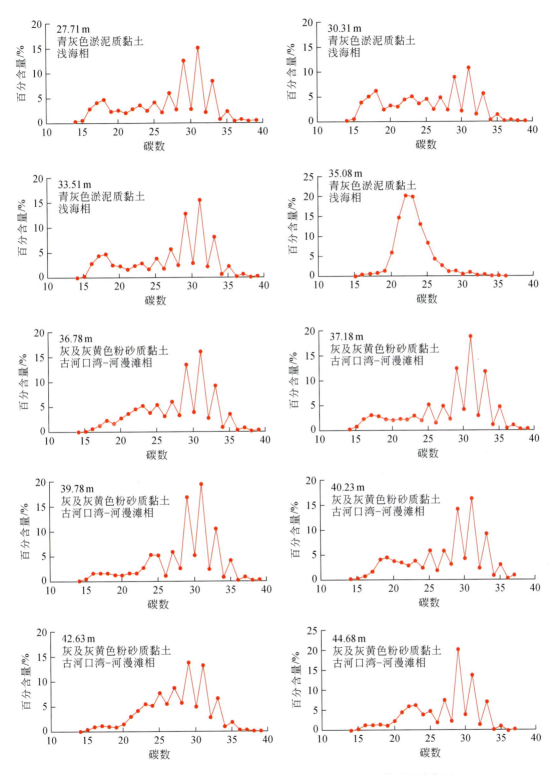

图 5-21　钱塘江下切河谷地区 SE2 井全新统气源岩正构烷烃分布图

表 5-19　钱塘江下切河谷地区 SE2 井全新世浅层生物气气源岩饱和烃气相色谱特征参数

埋深 /m	沉积环境	碳数范围	主峰碳数 前	主峰碳数 后	峰型特征	$nC_{21}+nC_{22}$ /$nC_{28}+nC_{29}$	$nC_{21}-$ /$nC_{22}+$	CPI	OEP	Pr/Ph	Pr/nC_{17}	Ph/nC_{18}
27.71		$C_{14} \sim C_{39}$	C_{18}	C_{31}	后高双峰型	0.31	0.27	4.11	5.72	0.84	1.53	1.57
30.31	浅海	$C_{14} \sim C_{39}$	C_{18}	C_{31}	后高双峰型	0.66	0.41	3.26	5.16	0.79	1.33	1.38
33.51		$C_{14} \sim C_{39}$	C_{18}	C_{31}	后高双峰型	0.27	0.28	4.27	5.47	0.78	1.33	1.57
35.08		$C_{15} \sim C_{36}$		C_{22}	前高单峰型	12.97	0.33	1.40	0.99	0.89	0.69	0.59
36.78		$C_{14} \sim C_{39}$		C_{31}	后高单峰型	0.49	0.15	3.25	4.38	0.64	1.11	1.00
37.18		$C_{14} \sim C_{39}$	C_{17}	C_{31}	后高双峰型	0.30	0.20	4.29	4.85	1.03	1.12	1.18
39.78	古河口 湾 – 河 漫滩	$C_{14} \sim C_{39}$		C_{31}	后高单峰型	0.17	0.12	3.99	4.60	1.03	0.97	0.93
40.23		$C_{14} \sim C_{37}$	C_{19}	C_{31}	后高双峰型	0.37	0.24	3.90	4.60	0.42	0.86	0.83
42.63		$C_{14} \sim C_{39}$		C_{29}	后高单峰型	0.37	0.11	2.27	2.45	1.14	0.85	0.85
44.68		$C_{14} \sim C_{37}$		C_{29}	后高单峰型	0.47	0.17	4.40	5.45	1.02	0.89	0.82

　　值得注意的是，35.08 m 处样品正构烷烃分布呈前高单峰型，以 C_{22} 为主峰，无明显奇偶优势。正构烷烃的轻重比 $nC_{21}-$/$nC_{22}+$ 为 0.33，$(nC_{21}+nC_{22})$/$(nC_{28}+nC_{29})$ 为 12.97，这与向浅海相转化过程中，海平面升高，低等水生生物、藻类发育相适应。

　　总体上，杭州湾萧山地区全新世有机质来源也由低等水生生物和陆源高等植物两部分组成，属于混源输入，且以陆源高等植物有机质为主，两套气源岩有机质类型为含草本腐殖型、含草本腐泥腐殖型。

　　长江三角洲 ZK01 井两套气源岩中大部分样品正构烷烃的碳数主要分布在 $C_{14} \sim C_{37}$，表现为分别以低碳数 C_{17}、C_{18} 和高碳数 C_{31} 为主峰的后高双峰型分布特征。低碳数部分正构烷烃的相对丰度显著低于高碳数部分，表明样品中的烷烃以高碳数部分为主（图 5-22，图 5-23，表 5-20）。低碳数部分的正构烷烃没有明显的奇偶优势，而高碳数部分的正构烷烃具有明显的奇偶优势（图 5-22，图 5-23）。两套气源岩正构烷烃碳数分布特征表明样品中的正构烷烃由低等水生生物和陆源高等植物两部分组成，属于混源输入，且以陆源高等植物有机质为主，有机质类型为腐殖型、腐泥腐殖型。古河口湾 – 河漫滩相气源岩正构烷烃的轻重比 $nC_{21}-$/$nC_{22}+$ 为 0.16 ~ 0.30，平均 0.22，$(nC_{21}+nC_{22})$/$(nC_{28}+nC_{29})$ 为 0.21 ~ 0.27，平均 0.24；浅海相气源岩正构烷烃的轻重比 $nC_{21}-$/$nC_{22}+$ 为 0.24 ~ 0.29，平均 0.27，$(nC_{21}+nC_{22})$/$(nC_{28}+nC_{29})$ 为 0.32 ~ 0.35，平均 0.33（表 5-20）。浅海相气源岩正构烷烃轻重比略高于古河口湾 – 河漫滩相气源岩，表明此时期受气候转暖影响，海平面上升，研究区低等水生生物输入量有所增加，但总体上仍以陆源高等植物输入占主导，正构烷烃轻重比小于 1。古河口湾 – 河漫滩相气源岩正构烷烃 Pr/nC_{17} 为 0.55 ~ 0.84，平均 0.72，Ph/nC_{18} 为 0.84 ~ 1.01，平均 0.95；浅海相气源岩正构烷烃 Pr/nC_{17} 为 0.48 ~ 0.82，平均 0.69，Ph/nC_{18} 为 0.68 ~ 1.26，平均 1.01

(表 5-20)。此外，浅海相饱和烃气相色谱中可见明显鼓包 (图 5-22)，形成 UCM 峰，说明遭受生物降解。

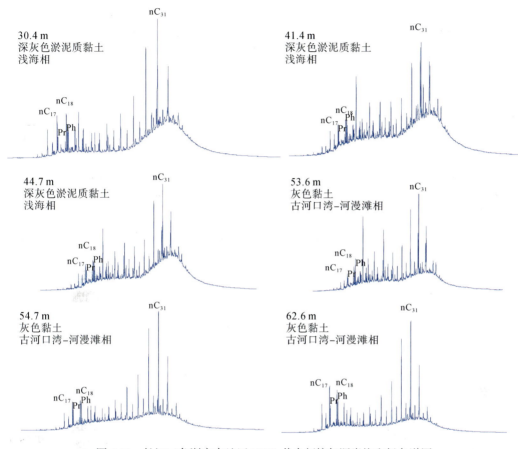

图 5-22　长江三角洲启东地区 ZK01 井全新统气源岩饱和烃色谱图

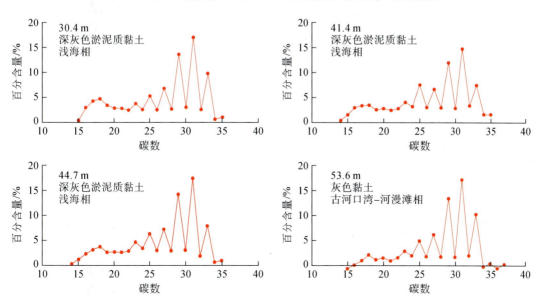

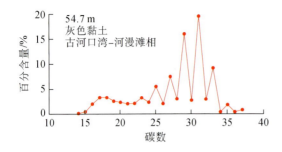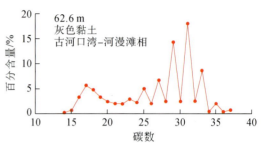

图 5-23　长江三角洲启东地区 ZK01 井全新统气源岩正构烷烃分布图

表 5-20　长江三角洲启东地区 ZK01 井全新世浅层生物气气源岩饱和烃气相色谱特征参数

埋深 /m	沉积环境	碳数范围	主峰碳数		峰型特征	$nC_{21}+nC_{22}$ $/nC_{28}+nC_{29}$	$nC_{21}-/$ $nC_{22}+$	CPI	OEP	Pr/Ph	$Pr/$ nC_{17}	$Ph/$ nC_{18}
			前	后								
30.40		$C_{15} \sim C_{35}$	C_{18}	C_{31}	后高双峰型	0.32	0.29	4.29	5.66	0.63	0.48	0.68
41.40	浅海	$C_{14} \sim C_{35}$	C_{18}	C_{31}	后高双峰型	0.35	0.27	3.34	4.37	0.64	0.82	1.26
44.70		$C_{14} \sim C_{35}$	C_{18}	C_{31}	后高双峰型	0.32	0.24	4.19	6.44	0.58	0.76	1.10
53.60		$C_{15} \sim C_{37}$	C_{18}	C_{31}	后高双峰型	0.27	0.16	4.32	5.82	0.53	0.84	1.00
54.70	古河口湾 – 河漫滩	$C_{14} \sim C_{37}$	C_{17}	C_{31}	后高双峰型	0.21	0.20	4.89	6.41	0.75	0.77	1.01
62.60		$C_{14} \sim C_{37}$	C_{17}	C_{31}	后高双峰型	0.23	0.30	5.05	6.75	0.78	0.55	0.84

在河流和三角洲相沉积物中，有机质主要来自河流带来的陆源有机质；在河漫滩和河口湾相沉积物中，由于波浪、潮流等海洋因素作用，水生生物所占比例会有所增加；而在浅海相沉积物中水生生物有机质占的比例可能会更高。总体上，长江三角洲启东地区全新世有机质来源由低等水生生物和陆源高等植物两部分组成，属于混源输入，且以陆源高等植物有机质为主，两套气源岩有机质类型为含草本腐殖型、含草本腐泥腐殖型。

3. 有机质成熟度

不同类型的沉积有机质化学结构不同，从而其成熟作用的相对时间有所差别，长江三角洲 ZK01 孔全新统两套气源岩镜质组反射率 (R_o) 为 0.50% ～ 0.65%（表 5-10），浙江沿海平原 SE1、SE2 孔全新统两套气源岩镜质组反射率 (R_o) 为 0.27% ～ 0.67%（表 5-21），它们都处于腐殖型和腐泥腐殖型有机质未成熟带下限区间，即 0.50% ～ 0.70%（柳广弟，2013），说明此时气源岩中的有机质尚处于未成熟阶段（林春明等，2015）。

表 5-21　钱塘江下切河谷地区全新统气源岩镜质组反射率

钻孔	深度 /m	岩性	沉积环境	镜质组反射率 R_o /%		
				最小值	最大值	平均值
SE2	26.90	青灰色淤泥质黏土	浅海	0.45	0.84	0.67 (6)
	34.10			0.20	0.39	0.29 (10)
	41.50	灰黄色、灰色黏土	河漫滩	0.18	0.32	0.27 (26)
	43.10			0.30	0.55	0.43 (20)
SE1	38.2	青灰色淤泥质黏土	浅海	0.30	0.59	0.45 (4)
	38.5			0.35	0.50	0.45 (7)
	70.9	深灰色含中砂黏土	古河口湾	0.48	0.55	0.51 (10)
	72.2			0.19	0.52	0.29 (17)

注：括号内数据为镜质组反射率测点数。

　　浙江沿海平原古河口湾－河漫滩相气源岩样品产气潜率较低，分布在 0.166 ~ 0.512 kg/t 和 0.35 ~ 0.68 kg/t，烃指数分布在 8 ~ 28 mg/g 和 26.92 ~ 41.18 mg/g，氢指数分布在 12 ~ 40 mg/g 和 40 ~ 92 mg/g，降解率分布在 2% ~ 5% 和 5.59% ~ 11.07% (表 5-22)。近岸浅海相气源岩样品产气潜率极低，最低为 0.122 kg/t，最高也只有 0.45 kg/t；烃指数最低为 15.91 mg/g，最高为 40 mg/g；氢指数最低为 21 mg/g，最高为 67 mg/g；降解率最低为 3%，最高为 8.69% (表 5-10)。此外古河口湾－河漫滩相气源岩和近岸浅海相气源岩样品最大热解温度均低于 435 ℃，主要分布在 370 ~ 410 ℃，这说明江浙沿海平原晚第四纪生物气气源岩中有机质均处于未成熟阶段，晚第四纪浅层生物气主要为生物化学阶段的产物 (Lin *et al.*，2004；Zhang *et al.*，2013)。

表 5-22　浙江沿海平原全新统气源岩有机质类型划分数据表

井位	埋深 /m	沉积环境	产气潜率 /(kg/t)	烃指数 /(mg/g)	氢指数 /(mg/g)	降解率 /%
头 9 井	20.20 ~ 34.00	近岸浅海	0.122 ~ 0.311	18 ~ 40	21 ~ 31	3 ~ 6
	36.00 ~ 48.00	古河口湾－河漫滩	0.166 ~ 0.512	8 ~ 28	12 ~ 40	2 ~ 5
椒浅参 1 井	4.75 ~ 29.50	近岸浅海	0.19 ~ 0.45	15.91 ~ 37.2	27 ~ 67	3.58 ~ 8.69
	32.70 ~ 46.36	古河口湾－河漫滩	0.35 ~ 0.68	26.92 ~ 41.18	40 ~ 92	5.59 ~ 11.07

　　长江三角洲古河口湾－河漫滩相气源岩样品产气潜率较低，为 0.09 ~ 0.19 kg/t，烃指数为 1.53 ~ 11.16 mg/g，氢指数为 12.18 ~ 42.28 mg/g，降解率为 1.30% ~ 4.23% (表 5-23)。近岸浅海相气源岩样品产气潜率极低，为 0.08 ~ 0.16 kg/t，烃指数为 2.28 ~ 6.96 mg/g，氢指数为 15.97 ~ 30.15 mg/g，降解率为 1.51% ~ 3.08% (表 5-23)。三角洲相气源岩与古河口湾－河漫滩相、近岸浅海相气源岩相似。古河口湾－河漫滩相气源岩样品最大热解温度为 378 ~ 439℃，浅海相气源岩最大热解温度为 375 ~ 463℃，大部分低于 435℃，三

角洲相气源岩最大热解温度为375℃。按利用气源岩热解资料判断有机质类型判别标准 (表 5-24), 可以判断江浙沿海平原晚第四纪气源岩有机质以陆源有机质为主, 有机质均处于未成熟阶段, 晚第四纪浅层生物气主要为生物化学阶段的产物。

表 5-23　长江三角洲地区晚第四纪浅层生物气气源岩热解参数

井位	埋深 /m	沉积环境	产气潜率 /(kg/t)	烃指数 /(mg/g)	氢指数 /(mg/g)	产烃指数 (S_1/S_1+S_2)	降解率 /%	最大热解温度 /°C
ZK01 井	24.70	浅海	0.09	6.50	22.74	0.22	2.43	463
	48.00		0.16	6.96	30.15	0.19	3.08	394
	63.70		0.19	11.16	31.25	0.26	3.52	424
	74.10	古河口湾 – 河漫滩	0.19	1.53	27.60	0.05	2.42	416
	89.80		0.14	3.30	19.80	0.14	1.92	413
ZK02 井	16.5	三角洲	0.06	5.79	28.94	0.17	2.88	375
	29.2	浅海	0.08	2.28	15.97	0.13	1.51	429
	40.90		0.18	7.06	35.30	0.17	3.52	387
	45.10	古河口湾 – 河漫滩	0.18	8.50	42.28	0.17	4.23	439
	84.90		0.09	3.48	12.18	0.22	1.30	430

表 5-24　有机质类型判别指标的划分 (邬立言、顾信章, 1986)

类别	有机质类型	降解率 /%	氢指数 /(mg/g TOC)	产气潜率 /(kg/t)	类型指数
I	腐泥型	>50	>600	< 20	> 20
II₁	腐殖腐泥型	20 ~ 50	250 ~ 600	5 ~ 20	10 ~ 20
II₂	腐泥腐殖型	10 ~ 20	120 ~ 250	2 ~ 5	2.5 ~ 10
III	腐殖型	< 10	< 120	< 2	< 2.5

5.4　浅层生物气形成机理及影响因素

5.4.1　生物气的形成机理

生物气是在还原环境的生物化学作用带内, 有机质被厌氧微生物所分解的最终产物。复杂有机质厌氧降解形成甲烷, 是沉积物中多种微生物种群联合协调代谢活动的结果, 最重要因素在于甲烷细菌的存在和碳水化合物的提供。甲烷细菌得以存在主要依赖发酵菌和硫酸盐还原菌分解有机质产生 CO_2、H_2 及乙酸来取得碳源与能源, 甲烷菌的新陈代谢过程 (即自然界生物甲烷气的形成途径) 主要有两种: ①乙酸发酵, $CH_3COOH \longrightarrow CH_4 + CO_2$; ② CO_2 的还原, $CO_2 + 4H_2 \longrightarrow CH_4 + 2H_2O$。

生物气的形成途径与沉积环境和深度密切相关，不同沉积环境中形成的生物甲烷气的碳同位素组成有不同的分布范围。海相沉积物产甲烷细菌的组成较为单一，只含有甲烷杆菌属，产甲烷细菌的营养类型为 H_2/CO_2（张辉等，1992），海相环境中的生物甲烷气以 CO_2 的还原作用为主要形成机制，生成的甲烷中 $\delta^{13}C_1$ 平均值为 $-68‰$（Whiticar et al.，1986）。现代陆相沉积物产甲烷细菌的种类比较复杂，包括了甲烷杆菌、甲烷八叠菌、甲烷短杆菌和甲烷球菌四个属，产甲烷细菌的营养类型为乙酸和 H_2/CO_2（张辉等，1992），淡水环境中的生物甲烷气以乙酸发酵为主要形成机制，生成的甲烷中 $\delta^{13}C_1$ 值比海相环境要重，平均值为 $-59‰$，两种不同沉积环境中形成的生物甲烷的 $\delta^{13}C_1$ 分界值，约为 $-60‰$（Whiticar et al.，1986）。江浙沿海平原晚第四纪古河口湾 - 河漫滩相和浅海相气源岩产生的甲烷中 $\delta^{13}C_1$ 值一般小于 $-65‰$（表 5-1，图 5-1），这表明江浙沿海平原晚第四纪浅层生物气可能主要是 CO_2 的还原作用形成的产物。

深度对生物气的形成途径的影响实质上可能反映了地质年龄、生气温度和微生物等因素对生物气形成作用的综合影响，成岩早期沉积物产甲烷途径既可由乙酸发酵而成，也可由 CO_2 的还原形成，成岩中晚期沉积物产甲烷途径由 CO_2 的还原作用形成，这主要是由于随埋深的增大（地质年龄的增大）和形成甲烷作用的同时，有机质本身的组分也不断发生改变，乙酸母源逐渐枯竭，逐渐地被 CO_2 的还原作用所替代。

图 5-24 为至今仍被奉为经典的富含有机质开阔海洋沉积环境的横剖面，它表明了微生物生态系统的演替。沉积因素和生态因素相互作用，形成了截然不同的生物地

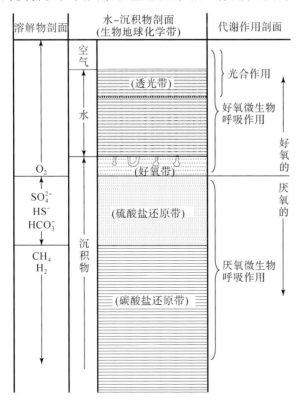

图 5-24　富含有机质的开阔海洋沉积环境中微生物作用剖面图（据 Rice and Claypool，1981）

球化学作用带，自上而下为光合作用带、好氧带、厌氧硫酸盐还原带和厌氧碳酸盐还原带（甲烷生成带），每个带都有其相应的微生物群体 (Rice and Claypool，1981)。在好氧微生物作用带中，当水中溶解的游离氧 (特别是在快速沉积区) 供应不足时，游离氧很快被消耗，这时好氧细菌就不能生存，而过渡为厌氧细菌生化作用。在好氧细菌生化作用结束后，则进入硫酸盐还原带，在该生化作用带中主要是硫酸盐还原菌以 SO_4^{2-} 作为呼吸的电子受体，将 SO_4^{2-} 还原成 H_2S。在富含硫酸盐的强还原环境中，H_2 优先还原 SO_4^{2-}，形成 H_2S，H_2S 对甲烷细菌有明显的抑制作用并使有机质不易分解，因此，就不可能大量生成生物气。待硫酸盐消耗殆尽后，则进入碳酸盐还原带，在该生化作用带中，甲烷细菌以 CO_2 作为呼吸的电子受体，将 CO_2 还原成甲烷。

5.4.2　生物气形成的影响因素

江浙沿海平原浅层生物气的形成与海平面变化、地壳沉降、沉积速率、沉积环境、沉积时间、古气候和水介质等因素密切相关 (林春明、钱奕中，1997)，这些因素相互制约、相互影响，共同控制着浅层生物气的形成。

1) 海平面变化

末次冰盛期 (20000 ~ 15000 a BP) 海平面下降，东海陆架海岸线距现今岸线 550 km，海平面比现今海平面低 130 m 左右 (Liu et al.，2004)，河流侵蚀作用增强，形成钱塘江下切河谷。海平面是河流侵蚀的基准面，河流不可能把河谷侵蚀到当时的海平面之下，海平面下降控制了下切河谷的发育程度和规模。

末次冰期以来东海陆架海平面基本表现为从低海面经由快速上升至稳定阶段，如图 2-4 所示 (李从先等，1986；Saito et al.，1998)，12000 a BP 海平面在现今海平面下 50 m，10000 a BP 海平面在现今海平面下 28 m，8500 a BP 海平面在现今海平面下 18 m，7500 a BP 海平面在现今海平面下 5 m，7000 a BP 海平面在现今海平面下 4 m，7000 a BP 以后海平面上升速率减小，6000 a BP 海平面比现今海面略高，之后海平面基本处于稳定状态 (图 2-4)。海平面上升速率在 15000 ~ 12000 a BP、12000 ~ 7500 a BP 和 7500 ~ 6000 a BP 时分别为 35 mm/a、10 mm/a 和 3 mm/a (Lin et al.，2005)。冰后期海平面先是急剧快速上升而后缓慢上升至稳定状态造成下切河谷可容空间的增大，使下切河谷被充填与覆盖，控制了谷内古河口湾 – 河漫滩相和浅海相气源岩的展布，形成了古河口湾 – 河漫滩相和浅海相气源岩。

快速堆积的浅海相沉积物中的微生物一系列生态系统变化可导致生物甲烷的生成；而被浅海相沉积物快速淹没的古河口湾 – 河漫滩相的沉积过程是在海平面不断上升过程中进行的，河漫滩上的沼泽、浅水洼地等富含草本植物和菌、藻等水生生物，死亡的动植物先是在低气温情况下被迅速掩埋，当达到一定的深度时，未分解的有机质腐烂分解，导致甲烷气形成。

2) 地壳沉降和沉积速率

地壳沉降与全球海平面变化一起控制着下切河谷内沉积物的可容空间大小及变化，江浙沿海平原地壳运动在第四纪以拱拗运动为主 (虞永林，1992)，在沿海平原主要表现为沉降，沉降速率以 1 ~ 2 mm/a 居多，表现为持续缓慢的沉降状态 (胡惠民等，1992)。全新世以来，地壳上升幅度小、强度弱，断裂活动和褶皱运动微弱 (虞永林，1992)。总体来说，江浙沿海平原第四纪保持持续的沉降状态，这种持续的沉降增加了下切河谷内沉积物的可容空间，有利于古河口湾 – 河漫滩相和近岸浅海相气源岩的形成。

江浙沿海平原第四纪沉积物沉积速率高，冰后期平均沉积速率为 2.9 mm/a (林春明等，1999a)。沉积速率直接控制有机质的沉积、保存和沉积体的几何形态，快速沉积使沉积物中的有机质得以及时埋藏保存，避免遭受氧化破坏，能较快进入还原 – 强还原环境，同时也减弱了上覆水体中不断补给的溶解硫酸盐，从而为微生物群落的生存与繁殖创造了有利的环境和物质条件，此外也有利于防止已生成的生物气逸散，有利于生物气的保存和成藏。

3) 沉积环境

古河口湾 – 河漫滩相气源岩有机碳 (TOC) 含量变化范围为 0.33% ~ 0.94%，平均为 0.70%，近岸浅海相气源岩有机碳含量为 0.37% ~ 0.55%，平均为 0.43% (图 5-8)(Lin et al.，2004；Zhang et al.，2013)，这表明江浙沿海平原古河口湾 – 河漫滩相气源岩比近岸浅海相气源岩有更强的生气能力，更有利于生物气的形成，这与其所处的沉积环境是对应的。生物甲烷气在淡水湖泊、沼泽环境的产率为 50 ~ 100 g/(m^2·a)，在大陆架为 5 ~ 10 g/(m^2·a)，在开阔海洋为 0.012 g/(m^2·a) (张义纲、陈焕疆，1983)，现代淤泥生物气模拟生成试验也证实了陆相 (湖、河滨) 淤泥比海相 (滨海) 淤泥产气率高 (陆伟文、海秀珍，1991)。C/N 低有利于细菌繁殖，在 20 ~ 40 时最有利于甲烷的形成，草本植物和藻、菌等水生生物的 C/N 一般小于 30，木本植物 C/N 一般大于 40，因此草本植物、菌孢子和藻等水生生物以及咸水 – 盐湖环境对甲烷气的形成有利 (陈安定等，1991)。古河口湾 – 河漫滩相木本植物平均含量达 52%，草本植物平均含量达 40%，而浅海相木本植物百分含量最高达 70%，草本植物较少，造成古河口湾 – 河漫滩相气源岩 C/N 明显小于近岸浅海相气源岩 (表 5-9)，这也证实了古河口湾 – 河漫滩相气源岩好于近岸浅海相气源岩，具有更强的生气能力。

4) 沉积时间

对浅层生物气来说，甲烷生气量随沉积时间增加而增加已被证实。甲烷生气量随沉积时间增加，约在一万年急剧上升，并认为对只有一万年的地层，即使地层中残留含碳量为 0.1%，若保存条件好，生成的甲烷气也足以形成有工业价值的油气藏 (陆伟文、海秀珍，1991)。江浙沿海平原古河口湾 – 河漫滩相沉积物沉积时间为 15000 ~ 7500 a BP (表 3-1)，在此期间海平面快速上升 (图 2-4)，海水沿下切河谷内侵；浅海相沉积约在 9600 a BP 开始 (表 3-1)，海侵在 7500 ~ 6500 a BP 达到最大。单从沉积时间来看，古河口湾 – 河漫滩相气源岩甲烷生成量要好于近岸浅海相气源岩，古河口湾 – 河漫滩相气源岩沉积时间较长可以弥补有机质丰度的不足，而近岸浅海相气源岩沉积时间相对短，这种效应不明显。因此陆相气源岩的有机碳下限值可以低于浅海相气源岩，如柴达木盆地第四纪陆相有利生气层有机碳下限为 0.35% (周翥虹等，1994)，而海相气源岩有机碳下限为 0.5 %。

5) 古气候

甲烷菌在 4 ~ 45 ℃ 的环境中最活跃，最适宜温度为 35 ~ 42 ℃ (马贡，1992)，温度对生物气生成速度影响十分显著。江浙沿海平原全新世以来气候变化总体上如下：10300 ~ 7500 a BP 气候由冷凉干燥变为温凉略干，年平均温度比现今低 1 ~ 2 ℃；7500 ~ 3500 a BP 气候变为热暖潮湿进而变为温暖湿润，年平均温度比现今高 2 ~ 3 ℃，降水量比目前多 200 ~ 600 mm；3000 a BP 至今，气候温暖湿润，说明古河口湾 – 河漫滩相气源岩沉积时气候为凉期，而近岸浅海相气源岩沉积时以暖期为主。两套气源岩埋深小，最深小于 90 m，古气温和现今气温差异小，按温带的地温梯度 3℃ /100 m 计算，江浙沿海地区 1971 ~ 2000 年统计的极端最高温度 39.9℃，推测气源岩最高地层温度不超过 42.6 ℃，适宜甲烷菌的生存。

古河口湾 – 河漫滩相气源岩形成时气候较为寒冷，草本植物比木本植物优先发育，并在搬运过程中损失较少，从而为沉积地区的甲烷菌提供更高的陆源碳水化合物养料 (张义纲、陈焕疆，1983)；低气温使甲烷菌的活动受到抑制，抑制了甲烷气在表层中的生成，使浅表条件下甲烷的生成速度低，有利于形成生物气的有机质不被过早地消耗；而且低气温可以使已生成的甲烷分子活动能力相对减弱，使甲烷的散失量相对减小，有利于生物气的生成和保存。当古河口湾 – 河漫滩相气源岩被快速掩埋后，气温变高，降水量变大，使未分解的有机质含水性增强，并大量腐烂分解成甲烷气，此时附近古河口湾 – 河漫滩相砂质透镜体和浅海相淤泥质黏土区域盖层业已形成，极利于甲烷气富集成藏，这可能就是古河口湾 – 河漫滩相储层成为现今江浙沿海平原晚第四纪地层唯一具有商业开采价值气藏的主要原因。

浅海相形成时气温偏热，温热、潮湿气候使最有利微生物利用的草本植物在搬运过程中易于分解、损失和破坏，减少了沉积物可供给甲烷菌所需的碳水化合物养料，这显然对生物气的大量形成不利；较高的温度不利于抑制甲烷在浅表层的生成，生成的甲烷也因气温偏高及上覆水体压力低等因素大部分通过水体逸散到空气中，当浅海相气源岩被埋藏后，可能因为部分有机质已被耗尽，其甲烷产率变低。

6) 水介质

甲烷菌在 pH 为 6.5 ~ 8.0 时最活跃，甲烷产率最高 (Zehnder and Wuhrman，1977)，地层水的 pH 分布在 6.6 ~ 7.1 (表 5-6)，近于中性，这对于厌氧和适于在近中性的水中生长的甲烷菌来说，是非常有利的生长和聚集的地球化学环境，有利于生物气的生成。地层水介质中的 SO_4^{2-} 含量对甲烷的生成也有很大影响，一般认为 SO_4^{2-} 含量高会抑制甲烷菌的繁殖，甲烷的生成与 SO_4^{2-} 含量呈消长关系 (王大珍，1983)。古河口湾 – 河漫滩相气源岩开始沉积时为淡水 – 微咸水环境，SO_4^{2-} 含量低 (表 5-6)，不利于抑制浅表条件下的甲烷的生成，但由于海平面快速上升、沉积速率高及气温偏低等其他有利因素，甲烷气不只在浅表大量生成，而较低的 SO_4^{2-} 含量对后期埋藏的古河口湾 – 河漫滩相和近岸浅海相气源岩甲烷气的产出是极有利的。

综上所述，海平面变化控制着下切河谷的发育，即控制了地层的发生和发展，是气源岩发育的前提，持续构造沉降和快速沉积是气源岩中的生物气形成的基础，沉积环境、沉积时间、古气候和水介质是气源岩生气质量和数量的保证。

5.5　浅层生物气资源量计算

从地质历史来看，天然气的聚集往往是气体的不断散失和源岩的不断补充达到某种程度上相对平衡所造成的结果 (郝石生等，1993)。当来自源岩的补充量大于通过盖层的散失时，圈闭中的天然气就不断富集；反之当来自源岩的补充量小于通过盖层的散失时，圈闭中的天然气就不断减少以致枯竭。生物气的散失更为突出，全世界每年由沼泽和稻田向大气释放的生物甲烷气约 $6000 \times 10^8 \, m^3$ (张义纲，1991)。

气源岩生成的总生气量，除散失掉的以外，一般将被地层吸附、溶解于地层水中和以游离态存在于储层中。生物气总生成量的计算可以判断生物气生成的丰富程度，生物气总吸附气量和总溶解气量的计算可判断生物气运移的主要相态，从而掌握其成藏的主要机理，生物气总扩散气量的计算可判断生物气的扩散散失情况。因此，开展生物气的总生气量、总吸附气量、总溶解气量和总扩散气量的计算对生物气成藏有重要的理论和实际意义。

本书选择资料丰富、地质情况比较清楚、已有生物气藏开发的钱塘江下切河谷地区，作为一个典型实例进行解剖。鉴于目前尚无更完善的方法，为了对钱塘江下切河谷地区生物气的前景有一个半定量的认识，本书在计算该区浅层气源岩的生气量时，只能暂时以钱塘江下切河谷地区晚第四纪泥质岩的有机碳，采用王川等 (1996) 的计算模型，计算浅层地层的生气量、吸附气量、溶解气量和扩散气量 (林春明等，2005b)。

5.5.1　总生气量计算

1) 总生气量计算模型

生物气的总生气量计算，可采用如下计算模型 (王川等，1996；林春明等，2005b)：

$$Q_生 = 1400 \, SHDCR$$

式中，$Q_生$ 为生物气的总生气量，m^3；S 为泥岩层的面积，m^2；H 为泥岩层的厚度，m；D 为泥岩的密度，t/m^3；C 为泥岩的有机碳含量，%；R 为累积生油气量与有机碳的重量比，对腐泥腐殖型有机质 R 取 $4.84 \times 10^{-2} \, m^3/t$，对腐殖型有机质 R 取 $4.70 \times 10^{-2} \, m^3/t$。

2) 参数的选取与确定

利用大量钻井所揭示的分层厚度及各沉积相在江浙沿海平原的分布，对各沉积相的厚度、面积、体积等进行初步计算。计算的方法是：先利用钻井揭示的分层厚度，绘制分层等厚线图，然后在各区间内用面积乘以区间平均厚度来计算沉积体的体积。当然这种面积 – 厚度法，是一种近似的估算，但由于受密集钻井的控制，其计算结果相对要可靠得多。

对古河口湾 – 河漫滩相沉积物来说，由于古河口湾 – 河漫滩相所夹的砂体相对厚且分布广 (图 4-13)，理应扣除砂体的厚度，才能计算气源岩的生气量。据揭穿古河口湾 – 河漫滩相地层的 134 口钻井计算，古河口湾 – 河漫滩相地层平均厚度为 13.0 m（表 5-25），根据夹灶和义盛浅气田古河口湾 – 河漫滩相砂体厚度一般为 1 ~ 5 m，又因砂体分布的不连续，可取砂体在古河口湾 – 河漫滩相沉积物分布范围内平均厚为 1 m，结合古河口湾 – 河漫滩相沉积物的面积、体积的计算及气源岩的地球化学参数，可得古河口湾 – 河漫滩相气源岩 S=8491.23 × 10^6 m^{-2}，D= 2.75 t/m^3，C=0.64%，R=4.75 × 10^{-2} m^3/t（图 4-13，表 5-25，表 5-26），SH=1741.54 × 10^8 m^3−84.91 × 10^8 m^3=1656.63 × 10^8 m^3。

表 5-25 钱塘江下切河谷地区末次冰期以来各沉积相展布范围和沉积量统计

沉积相	平均厚度 /m	面积 /km^2	面积百分比 /%	沉积量 /10^8 m^3	体积百分比 /%
河床	12.9 (67)	6992.08	19.41	591.63	12.40
古河口湾 – 河漫滩	13.0 (134)	8491.23	23.57	1741.54	36.48
浅海	17.1 (184)	13825.52	38.38	1909.28	40.00
现代河口湾砂坝	16.4 (128)	6714.41	18.64	531.13	11.12
总计		36023.24	100.00	4773.57	100.00

注：①括号内为钻井数；②受四舍五入的影响，表中数据稍有偏差。

表 5-26 钱塘江下切河谷地区晚第四纪古河口湾 – 河漫滩相分布面积和沉积量

等厚线区间 /m	平均厚度 /m	面积 /km^2	沉积量 /10^8 m^3
0 ~ 10	5	1381.90	69.10
10 ~ 20	15	2763.81	414.57
20 ~ 30	25	2630.62	657.65
>30	35	1714.90	600.22
总计		8491.23	1741.54

由于浅海相所夹的砂体相对薄，一般 0.1 ~ 0.5 m，其分布极不连续，可忽略不计。据揭穿浅海相地层的 184 口钻井计算，浅海相地层平均厚度为 17.1m（表 4-5），分布范围相对最大，达 13825.52 km^2（表 5-25，表 5-27），其沉积量也最大。这样可根据钱塘江下切河谷地区海相层的面积、厚度、体积的计算（图 4-13，表 5-25，表 5-27）和近岸浅海相气源岩的地球化学参数，可得 SH = 1909.28 × 10^8 m^3，D= 2.73 t/m^3，C=0.43%，R= 4.84 × 10^{-2} m^3/t。

表 5-27 钱塘江下切河谷地区晚第四纪浅海相分布面积和沉积量

等厚线区间 /m	平均厚度 /m	面积 /km^2	沉积量 /10^8 m^3
0 ~ 10	5	3379.24	168.96
10 ~ 20	15	8932.95	1339.94
20 ~ 30	25	1292.94	323.24
> 30	35	220.39	77.14
总计		13825.52	1909.28

3) 总生气量计算结果

古河口湾 – 河漫滩相沉积物总生气量为

$$Q_{生漫} = 1400\ SHDCR$$
$$= 1400 \times (1741.54 \times 10^8\,\text{m}^3 - 84.91 \times 10^8\,\text{m}^3) \times 2.75\ \text{t/m}^3 \times 0.64\% \times 4.75 \times 10^{-2}\ \text{m}^3/\text{t}$$
$$= 1938.91 \times 10^8\,\text{m}^3$$

浅海相沉积物总生气量为

$$Q_{生海} = 1400\ SHDCR$$
$$= 1400 \times (1909.28 \times 10^8\,\text{m}^3) \times 2.73\ \text{t/m}^3 \times 0.43\% \times 4.84 \times 10^{-2}\ \text{m}^3/\text{t}$$
$$= 1518.71 \times 10^8\,\text{m}^3$$

5.5.2　总吸附气量计算

1) 总吸附气量计算模型

气源岩生成的总生气量，除散失掉以外，将被地层吸附、溶解于地层水中和以游离态存在于储层中。生物气在砂泥岩层中的吸附气量可采用如下计算模型（王川等，1996；林春明等，2005b）：

$$Q_{吸} = S_1 H_1 D_1 X_1 + S_2 H_2 D_2 X_2$$

式中，$Q_{吸}$ 为砂泥岩层的吸附气量，m^3；S_1 为泥岩层的面积，m^2；H_1 为泥岩层的厚度，m；D_1 为泥岩的密度，t/m^3；X_1 泥岩层的吸附值，1 t 泥岩可吸附的气量取 $0.1068\ \text{m}^3$；S_2 为砂岩层的面积，m^2；H_2 为砂岩层的厚度，m；D_2 为砂岩的密度，t/m^3；X_2 砂岩层的吸附值，1 t 砂岩可吸附的气量取 $0.024\ \text{m}^3$。

2) 参数的选取与确定

对古河口湾 – 河漫滩相沉积物来说，泥层的 $S_1 H_1 = 1741.54 \times 10^8\,\text{m}^3$，$D_1 = 2.75\ \text{t/m}^3$，$X_1 = 0.1068\ \text{m}^3/\text{t}$；砂岩的 $S_2 H_2 = 84.91 \times 10^8\,\text{m}^3$，$D_2 = 2.70\ \text{t/m}^3$，$X_2 = 0.024\ \text{m}^3/\text{t}$。

对浅海相沉积物来说，泥层的 $S_1 H_1 = 1909.28 \times 10^8\,\text{m}^3$，$D_1 = 2.73\ \text{t/m}^3$，$X_1 = 0.1068\ \text{m}^3$；砂层的吸附气量可忽略不计，即 $S_2 H_2 D_2 X_2 = 0$。

3) 总吸附气量计算结果

古河口湾 – 河漫滩相沉积物总吸附气量为

$$Q_{吸漫} = S_1 H_1 D_1 X_1 + S_2 H_2 D_2 X_2$$
$$= 1741.54 \times 10^8\,\text{m}^3 \times 2.75\ \text{t/m}^3 \times 0.1068\ \text{m}^3/\text{t} + 84.91 \times 10^8\,\text{m}^3 \times 2.70\ \text{t/m}^3 \times 0.024\ \text{m}^3/\text{t}$$
$$= 511.49 \times 10^8 + 5.50 \times 10^8$$
$$= 516.99 \times 10^8\,\text{m}^3$$

浅海相相沉积物总吸附气量为

$$Q_{吸海} = S_1 H_1 D_1 X_1 + S_2 H_2 D_2 X_2 = S_1 H_1 D_1 X_1$$
$$= 1909.28 \times 10^8\,\text{m}^3 \times 2.73\ \text{t/m}^3 \times 0.1068\ \text{m}^3/\text{t}$$
$$= 556.68 \times 10^8\,\text{m}^3$$

5.5.3　总溶解气量计算

1) 总溶解气量计算模型

天然气在地层水中的溶解度，采用如下计算模型 (郝石生等，1993):

$$S(T，M，P)= -3.1670 \times 10^{-10}T^2M+1.1997 \times 10^{-8}TM+1.0635 \times 10^{-10}P^2M-9.7764 \times 10^{-8}PM$$
$$+2.9745 \times 10^{-10}TPM+1.6230 \times 10^{-4}T^2-2.7879 \times 10^{-2}T-2.0587 \times 10^{-5}P^2$$
$$+1.7323 \times 10^{-2}P+9.5233 \times 10^{-6}TP+1.1937$$

式中，S 为天然气在地层水中的溶解度，m^3（气）/ m^3（水）；T 为水的温度，℃；P 为水的压力，MPa；M 为地层水的矿化度，mg/L。

2) 参数的选取与确定

一般在正常水压梯度条件下，延伸到地表的游离静止淡水柱的压力 / 深度梯度是 9.79 kPa/m，对含盐饱和溶液来说是 11.9 kPa/m (Hunt，1990)。江浙沿海平原为海陆过渡地带，水压梯度可取 10 kPa/m，地表地层压力为 0.1 MPa。古河口湾 – 河漫滩相沉积物埋深平均取为 45 m，浅海相沉积物埋深平均取为 30 m，那么古河口湾 – 河漫滩相沉积物中水柱的压力为

$P_漫=P_{地表}+ 0.040 \times 10$ MPa

　　$=0.1$ MPa $+ 0.045 \times 10$ MPa

　　$=0.55$ MPa

浅海相沉积物中水柱的压力为

$P_海=P_{地表}+ 0.025 \times 10$ MPa

　　$=0.1$ MPa $+ 0.03 \times 10$ MPa

　　$=0.4$ MPa

古河口湾 – 河漫滩相沉积物沉积时水的温度取为 15 ℃，浅海相沉积物沉积时水的温度取为 18 ℃。浙北沿海平原地表水的矿化度为 298.1 mg/L (表 5-6)，古河口湾 – 河漫滩相沉积物地层水的矿化度变化大，气藏底部地层水矿化度平均值高达 10885.8 mg/L (表 5-6)，而非气田区 7 个样平均值为 3101.6 mg/L，因此可将 3101.6 mg/L 作为古河口湾 – 河漫滩相和近岸浅海相沉积物地层水的矿化度。

3) 总溶解气量计算结果

古河口湾 – 河漫滩相沉积物地层水的溶解度按气田区和非气田区分别计算如下：

气田区地层水的溶解度：$S_{漫气}(T，M，P)=0.8141$　m^3（气）/ m^3（水）

非气田区地层水的溶解度：$S_{漫非}(T，M，P)=0.8133$　m^3（气）/ m^3（水）

由于气田区地层和非气田区地层水的溶解度相差不多 (即地层水的矿化度对地层水的溶解度影响不大)，取其平均值 $S_漫 = 0.8137$ m^3（气）/ m^3（水）作为古河口湾 – 河漫滩相沉积物地层水的溶解度来计算溶解气量。古河口湾 – 河漫滩相沉积物地层水总溶解气量为

$Q_{溶漫} = S_{漫} \times (V_{漫} \times 孔隙度)$，杭州湾地区剖面钻井岩心测试资料表明，古河口湾 – 河漫滩相沉积物孔隙度平均为 35%（林春明等，1997），则

$$Q_{溶漫} = S_{漫} \times (V_{漫} \times 孔隙度)$$
$$= 0.8137 \times (1741.54 \times 10^8\, \mathrm{m^3} \times 35\%)$$
$$= 495.98 \times 10^8\, \mathrm{m^3}$$

浅海相沉积物地层水的溶解度计算得

$$S_{海}(T, M, P) = 0.7455\ \mathrm{m^3}(气)/\,\mathrm{m^3}(水)$$

总溶解气量为 $Q_{溶海} = S_{海} \times (V_{海} \times 孔隙度)$，杭州湾地区剖面钻井岩心测试资料表明，浅海相沉积物孔隙度平均为 38%，则

$$Q_{溶海} = S_{海} \times (V_{海} \times 孔隙度)$$
$$= 0.7455 \times (1909.28 \times 10^8\, \mathrm{m^3} \times 38\%)$$
$$= 540.88 \times 10^8\, \mathrm{m^3}$$

5.5.4　总扩散气量计算

分子扩散是一种很普遍的自然现象，它是指在静止系统中由于浓度梯度的存在而发生的质量传递现象，即分子从高浓度区向低浓度转移以达到浓度平衡的一种传递过程。分子扩散作用即可视为聚集烃类的分散机理，也可作为烃类初期迁移和初期聚集机理，本书主要研究聚集烃类的分散作用。

1) 总扩散气量计算模型

分子扩散过程可用 Fick 第一定律来描述（付广、姜振学，1994)，即

$$dQ/dt = -D \times dc/dx$$

式中，dQ/dt 为天然气的扩散速度，$\mathrm{m^3/s}$；D 为天然气的扩散系数，$\mathrm{m^2/s}$；dc/dx 为天然气的浓度梯度，$\mathrm{m^3/m^3 \cdot m}$。

由 Fick 第一定律可知，天然气的扩散速度主要取决于天然气的扩散系数和浓度梯度。而影响天然气扩散系数的因素有扩散物质的性质、扩散介质的特征、扩散系统的温度和孔隙结构形态等 (Krooss and Leythaeuser，1988；付广等，1996)，在地下对确定的泥岩盖层来说，天然气扩散系数是确定不变的，即此种情况下，天然气的扩散速度主要取决于烃浓度梯度的大小。由 Fick 第一定律积分便可得到天然气在 t 时间内通过面积为 S 的上覆盖层到达地表的扩散损失量为

$$Q = -D \times [(C_1 - C_0)/Z] \times S \times t$$

式中，C_1 为气层水中天然气浓度，$\mathrm{m^3}(气)/\,\mathrm{m^3}(水)$；$C_0$ 为地表条件下水中天然气浓度，$\mathrm{m^3}(气)/\,\mathrm{m^3}(水)$；$Z$ 为气层埋藏深度（上覆盖层厚度），m；S 为天然气的扩散面积，$\mathrm{m^2}$；t 为天然气的扩散时间，s。

2) 参数的选取与确定

扩散系数：天然气在由气层向地表扩散的过程中，首先穿过上覆直接泥岩盖层，然后再穿过上方砂、泥层才能扩散到地表。试验表明，随着碳原子数的增加，烃类气体的扩散系数减少，烃类气体的扩散作用以轻烃最为显著 (Kroos and Leythaeuser，1988；郝石生等，1991；付广等，1996)。杭州湾地区天然气组分甲烷含量均大于 90%，重烃气含量极少，因此计算时可不考虑乙烷以上重烃气的扩散作用，只考虑甲烷气体的扩散作用。甲烷在 30℃时通过泥岩的扩散系数为 5.01×10^{-7} cm²/s (郝石生等，1991)，本书采用此数据作为甲烷通过泥岩的扩散系数，即 $D = 5.01 \times 10^{-7}$ cm²/s$= 5.01 \times 10^{-11}$ m²/s。

气层水中天然气浓度：甲烷气在地下通过盖层的扩散途径有两个。一是甲烷气通过盖层岩石孔隙水介质的扩散，另一个是甲烷气通过岩石矿物颗粒的扩散；由于后者的扩散速度远小于前者，计算时可忽略甲烷气通过岩石矿物颗粒的扩散量。气层中的甲烷只有满足了水中溶解和围岩吸附后，才可聚集成藏，也就是说气层水中总是被天然气饱和的，扩散损失的气量会因游离气的存在和气源不断补充而弥补，因此可用各地史时期中甲烷在单位体积孔隙水中的最大溶解气量，近似作为气层中甲烷扩散作用的初始浓度。甲烷在古河口湾 – 河漫滩相沉积物中的最大溶解度是 0.8141 m³(气)/ m³(水)，即为古河口湾 – 河漫滩相气层水中天然气浓度 ($C_{1漫}$)；甲烷在浅海相沉积物中的最大溶解度是 0.7455 m³(气)/ m³(水)，即为浅海相气层水中天然气浓度 ($C_{1海}$)。

地表水中天然气浓度：西太平洋表层海水 (0 m) 的甲烷浓度为 13×10^{-6} ～ 169×10^{-6} mmol/L (夏新宇、王先彬，1996)，密西西比河三角洲平原沉积物表层的甲烷含量通常在春夏两季较高，但在表层 0.5 m 以下水中的甲烷含量几乎不受季节性变化的影响，年平均浓度为 0.6mmol/L，在埋深 40 cm 以下间隙水中甲烷含量为 0.58 mmol/L (Ronald *et al.*，1986)，在沉积物表面甲烷的浓度约为 0.35 mmol/L [0.35 mmol/L=$0.35 \times 10^{-3} \times 22.4$ mL/L= 0.00784×10^{-3} (气)/ m³(水)]，本书采用此数据作为地表条件下水中天然气浓度 (C_0)。

扩散面积：甲烷气主要是通过盖层岩石孔隙水介质扩散的，因此其扩散面积可由气源岩分布面积乘以孔隙度得到。则甲烷气通过古河口湾 – 河漫滩相气源岩的扩散面积为

$S_漫 = (8491.23 \times 10^6) \times 35\%$

$= 2971.93 \times 10^6$ m²

甲烷气通过浅海相地层的总扩散面积为

$S_海 = (13825.52 \times 10^6) \times 38\%$

$= 5253.70 \times 10^6$ m²

扩散时间：一旦上覆盖层沉积开始以后，从气源岩运移进入气层中的甲烷便在气层与上覆盖层之间气体浓度差的作用下发生扩散散失。古河口湾 – 河漫滩相气源岩沉积不久生成的甲烷气由于与上覆浅海相地层之间存在气体浓度差而通过浅海相地层，直至地表而逸散，这种扩散损失一直延续到浅海相地层沉积具有一定的厚度和规模时才停止，上覆古河口湾 – 浅海相气源岩生烃作用就会减弱直至阻止古河口湾 – 河漫滩相甲烷气通过浅海相地层向地表逸散这一物理过程 (盖层具烃浓度封闭机理已证实这种现象)，因此古河口湾 – 河漫滩相甲烷气的扩散过程应考虑这一因素。根据 ¹⁴C 测年资料 (图 3-1)，本书以近岸浅

海相沉积物最早开始沉积的时间 (9600 a BP) 作为计算古河口湾 – 河漫滩相气层甲烷气通过上覆盖层的起始扩散时间，以最大海侵时间 (7000 a BP) 作为计算古河口湾 – 河漫滩相气层甲烷气通过上覆盖层的终止扩散时间 (Lin et al., 2005；Zhang et al., 2013)，即

$$t_漫 = (9600\text{-}7000) \times 365 \times 24 \times 3600$$
$$= 0.819936 \times 10^{11}\,\text{s}$$

浅海相地层中甲烷气通过上覆盖层的扩散时间以 3000 年计算，即

$$t_海 = 3000 \times 365 \times 24 \times 3600$$
$$= 0.94608 \times 10^{11}\,\text{s}$$

气层埋藏深度：古河口湾 – 河漫滩相气层埋藏深度 (上覆盖层厚度) 取平均值 35 m 计算，浅海相气源岩顶界距地表的深度地层埋藏深度取 20 m 计算。

3) 总扩散气量计算结果

古河口湾 – 河漫滩相气藏中甲烷气通过上覆盖层的扩散气量计算的结果为

$$Q_{散漫} = -D \times [(C_{1漫}-C_0)/Z_漫] \times S_漫 \times t_漫$$
$$= -(5.01 \times 10^{-11}) \times [(0.8141-0.00784 \times 10^{-3})/35] \times (2971.93 \times 10^6) \times 0.819936 \times 10^{11}$$
$$= -2.84 \times 10^8\,\text{m}^3$$

浅海相地层甲烷气通过上覆盖层的扩散气量计算的结果为

$$Q_{散海} = -D \times [(C_{1海}-C_0)/Z_海] \times S_海 \times t_海$$
$$= -(5.01 \times 10^{-11}) \times [(0.7455-0.00784 \times 10^{-3})/20] \times (5253.70 \times 10^6) \times 0.94608 \times 10^{11}$$
$$= -9.28 \times 10^8\,\text{m}^3$$

5.5.5　总游离气量计算

地层中游离气量的计算模型为 (林春明等，2005b)

总游离气量 = 总生气量 – 总吸附气量 – 总溶解气量 – 总扩散气量

因此，古河口湾 – 河漫滩相地层中总游离气量为

$$Q_{游漫} = 1938.92 \times 10^8\,\text{m}^3 - 516.99 \times 10^8\,\text{m}^3 - 495.98 \times 10^8\,\text{m}^3 - 2.84 \times 10^8\,\text{m}^3$$
$$= 923.11 \times 10^8\,\text{m}^3$$

而浅海相地层中总游离气量为

$$Q_{游海} = 1518.71 \times 10^8\,\text{m}^3 - 556.68 \times 10^8\,\text{m}^3 - 540.88 \times 10^8\,\text{m}^3 - 9.28 \times 10^8\,\text{m}^3$$
$$= 411.87 \times 10^8\,\text{m}^3$$

5.5.6　生物气资源量计算的地质意义

钱塘江下切河谷地区晚第四纪地层总生气量、总吸附气量、总溶解气量、总扩散气量分别为 $3457.63 \times 10^8\,\text{m}^3$、$1073.67 \times 10^8\,\text{m}^3$、$1036.86 \times 10^8\,\text{m}^3$、$12.12 \times 10^8\,\text{m}^3$，仍有总游离气量 $1334.98 \times 10^8\,\text{m}^3$ 保存在地层中 (表 5-28)，可见钱塘江下切河谷地区晚第四纪地层生

物气勘探潜力巨大。相对而言，古河口湾 – 河漫滩相气源岩生气量大，保存在地层中的游离气量也远远大于浅海相气源岩，是该区生物气资源量的最大贡献者。

表 5-28 钱塘江下切河谷地区浅层生物气资源量计算结果

指标	古河口湾 – 河漫滩相气源岩	浅海相气源岩	总和
总生气量 $/10^8 m^3$	1938.92	1518.71	3457.63
总吸附气量 $/10^8 m^3$	516.99	556.68	1073.67
总溶解气量 $/10^8 m^3$	495.98	540.88	1036.86
总扩散气量 $/10^8 m^3$	2.84	9.28	12.12
总游离气量 $/10^8 m^3$	923.11	411.87	1334.98

从上述计算的地层总扩散气量来看（表 5-28），生物气散失量并不大，这与早期人们认为生物气在浅层沉积物中生成后易于散失，难以聚集成藏观点并不相符，本书认为在有利的地质条件下生物气不仅可以在浅层地层中大量生成，还可以大规模地聚集成藏。从吸附气量计算结果看，泥层吸附气量约为砂层吸附气量的 93 倍（$511.49 \times 10^8 m^3 / 5.50 \times 10^8 m^3$），这说明浅层沉积物颗粒大小与甲烷的保存有关，沉积物颗粒小，比表面积大，有利于吸附甲烷。

古河口湾 – 河漫滩相气源岩总生气量为 $1938.92 \times 10^8 m^3$，总游离气量、总吸附气量、总溶解气量的比例为 1.9：1.2：1，浅海相气源岩则为 0.8：1：1（表 5-28），这表明浅层生物气除了一部分被岩石吸附和溶解在地层水中，主要以游离气的形式存在，游离气主要赋存于沉积物颗粒间隙中。这主要是由于晚第四纪泥质沉积物中有机质经厌氧微生物作用所形成的富甲烷气体首先受地层水的溶解和黏土的吸附，呈水溶气相态发生运移，当甲烷气在地层水中溶解达到饱和后，才会出现游离态（林春明等，1997）。

从典型地区钱塘江下切河谷浅层生物气资源量计算结果来看，江浙沿海平原发育众多的下切河谷，下切河谷内生物气资源潜力巨大，是我们今后优选的勘探区域，特别是下切河谷古河口湾 – 河漫滩相地层，优质烃源岩发育，成藏条件优越，砂质透镜体可作为优先勘探目标。

5.6 浅层生物气分布规律

5.6.1 运移和聚集特征

目前，对埋深 <150 m、地层压力 <0.5 MPa、温度 <25 ℃的生物气运移和聚集机理研究很少，作者根据他人生物气模拟试验结果（陈安定等，1991；李明宅等，1995），结合本区地质情况提出粗浅看法。对甲烷气来说，在低压条件下，矿化度对其溶解度影响较小，溶解度主要受压力和温度变化的影响（郝石生、张振英，1993），

当温度小于 80 ℃或 82 ℃时，甲烷气在水中的溶解度随地层埋深增大而减小 (Rice and Claypool, 1981；李明宅等, 1995；郝石生、张振英, 1993)。甲烷开始生成时受地层水的溶解和黏土的吸附，大部分溶解在黏土层水中呈水溶态，当甲烷气在地层水中溶解达到饱和后，才会出现游离态。因此，当埋深加大后，黏土层的水被逐渐排出，尤以 0～100 m 排出水量最多 (李明宅等, 1995)，水溶气随之被排出，流体 (含水溶气) 流向是由黏土层到砂层，既有向上又有向下的，因下部黏土比上部黏土的压实程度略高些，所以流体向上运移量要大些，这样流体遇上下储层得以聚集，随着埋深继续增加，甲烷气的溶解度减小，同时生气量持续进行并向高产率接近 (陈安定等, 1991；李明宅等, 1995)，使水溶气从水体分离，并聚集在砂体顶部；对游离气而言，其动力主要是浮力，随埋深和甲烷不断生成，进而突破黏土层毛细管阻力束缚，呈气泡或气团向上运移，遇储层而聚集，这可能就是浅层生物气运移和聚集的过程，也可能是江浙沿海平原下部古河口湾－河漫滩相、河床相储层含气丰富，而上部浅海相储层含气不理想的一个原因。

江浙沿海平原晚第四纪以来，除地壳和海平面升降运动外，基本没有经受褶皱运动，含气地层处于水平状态，气体以垂向运移为主，横向二次运移较弱 (图 5-25)，当砂透镜体顶面出现上隆部分时，气体易向此聚集，当砂体倾斜时，气体向岩性尖灭端聚集，而气体在储层内的侧向运移不像构造气藏那样明显。这样就出现含气面积很广而丰度很低、气层很薄见底水现象。

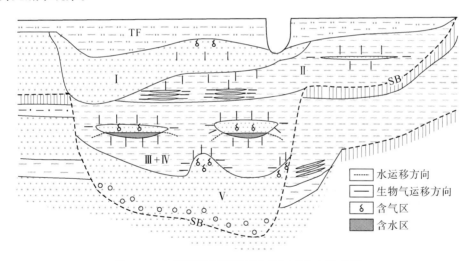

图 5-25　江浙沿海平原浅层生物气藏分布模式图

Ⅰ. 三角洲相；Ⅱ. 浅海相；Ⅲ. 古河口湾；Ⅳ. 河漫滩相；Ⅴ. 河床相；TF. 潮坪相；SB. 层序界面

5.6.2　生物气分布规律

生物气埋藏浅，分布广泛 (图 5-26)，在加拿大、德国、意大利、西班牙、日本、苏联、美国、中国等数十个国家都发现了具有工业价值的生物气藏 (Rice and Claypool, 1981；Martini *et al.*, 1998；Shurr and Ridgley, 2002；Garcia-Gil, *et al.*, 2002；林春明

等，2006a）。生物气藏是非常规气藏的一种类型 (Shurr and Ridgley，2002)，世界上发现的天然气储量中 20% 以上属于非常规生物气 (Rice and Claypool，1981)， 甚至可达到 25% ~ 30% (Grunau，1984)。在美国、波兰和意大利存在不少生物气藏，其中墨西哥湾和阿拉斯加的库克湾是美国最重要的生物气田区 (Shurr and Ridgley，2002)。西西伯利亚盆地具有占世界储量约 1/3 的巨大天然气资源，是生物气和热解气的混合 (Littke et al.，1999)。

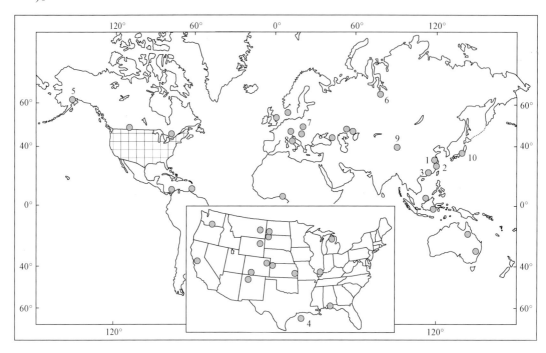

图 5-26　全球已证实的浅层生物气藏分布示意图

数字是指生物气富集区: 1. 长江三角洲; 2. 杭州湾; 3. 珠江三角洲; 4. 墨西哥湾; 5. 库克湾; 6. 西西伯利亚; 7. 喀尔巴阡山前渊; 8. 亚平宁山前渊; 9. 柴达木盆地; 10. 日本水溶气区

　　在中国许多沉积盆地中也发现了具有工业或商业价值的生物气藏,包括江浙沿海平原,南海北部陆架区的莺琼盆地,广西百色盆地,云南陆良、保山、曲靖和昆明盆地,洞庭湖盆地,苏北盆地,渤海湾盆地,松辽盆地,准噶尔盆地,柴达木盆地等 (林春明等，2006a; 李艳丽,2010)。此外，在中国近海海底也分布着大面积浅层生物气，如辽东湾、山东半岛、江浙沿海近岸、珠江口、北部湾、琼东南近海、黄河水下三角洲外海海底等 (李萍等，2010; 李阳，2010; Zhang and Lin，2017)。

　　江浙沿海平原无论在垂向上还是在平面上，作为生物气主要储集体的河口湾 – 河漫滩相、河床相砂体分布在下切河谷内 (图 4-1)，下切河谷下切深度、宽度越大，谷内充填物则越大，气源岩的生气量就越大，储层展布也更好；而下切河谷的支谷规模较小，不利于其内生物气藏的发育。长江三期下切河谷层序的套叠结构表明，三期向东南延展的下切河谷具有明显继承性，河谷主体位置逐渐南移，规模也渐次变小，早期下切河谷十分宽广，宽度超过 150 km，深度为 80 ~ 140 m；中期下切河谷宽 55 ~ 80 km，深 70 ~ 120 m；晚期下切河谷宽 20 ～ 70 km，深 30 ～ 100 m (图 4-4)(张家强等，1998)。晚期下切河谷虽然埋藏最浅、规模小，但下切河谷层序发育完整，保存好，河口湾 – 河漫滩相发育较多的砂质透镜体，利于气源岩生成的气体及时有效地向储集层运移并富聚成藏，上覆浅海相沉积物的快速沉积，不但为其提供丰富的气源，更重要的是提供了良好保存条件，使该砂质透镜体更易于捕获气体而富集成藏，形成自生自储同生型成气组合；该砂体的埋藏深度自西向东方向有加大趋势，埋藏深度越大越有利于生物气藏的发育，因此，长江三角洲东部地区应比西部地区更有利生物气富集成藏。晚期下切河谷内河床砂砾、砂层在生物气充足，其顶面在具有局部圈闭等条件下，可储集生物气，预测向海方向可能成为较好的储气体。

总之，长江三角洲及邻区晚第四纪保存有多次海侵海退沉积旋回，有利于多期下切河谷及其内碳氢化合物的发育，下切河谷是浅层生物气勘探的最有利地带。晚第四纪晚期下切河谷内河口湾 – 河漫滩相、河床相砂体，特别是河口湾 – 河漫滩相砂质透镜体可作为优先勘探目标。晚第四纪早期和中期形成的下切河谷，需要进一步做好基础地质和油气地质工作后，再展开全面的生物气勘探。

第 6 章   晚第四纪浅层生物气藏封闭机理

任何天然气藏的形成都是储层中气体的不断散失和补充在某种程度上相对平衡的结果 (Nelson and Simmons，1995)。天然气生成越多，散失就越多 (郝石生等，1991；Krooss and Leythaeuser，1997)，特别是浅层生物气藏 (林春明等，1999b)。大量油气勘探的实践证明，盖层作为油气藏形成的重要条件之一，其封闭性的好坏在很大程度上决定了一个地区油气的有无和数量的多少，因而成为石油天然气地质研究的重点内容。

早在 1984 年 Downey 便在盖层宏观和微观特性论述的基础上对油气藏的盖层条件进行了评价 (Downey，1984)。随后 Watts 对盖层封闭机理进行了深入研究并提出"薄膜封闭"的概念 (Watts，1987)。Hunt 在异常流体压力系统中油气生成和运移研究的基础上提出了"流体封存箱"的概念 (Hunt，1990)。随着盖层封闭机理的深入研究，前人又提出了烃浓度封闭机理 (Pandey et al.，1974) 和超压封闭机理 (吕延防等，2000)。目前，物性封闭机理、超压封闭机理和烃浓度封闭机理作为盖层封闭性形成的三大机理被普遍接受 (王金鹏等，2007；Li et al.，2008)。尽管国内外学者对天然气盖层的封闭性和封闭机理进行了大量研究，认为盖层防止这种气体散失的作用包括盖层具有不渗透性的物性封闭条件和盖层具欠压实的孔隙流体超压条件，因而能阻止天然气以游离相、气溶相的渗滤作用；盖层烃浓度大于储层烃浓度，可阻止烃分子的浓度差扩散迁移 (陈章明等，1995；林春明等，1999b)；但对浅层生物气封闭机理的研究开展的工作还比较少 (王金鹏等，2007；Li et al.，2008)。江浙沿海平原晚第四纪浅层生物气埋藏浅、时代新，作为盖层的泥质沉积物结构松散，具有高孔隙度、高渗透率和高水饱和度的特点。前人对埋藏极浅的生物气藏的识别、成因和地球化学等方面虽有报道，但对其保存起着至关重要作用的盖层却很少进行研究。本书对江浙沿海平原晚第四纪下切河谷内浅层生物气藏的封闭机理进行研究，以便能正确认识浅层生物气的成藏条件。

6.1   盖 层 特 征

盖层是指位于储集层之上，能阻止油气向上运移的相对不渗透岩层。天然气分子小、密度小、黏度小，它比石油的活动性更大，即天然气的渗滤作用比石油强得多，因而天然气藏所要求的盖层条件比石油要高得多。

不同研究者按岩性、纵向组合、分布范围和成因等不同的研究角度常将盖层分为不同的类型。根据江浙沿海平原盖层实际情况和主要储气层分布在河漫滩相中的情况，主要从以下 4 个方面对盖层进行分类研究：① 按纵向的分布分为直接盖层和上覆盖层；② 按分布范围分为区域盖层和局部盖层；③ 按岩相可分为近岸浅海相盖层和河漫滩相盖层；④ 按主要岩性分为含粉砂淤泥质黏土盖层和黏土盖层。

区域盖层是指覆盖于全区或全凹陷的岩性稳定，具有一定厚度、面积的盖层。局部盖层是对一个或几个气藏起封盖作用的盖层。就地层剖面上的 (油) 气储盖组合特征来说，人们把直接盖层之上具有较大厚度，有封堵能力的岩性段称为上覆盖层。显然区域盖层往往是上覆盖层，而直接盖层多数是局部盖层，但不排除上覆盖层也可以是直接盖层。

江浙沿海平原相对河漫滩相气藏来说，气藏之上河漫滩和古河口湾相泥质沉积物是直接盖层，也是局部盖层，近岸浅海相泥质沉积物是上覆盖层，也是区域盖层。相对近岸浅海相气藏来说，气藏之上近岸浅海相泥质沉积物是直接盖层，也可能是区域盖层。江浙沿海平原具有工业性或商业性价值的气藏是河漫滩相和古河口湾相气藏，因此，本书研究的区域盖层 (上覆盖层) 是指近岸浅海相盖层，局部盖层 (直接盖层) 是指河漫滩相和古河口湾相盖层。

区域盖层对一个地区天然气聚集起着更加重要的作用，在很大程度上决定着整个地区的含气丰度，而局部盖层只控制了该区气的局部分布格局，其岩性和厚度决定了具体气藏的烃高度 (童晓光、牛嘉玉，1989)，当存在区域盖层时，对直接盖层的要求不大。

江浙沿海平原浅层生物气藏的盖层分为两种，一种为古河口湾 - 河漫滩相粉砂质黏土，称为直接盖层；一种为浅海相的淤泥质黏土，称为间接盖层 (图 5-2) (Lin *et al.*，2010；Zhang *et al.*，2013；林春明等，2015；Zhang and Lin，2017)，图 5-2B 展示了直接盖层、间接盖层和储层的相对位置及分布。

6.1.1　盖层物理性质

江浙沿海平原钻井岩心测试资料表明，直接盖层孔隙度变化范围为 34.43% ~ 66.31%，渗透率变化范围为 0.19×10^{-3} ~ 6.73×10^{-3} μm^2，水饱和度变化范围为 59.90% ~ 100%，体积密度为 1.49×10^3 ~ 2.15×10^3 kg/m^3，液性指数为 -1.17 ~ 1.91，塑性指数为 4.40 ~ 35.90 (表 6-1)；直接盖层孔隙度、渗透率、水饱和度、体积密度、液性指数和塑性指数平均值分别为 47.67%、18.7×10^{-3} μm^2、92.29%、1.87 kg/m^3、0.46 和 17.04 (表 6-1)。

表 6-1　钱塘江下切河谷地区浅层生物气直接盖层、间接盖层和储层的物理性质与力学性质

	类别		直接盖层	间接盖层	储层
物理性质	孔隙度 /%	变化范围	34.43 ~ 66.31	33.38 ~ 72.36	29.87 ~ 50.45
		平均值	47.67 (408)	53.39 (690)	39.87 (160)
	渗透率 /10^{-3} μm^2	变化范围	0.19 ~ 6.73	0.21 ~ 5.26	577 ~ 4590
		平均值	1.87 (16)	2.12 (11)	3199.4 (10)
	水饱和度 /%	变化范围	59.90 ~ 100.00	73.30 ~ 100.0	57.70 ~ 100

续表

类别		直接盖层	间接盖层	储层
物理性质	平均值	92.29 (408)	93.13 (690)	82.96 (160)
	体积密度 /(10³ kg/m³) 变化范围	1.49 ~ 2.15	1.44 ~ 2.03	1.70 ~ 2.16
	平均值	1.87 (408)	1.77 (690)	1.94 (160)
	液性指数 变化范围	−1.17 ~ 1.91	0.09 ~ 3.53	0.00 ~ 0.62
	平均值	0.46 (404)	1.22 (689)	0.27 (11)
	塑性指数 变化范围	4.40 ~ 35.90	3.60 ~ 31.30	5.60 ~ 29.50
	平均值	17.04 (404)	13.99 (689)	16.91 (11)
力学性质	压缩系数 /MPa⁻¹ 变化范围	0.05 ~ 0.65	0.09 ~ 1.48	0.10 ~ 0.38
	平均值	0.27 (144)	0.61 (204)	0.17 (18)
	压缩模量 /MPa 变化范围	3.65 ~ 36.28	1.68 ~ 13.16	4.98 ~ 17.62
	平均值	9.18 (142)	3.99 (204)	11.03 (18)
	锥尖阻力 /MPa 变化范围	1.00 ~ 7.07	0.59 ~ 1.09	1.55 ~ 11.49
	平均值	1.64 (155)	0.86 (129)	7.35 (89)
	侧壁摩擦力 /MPa 变化范围	0.02 ~ 0.12	0.00 ~ 0.02	0.04 ~ 0.13
	平均值	0.03 (155)	0.01 (129)	0.09 (89)
	摩阻比 /% 变化范围	1.34 ~ 3.28	0.53 ~ 1.64	0.48 ~ 3.20
	平均值	2.22 (155)	1.20 (129)	1.40 (89)

注: 括号内为测试样品数。

间接盖层孔隙度为 33.38% ~ 72.36%,渗透率为 0.21×10^{-3} ~ 5.26×10^{-3} μm^2,水饱和度的变化范围为 73.30% ~ 100%,体积密度为 1.44 ~ 2.03 kg/m³,液性指数为 0.09 ~ 3.53,塑性指数为 3.60 ~ 31.30 (表 6-1);间接盖层孔隙度、渗透率、水饱和度、体积密度、液性指数和塑性指数平均值分别为 53.39%、21.2×10^{-3} μm^2、93.13%、1.77 kg/m³、1.22 和 13.99 (表 6-1)。

储层孔隙度变化范围为 29.87% ~ 50.45%,渗透率变化范围为 577×10^{-3} ~ 4590×10^{-3} μm^2,水饱和度变化范围为 57.70% ~ 100%,体积密度为 1.70×10^3 ~ 2.16×10^3 kg/m³,液性指数为 0.00 ~ 0.62,塑性指数为 5.60 ~ 29.50 (表 6-1);储层孔隙度、渗透率、水饱和度、体积密度、液性指数和塑性指数平均值分别为 39.87 %、3199.4×10^{-3} μm^2、82.96%、1.94 kg/m³、0.27 和 16.91 (表 6-1)。

上述数据表明:① 浅层生物气藏盖层具有相对高的孔隙度、渗透率和水饱和度;② 直接盖层的体积密度和塑性指数比间接盖层大,而孔隙度、渗透率、水饱和度、液性指数和压缩系数均小于间接盖层;③ 盖层的孔隙度、水饱和度和液性指数均大于储层,而渗透率和体积密度小于储层。

　　粉砂质黏土层孔隙度一般小于 50%，且随着深度增加变化明显，同时砂层附近粉砂质黏土沉积物孔隙度比在粉砂质黏土层中的沉积物小 (图 6-1)。A28、A30、A32、A33 和 A36 钻孔的粉砂质黏土层孔隙度变化范围分别为 39.21% ~ 51.83%、45.98% ~ 50.52%、36.83% ~ 54.44%、37.93% ~ 53.36% 和 38.76% ~ 54.67%，平均值分别为 44.73%、47.60%、46.35%、46.91% 和 47.52%。淤泥质黏土层孔隙度大多超过 50%，且随着深度增加变化较小 (图 6-1)。A28、A30、A31、A32、A33 和 A36 钻孔的淤泥质黏土层孔隙度变化范围分别为 51.12% ~ 56.29%、50.93% ~ 57.32%、50.15% ~ 59.87%、50.98% ~ 64.46%、52.06% ~ 69.92% 和 50.47% ~ 61.35%，平均值分别为 53.10%、53.43%、53.48%、54.27%、54.68% 和 54.65% (图 6-1)。砂层的孔隙度最低，通常小于 45%，A28、A30、A31、A32、A33 和 A36 钻孔的砂层孔隙度变化范围分别为 34.90% ~ 45.71%、36.22% ~ 38.23%、32.48% ~ 34.81%、30.99% ~ 49.95%、35.69% ~ 41.86% 和 42.06% ~ 43.69%，平均值分别为 39.99%、37.21%、33.95%、41.39%、37.60% 和 42.81% (图 6-1)。

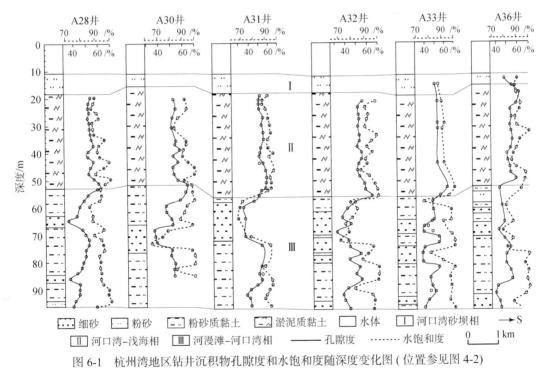

图 6-1　杭州湾地区钻井沉积物孔隙度和水饱和度随深度变化图 (位置参见图 4-2)

　　粉砂质黏土层和淤泥质黏土层的水饱和度随深度增加变化不规律，且粉砂质黏土层和淤泥质黏土层的水饱和度差别不明显 (图 6-1)。A28、A30、A32、A33 和 A36 钻孔的粉砂质黏土层的水饱和度变化范围分别为 85.40% ~ 100.00%、87.90% ~ 93.60%、78.70% ~ 100.00%、74.90% ~ 100.00% 和 79.70% ~ 100.00% (图 6-1)；A28、A30、A31、A32、A33 和 A36 钻孔的淤泥质黏土层水饱和度变化范围分别为 85.20% ~ 100.00%、82.50% ~ 100.00%、73.30% ~ 96.70%、82.70% ~ 100.00%、87.00% ~ 100.00% 和 86.40% ~ 100.00% (图 6-1)。储层的水饱度和明显小于直接盖层和间接盖层 (表 6-1 和图 6-1)。

6.1.2 力学特性

直接盖层压缩系数、压缩模量的变化范围分别为 0.05 ~ 0.65 MPa^{-1}、3.65 ~ 36.28 MPa，锥尖阻力 (q_c)、侧壁摩擦力 (f_s) 和摩阻比 (FR=f_s/q_c) 分别为 1.00 ~ 7.07 MPa、0.02 ~ 0.12 MPa 和 1.34% ~ 3.28% (表 6-1)。间接盖层的压缩系数、压缩模量、q_c、f_s 和 FR 的变化范围分别为 0.09 ~ 1.48 MPa^{-1}、1.68 ~ 13.16 MPa、0.59 ~ 1.09 MPa、0.00 ~ 0.02 MPa 和 0.53% ~ 1.64% (表 6-1)。直接盖层压缩系数比间接盖层小，差值为 0.34 MPa^{-1}，而直接盖层压缩模量、q_c、f_s、FR 明显大于间接盖层。储层的压缩模量、q_c 和 f_s 比盖层大，而压缩系数比盖层小 (表 6-1)。

6.1.3 放气后沉积物特性变化

生物气释放后，沉积物的物理性质和力学性质均会受到的影响，本书以孔隙度、压缩模量和标贯击数 (SPT-N) 为例对排气后沉积物性质的变化进行探讨。SPT-N 是指进行标准贯入试验时最后 30 cm 贯入时所需要的锤击数 (Sivrikaya and Toğrol，2006)。

杭州湾海域三北浅滩气田人工放气试验结果表明，放气后盖层和储层性质的变化趋势截然相反，且直接盖层的变化更明显。气体释放后直接盖层的孔隙度由 48% 减小为 44%、压缩模量由 5.45 MPa 增加到 6.70 MPa、标贯击数由 13 击 /30 cm 增加到 15 击 /30 cm (表 6-2)，变化前后三者的差值分别为 4%、1.25 MPa 和 2 击 /30 cm。间接盖层的孔隙度由 57% 减小为 54%、压缩模量由 5.50 MPa 增加到 5.70 MPa、标贯击数由 10 击 /30 cm 增加到 11 击 /30 cm (表 6-2)，变化前后三者的差值分别为 3%、0.2 MPa 和 1 击 /30 cm。气体释放对直接盖层属性的影响更明显，气体释放后直接盖层比间接盖层变得更为致密、封闭能力更好。

表 6-2 杭州湾地区三北浅滩气田人工放气试验前后地层属性变化

	岩性	孔隙度平均值 /%		压缩模量 /MPa		标贯击数平均值 /(击 /30 cm)	
		放气前	放气后	放气前	放气后	放气前	放气后
间接盖层	近岸浅海相淤泥质黏土	57.0 (302)	54.0 (32)	5.50 (107)	5.70 (8)	10 (191)	11 (21)
直接盖层	古河口湾 – 河漫滩相粉砂质黏土	48.0 (98)	44.0 (8)	5.45 (50)	6.70 (3)	13 (39)	15 (4)
储层	古河口湾 – 河漫滩相细砂	44.0 (73)	44.0 (15)	9.90 (53)		32 (77)	28 (11)
	古河口湾 – 河漫滩相中砂	43.0 (36)	44.0 (1)	16.50 (8)		32 (139)	27 (10)

注：括号内为样品测试数。

就储层而言，气体释放后其孔隙度变化不明显 (表 6-2)，标贯击数减小。气体释放前含气砂体的标贯击数达 32，气体释放后砂体的标贯击数降到 28 以下，说明气体释放前砂体较致密，气体释放对砂体造成较强扰动，导致孔隙空间增大的值足以抵消气体和地层水释放造成的孔隙空间减少的值，从而使气体释放后储层砂体变疏松，孔隙度略有增加，标贯击数减少。

6.2　生物气藏封闭机理

由于江浙沿海平原晚第四纪钱塘江下切河谷内沉积物埋藏较浅，粉砂质黏土层和淤泥质黏土层压实作用较弱，孔隙度平均为 51.26%。粉砂质黏土层和淤泥质黏土层渗透率最小值为 $0.19 \times 10^{-3} \ \mu m^2$，远远高于常规泥岩盖层的评价标准 $(0.01 \times 10^{-3} \ \mu m^2)$(李国平等，1996)。按常规泥岩盖层的评价标准，江浙沿海平原粉砂质黏土层和淤泥质黏土层完全不能作为盖层。但江浙沿海平原生物气藏的存在证实粉砂质黏土层和淤泥质黏土层又实实在在地起到了封闭作用。此外，江浙沿海平原浅气田储层水中 Cl^- 的浓度远远大于非气层地层水和地表水中 Cl^- 的浓度 (林春明、钱奕中，1997)，表明储层水和地下水交流不好，粉砂质黏土层和淤泥质黏土层具有较好的封闭性，盖层和储层之间压力差是盖层封闭性存在的最根本的原因。毛细管封闭机理、孔隙水压力封闭机理和烃浓度封闭机理是江浙沿海平原浅层生物气藏形成的最主要的封闭机理 (Zhang *et al.*，2013)。

6.2.1　毛细管封闭机理

Berg (1975) 提出了毛细管封闭机理的概念并论述其在烃类运移和圈闭中的作用，之后 Schowalter (1979) 对毛细管封闭机理进行了全面论述。毛细管压力可以阻止非润湿相油气通过盖层向上运移，直到下覆油气压力超过盖层的毛细管进入压力 (Schlömer and Krooss，1997；Revil *et al.*，1998)。排替压力是指岩石中最大连通孔隙的润湿相流体被非润湿相流体排替所需要的最低压力 (Schowalter，1979；Schlömer and Krooss，1997)，排替压力可以表示为 $P_d=2\sigma\cos\theta/r$，式中 P_d 为岩石排替压力，σ 为气水 (或油水) 界面张力，θ 为气水 (或油水) 界面与岩石孔壁的接触角，r 为岩石中最大连通孔隙半径。排替压力与最大连通孔隙半径呈负相关，最大连通孔隙半径越大，排替压力越低，反之，孔隙半径越小，排替压力越大。游离相油气欲通过盖层向上方储层中运移，必须克服盖层的排替压力，否则即被封盖于盖层之下。理论上，油气在岩石中的饱和度达到 10% 后才能流动，因此，将毛细管压力曲线上含气饱和度为 10% 时对应的毛细管压力定义为排替压力 (Schowalter，1979)，孔隙喉道直径与盖层封闭能力呈负相关 (Lash and Blood，2007)。突破压力是克服任意大小相互连通孔隙的毛细管压力，从而形成非润湿相连续通道并出现达西流体的毛细管压力值 (Hildenbrand *et al.*，2002；Li *et al.*，2005)。突破压力的大小取决于连通孔隙的最大毛细管压力，是衡量盖层封闭能力的重要参数 (Li *et al.*，2005)，排替压力和突破压力越大，毛细管封闭能力越强，反之则越弱 (Zhang *et al.*，2013；曲长伟，2014)。

　　江浙沿海平原浅层生物气藏盖层埋藏浅、结构松散，无法直接测取其排替压力，且盖层与储层孔隙度较为接近，甚至盖层孔隙度更大，因此不能用排替压力和孔隙度来表征江浙沿海平原生物气藏盖层毛细管封闭能力。渗透率是表征排替压力大小的一个重要参数 (Revil et al., 1998)，渗透率越小，排替压力越大；此外储层中浅层生物气剩余压力超过盖层的排替压力进入盖层后，渗透率控制其运移速度及范围 (Schlömer and Krooss, 1997)，因此将渗透率作为评价浅层生物气藏盖层毛细管封闭能力的参数，其大小可以反映盖层毛细管封闭能力的强弱，渗透率越低，盖层毛细管封闭能力越强。江浙沿海平原生物气藏盖层主要由粒径较小的黏土矿物组成，储层是由粒度较大的砂质沉积物组成 (表 6-3)，由于在粒径大小上的差异，盖层的孔喉明显小于储层，盖层的渗透率明显小于储层 (表 6-4，图 6-2)，从而形成了江浙沿海平原生物气藏盖层毛细管封闭。测试样品中盖层的渗透率数值比储层小两三个数量级 (表 6-4，图 6-2)，盖层具有较强的毛细管封闭能力。

　　对钱塘江下切河谷地区 SE1 孔埋深 98.0 ～ 44.6 m 的 10 个砂层样品、91.7 ～ 42.9 m 的 16 个直接盖层样品和 42.9 ～ 28.0 m 的 11 个间接盖层样品的渗透率进行测定 (Zhang et al., 2013；曲长伟等, 2013)，测试结果表明，SE1 孔盖层沉积物的渗透率变化范围为 0.19×10^{-3} ～ 6.73×10^{-3} μm^2，砂质储层沉积物的渗透率为 577×10^{-3} ～ 4590×10^{-3} μm^2，平均值依次为 1.97×10^{-3} μm^2 和 3199.4×10^{-3} μm^2 (表 6-4，图 6-2)，盖层渗透率比储层小两三个数量级，这表明盖层的排替压力远远大于储层的排替压力，盖层的毛细管封闭性能较好，储层中游离相烃类难以通过盖层向上运移，有利于生物气保存。

表 6-3　钱塘江下切河谷地区 SE1 井直接盖层、间接盖层和储层粒度分析测试结果

类别		渗透率 / $\times 10^{-3}$ μm^2	砂 /%	粉砂 /%	黏土 /%
直接盖层	变化范围	0.19 ～ 6.37	0.05 ～ 12.15	4.83 ～ 14.43	77.38 ～ 92.52
	平均值	1.87 (16)	5.12 (16)	9.03 (16)	85.85 (16)
间接盖层	变化范围	0.21 ～ 5.26	0 ～ 8.46	4.32 ～ 20.21	73.41 ～ 91.67
	平均值	2.12 (11)	4.29 (11)	12.33 (11)	83.38 (11)
储层	变化范围	577 ～ 4590	45.23 ～ 76.04	21.34 ～ 49.85	2.39 ～ 21.68
	平均值	3199.4 (10)	62.23 (10)	30.22 (10)	7.55 (10)

注：括号内数值为测试样品数量。

　　42.9 ～ 28.0 m 间接盖层岩性以青灰色或灰色淤泥质黏土为主，部分样品中夹粉砂条带或粗砂团块。33.56 m 夹粉砂条带的青灰色淤泥质黏土的渗透率最大，为 5.26×10^{-3} μm^2；39.91 m 灰色淤泥质黏土的渗透率值最小，仅 0.21×10^{-3} μm^2。该段内 3 个不含砂质的淤泥质黏土样品，其渗透率变化范围为 0.21 到 3.8×10^{-3} μm^2，平均为 1.51×10^{-3} μm^2 (表 6-4 和图 6-2)；其他 8 个样品的岩性为粉砂质淤泥质黏土或淤泥质黏土夹粉砂条带、粗砂团块，渗透率变化范围为 0.54×10^{-3} ～ 5.26×10^{-3} μm^2，平均为 2.35×10^{-3} μm^2 (表 6-4 和图 6-2)。

含粉砂条带或粗砂团块时淤泥质黏土样品渗透率数值明显增大，这说明淤泥质黏土中有砂质条带或含砂量高时，渗透率明显增大，排替压力相应减少，封闭性变差。

91.7～42.5 m 直接盖层岩性以灰色粉砂质黏土为主，少量样品中含有砂质条带或团块。渗透率最大值出现在 51.6 m 处，为 $6.73 \times 10^{-3} \mu m^2$，岩性为夹中砂团块的灰色粉砂质黏土；最小值出现在 61.1 m 处，为 $0.19 \times 10^{-3} \mu m^2$，岩性为灰色粉砂质黏土。该段内有 5 个粉砂质黏土样品中夹砂层或团块，渗透率变化范围为 $0.55 \times 10^{-3} \sim 6.73 \times 10^{-3} \mu m^2$，平均为 $2.67 \times 10^{-3} \mu m^2$（表 6-4，图 6-2）；其他 11 个粉砂质黏土样品中不含砂质，其渗透率变化范围为 $0.19 \times 10^{-3} \sim 4.91 \times 10^{-3} \mu m^2$，平均为 $1.51 \times 10^{-3} \mu m^2$（表 6-4，图 6-2）。当有砂质成分存在时，粉砂质黏土的渗透率明显增大，这表明在直接盖层中粉砂质黏土渗透率同样要小于砂层，排替压力大于砂层。此外，在本段 43.6～61.1 m 的范围内，随深度增加，粉砂质黏土渗透率明显减小，这表明随埋深越大，压实作用越强，排替压力增大，封闭性增强。

98.0～44.6 m 储层岩性以中粗砂为主，渗透率变化范围为 $577 \times 10^{-3} \sim 4590 \times 10^{-3} \mu m^2$，平均为 $3199.4 \times 10^{-3} \mu m^2$（表 6-4 和图 6-2），且随着埋深增加，储层渗透率数值明显增大，排替压力减小，而直接盖层黏土层排替压力随深度增加而增大，这表明毛细管封闭能力随着深度增加而增强。

Pang 等（2005）认为较高的含水饱和度对柴达木盆地第四纪泥岩盖层封闭能力的维持具有重要作用。当孔隙中充满水时，泥岩的渗透率明显下降。Li 等（2008）对柴达木盆地三湖地区第四系生物气田中不同含水饱和度泥岩和人工砂岩样品的毛细管封闭能力进行了模拟试验，结果表明随着含水饱和度的增加，泥岩和人造砂岩样品的突破压力都增加。当含水饱和度小于 60% 时，泥岩的突破压力变化较小；当含水饱和度达到 60% 时，泥岩的突破压力微弱增加；当含水饱和度超过 70% 时，泥岩突破压力随饱和度的增加明显增大（图 6-3）。人工砂岩样品的渗透率和孔隙度均大于泥岩样品，但是排替压力远远小于泥岩。人工砂岩样品中较低的排替压力不仅与孔隙结构有关，而且与人工砂岩样品中缺乏黏土矿物有关（Li et al.，2008），说明盖层的突破压力大小受水饱和度和黏土矿物含量影响。

杭州湾地区晚第四纪沉积物埋藏浅、压实程度低，沉积物中的孔隙水未完全排出。盖层水饱和度变化范围为 59.90%～100%，平均为 92.82%（表 6-1），当孔隙中充满水时，孔喉半径减小，排替压力增加。本区黏土矿物主要由具有较强亲水性和膨胀性的伊利石和伊/蒙混层组成，其含量可达 69.00%～81.00%（表 5-4），伊利石和伊/蒙混层矿物遇水膨胀，堵塞孔隙和孔喉，导致连通孔隙和孔喉的半径减小，造成排替压力增加。江浙沿海平原沉积物中较高的水饱和度和黏土矿物含量使盖层排替压力、突破压力增加，抑制了浅层生物气的散失。

从理论上讲，盖层毛细管封闭能力的强弱往往取决于盖层孔隙发育程度，而与其厚度没有直接关系，这对于晚期成岩的致密盖层可能是适用的，但对于江浙沿海平原埋藏较浅、结构松散的泥质盖层而言，厚度的补偿作用就显得极其重要（王金鹏等，2007）。从沉积角度上看，只有厚度大的盖层其沉积环境才是稳定的，其沉积物的均质性好，大孔隙不发育，排替压力大，毛细管封闭能力较强。相反，如果盖层厚度小，则沉积环境不稳定，沉积物均质性差，大孔隙发育，盖层排替压力小，毛细管封闭能力就弱 (付广等，1999)。童晓光和牛嘉玉 (1989) 对中国东部 34 个油气藏盖层厚度 (y) 与所封盖的烃柱高度 (x) 进行统计，得到 $y=1.4059+2.116x$ 的良好关系 (相关系数为 0.9206)，盖层厚度较大往往可以弥补盖层质量的不足。王金鹏等 (2007) 对柴达木盆地第四系盖层厚度与气柱高度进行了统计分析，结果表明：1 ~ 3 m 厚的泥岩盖层很难形成高效封闭，往往只能在高部位起到局部遮挡作用，含气仅限于较小的范围，气柱高度不到 10 m；5 ~ 9 m 厚的泥岩层，常常封盖气柱高度在 20 m 以内；而那些气柱更高的气层，其盖层的厚度基本全部在 9 m 以上，这说明厚度大的盖层可以有效抑制天然气的渗透。江浙沿海平原渗透率数值在黏土质盖层中随着深度增加而减小，而在砂层储层中随深度增加而增大，表明随着盖层厚度增加，黏土层和砂层之间的排替压力差值增大，黏土质盖层的毛细管封闭能力增强，证实了泥质盖层的厚度对盖层毛细管封闭能力有着重要补偿作用。

表 6-4　钱塘江下切河谷地区 SE1 井直接盖层、间接盖层和储层变水头渗透率试验测试结果

样品号	深度 /m	岩性	渗透率 / ×10⁻³ μm²	粒径分布 /%			类别
				砂 −1 ~ 4Φ	粉砂 4 ~ 8Φ	黏土 >8Φ	
1	28.0	淤泥质黏土	0.32 ~ 0.63/0.53	0.00	10.12	89.87	
2	30.2	淤泥质黏土夹粉砂条带	3.23 ~ 4.62/4.32	1.84	16.00	82.16	
3	33.2	淤泥质黏土夹粉砂条带	0.70 ~ 0.83/0.80	8.46	4.32	87.23	
4	33.6	淤泥质黏土夹粉砂条带	4.94 ~ 6.30/5.26	4.74	15.79	79.47	
5	34.1	淤泥质黏土夹粉砂条带	0.80 ~ 0.94/0.89	7.55	5.35	87.10	
6	35.7	淤泥质黏土夹粉砂条带见铁锰浸染	1.16 ~ 1.36/1.19	5.51	8.73	85.76	间接盖层
7	36.8	淤泥质黏土夹粉砂条带见铁锰浸染	2.81 ~ 4.12/3.27	5.78	18.27	75.95	
8	37.8	淤泥质黏土夹粉砂条带和团块	4.45 ~ 6.96/0.54	1.13	9.20	89.67	
9	39.9	淤泥质黏土见铁锰浸染	0.20 ~ 0.24/0.21	2.11	6.23	91.67	
10	42.3	淤泥质黏土见铁锰浸染	3.68 ~ 4.37/3.80	6.38	20.21	73.41	
11	42.9	淤泥质黏土夹粉砂条带	2.34 ~ 3.21/2.56	1.66	12.82	85.52	
12	43.3	粉砂质黏土夹中砂团块	1.02 ~ 1.67/1.28	10.86	4.83	84.31	直接盖层
13	43.6	粉砂质黏土见铁锰浸染	3.34 ~ 4.11/3.88	5.83	8.50	85.66	
14	44.6	中粗砂	662 ~ 845/747	47.08	31.24	21.68	储层
15	45.8	粉砂和细砂互层	459 ~ 532/577	45.23	49.85	4.92	
16	51.6	粉砂质黏土夹中砂团块	5.66 ~ 7.41/6.73	12.15	10.48	77.38	直接盖层
17	52.9	粉砂质黏土	4.35 ~ 5.65/4.91	5.46	13.69	80.85	

续表

样品号	深度 /m	岩性	渗透率 / ×10⁻³ μm²	粒径分布 /%			类别
				砂 -1 ~ 4Φ	粉砂 4 ~ 8Φ	黏土 > 8Φ	
18	53.4	粉砂质黏土	1.36 ~ 1.84/1.52	5.64	5.33	89.03	
19	54.8	粉砂质黏土夹粉细砂条带	0.46 ~ 0.59/0.55	2.34	9.03	88.63	
20	55.6	粉砂质黏土夹粉砂团块	0.72 ~ 0.92/0.89	3.41	9.90	86.69	直接盖层
21	57.5	粉砂质黏土	0.20 ~ 0.29/0.24	0.05	8.31	91.64	
22	59.2	粉砂质黏土见碳质团块	0.54 ~ 0.60/0.56	1.20	10.36	88.44	
23	61.1	粉砂质黏土	0.17 ~ 0.23/0.19	0.14	7.35	92.52	
24	62.8	细砂夹泥质团块	2400 ~ 2570/2470	51.00	35.93	13.07	储层
25	66.6	中粗砂夹砾	3360 ~ 3580/3530	58.40	33.78	7.82	
26	67.1	粉砂质黏土	0.35 ~ 0.44/0.40	0.10	9.14	90.76	
27	68.3	粉砂质黏土见碳质团块	2.67 ~ 3.28/2.99	3.23	7.81	88.96	直接盖层
28	70.7	粉砂质黏土	1.84 ~ 2.26/2.15	4.40	14.43	81.17	
29	72.6	粉砂质黏土	0.39 ~ 0.48/0.43	3.13	6.28	90.59	
30	73.8	细砂	4300 ~ 4480/4440	74.89	22.72	2.39	储层
31	75.0	粉砂质黏土	0.53 ~ 0.61/0.57	4.42	7.82	87.77	直接盖层
32	79.9	中砂夹泥质团块	4520 ~ 4670/4590	76.04	21.34	2.62	
33	81.7	中砂夹泥质团块	3830 ~ 4050/3930	64.95	28.37	6.68	储层
34	84.0	中砂夹粉砂条带和泥质团块	4140 ~ 4300/4220	72.86	24.03	3.11	
35	91.7	粉砂	2.48 ~ 3.08/2.62	4.58	5.62	89.80	直接盖层
36	95.5	中砂	3340 ~ 3480/3410	54.07	36.40	9.53	储层
37	98.0	细砂	4040 ~ 4240/4080	67.63	29.12	3.25	

注：0.32 ~ 0.63/0.53 代表最小值 ~ 最大值 / 平均值。

无论浅埋藏还是深埋藏，盖层毛细管压力总是大于储层。一般埋藏浅的盖层排替压力为 0.20 ~ 2.45 MPa，平均 1.0 MPa 左右 (顾树松，1996)，但是对其下伏更小剩余压力气层来说，仍可成为有效盖层。本区浅层生物气藏原始剩余压力为 0.22 ~ 0.46 MPa (林春明等，1997；Lin *et al*., 2010；Zhang *et al*., 2013)，因此只要泥质盖层有大于 0.5 MPa 的排替压力，就可以封闭更低压的气藏。理论上讲，江浙沿海平原盖层的毛细管压力可以封闭下伏砂质透镜体中的气体。

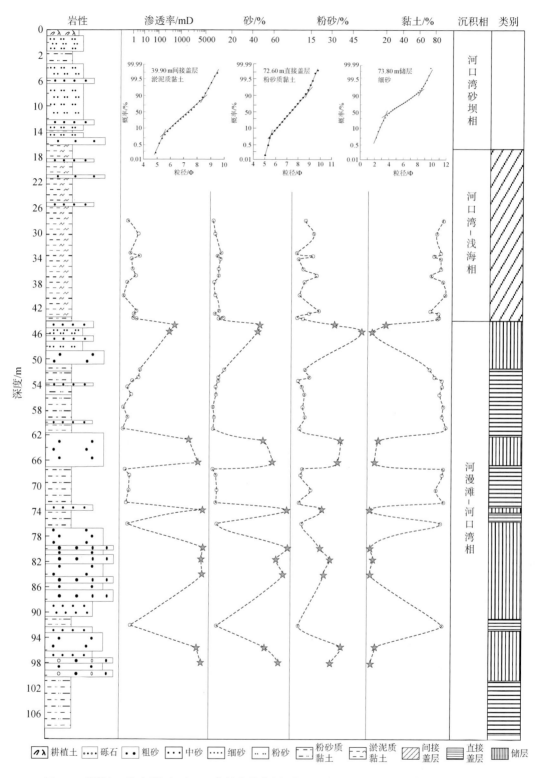

图 6-2 钱塘江下切河谷地区 SE1 井综合柱状图 (据 Zhang *et al.*，2013；曲长伟等，2013)

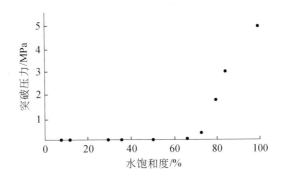

图 6-3　柴达木盆地三湖地区第四纪泥岩不同水饱和度下突破压力的变化特征 (据 Li *et al.*，2008)

6.2.2　孔隙水压力封闭机理

本书利用孔隙水压力静力触探试验获得的孔隙水压力资料和孔隙水压力消散历时资料，来研究盖层的孔隙水压力封闭机制。在孔隙水压力静力触探试验过程中，获得锥尖阻力 q_c (单位 MPa)、侧壁摩擦力 f_s (单位 MPa)、摩阻比 FR (f_s/q_c) 和孔隙水压力 u (单位 MPa) 这些参数。孔隙水压力 u 可表示为 $u=u_0+\Delta u$，其中 u_0 为静水压力，Δu 为钻头钻进过程引起的孔隙压力的变化值。在贯入停止时，超孔隙压力发生消散，以停止瞬间作为超孔隙压力初始消散时间，并按一定的时间间隔记录各个时刻的超孔压消散值 (Lafuerza *et al.*，2005；Lin *et al.*，2010)。

由于杭州湾地区晚第四纪沉积物埋藏较浅，压实作用较弱，无论采取何种钻井设施和钻井方法，所得到的样品都会被扰动。室内试验操作往往理想化，测量得到的参数如渗透率和孔隙度，只能定性地描述盖层和储层的盖储条件。但孔隙水压力静力触探试验不用采样，其成果的可靠性和再现性好，而且采用电测技术，便于实现测试和结果处理自动化；孔隙水压力静力触探机可以每贯入 2 cm 记录一次孔隙水压力，对整个静力触探深度而言属于连续点值测量，几乎没有贯入阻力那样的超前和滞后反映，能精确地描绘出地层的原始孔隙水压力状况。

夹灶浅气田 JS1 井孔隙水压力及其消散时间如图 6-4 所示。地下水位线之上的砂质沉积物 (0 ~ 5.9 m) 的孔隙水压力很低，不足 0.01 MPa。6.0 ~ 9.1 m 的黏土质粉砂层的孔隙水压力由 0.01 MPa 线性增加到 0.13 MPa。9.2 ~ 26.6 m 的浅海相淤泥质黏土层中，孔隙水压力由顶部的 0.14 MPa 增加到底部的 0.58 MPa，孔隙水压力和静水压力之间的差值也由 0.11 MPa 增加到 0.37 MPa (图 6-4)。26.7 ~ 36.5 m 的古河口湾相粉砂质黏土中，从上到下，孔隙水压力由 0.60 MPa 增加到 0.79 MPa，孔隙水压力和静水压力之间的差值由 0.39 MPa 增加到 0.48 MPa (图 6-4)。在 36.6 m 的砂质储层处孔隙水压力骤降到 0.31 MPa，由此深度向下，孔隙水压力随深度增加而增大，但和静水压力数值相当。从图 6-4 中可以看出：① 粉砂质黏土和淤泥质黏土层的孔隙水压力明显高于砂层的孔隙水压力，且粉砂质黏土和淤泥质黏土层的孔隙水压力明显高于静水压力，砂层的孔隙水压力值与静水压力相近；

② 同一岩性中，孔隙水压力随深度的增加而增加，且在泥质层中增加更明显，说明就盖层而言，埋深越大，孔隙水压力封闭性越强。

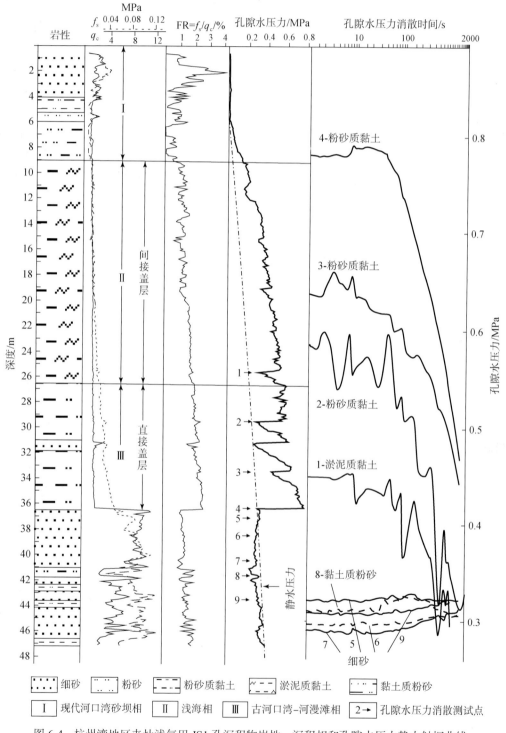

图 6-4　杭州湾地区夹灶浅气田 JS1 孔沉积物岩性、沉积相和孔隙水压力静力触探曲线

在 1 ~ 1000 s 或 2000 s 的时段内，36.5 m 以上的淤泥质黏土和粉砂质黏土的孔隙水压力消散明显 (图 6-4)，消散速率为 130×10^{-6} ~ 220×10^{-6} MPa/s。36.5 m 以下的砂质储层中，孔隙水压力在 1 ~ 750 s 或 1500 s 内不减小反而呈增加趋势 (图 6-4)，孔隙水压力增加速率为 1.33×10^{-6} ~ 38×10^{-6} MPa/s。前人研究指出在有浅层生物气聚集的地区，黏土层的孔隙水压力消散时间要远远大于粉砂层 (Lin *et al.*，2010；Zhang *et al.*，2013)，砂层的孔隙水压力消散速率明显减缓，究其原因可能是生物气的快速补充。

综上所述，盖层的孔隙水压力明显大于储层孔隙水压力 (图 6-4)。孔隙水压力在盖层和储层的界面处达到最大 (0.79 MPa)，此时盖层和储层之间孔隙水压力差值达到 0.48 MPa。本区浅层生物气藏原始剩余压力为 0.22 ~ 0.40 MPa，最大可达 0.46 MPa (林春明等，1997；Lin *et al.*，2010；Zhang *et al.*，2013)。盖层孔隙水压力值大于储层的孔隙水压力值和原始气藏压力值之和，因此粉砂质黏土层和淤泥质黏土层能够阻止下伏砂质透镜中的生物气向上运移，从而聚集成藏。

6.2.3　烃浓度封闭机理

江浙沿海平原粉砂质黏土层和淤泥质黏土层既是生气层，又是盖层。粉砂质黏土和淤泥质黏土层中发生甲烷生成作用时，层内甲烷浓度较周围高，此外，粉砂质黏土和淤泥质黏土层的高孔隙水压力又促进了甲烷的溶解。气体的生成和溶解使生气层中甲烷浓度超过下伏砂质储层中的甲烷浓度，从而在生气层 (盖层) 和储层之间形成烃浓度差。甲烷从高浓度处向低浓度处运移，即从盖层向下运移，甲烷气体的这种向下运移在一定程度上会限制或减缓下伏储层中气体的向上扩散，构成烃浓度封闭。

浙江椒江地区 Jq-1 孔 6 个样品的罐顶气分析结果显示，46.46 m 处古河口湾 – 河漫滩相粉砂质黏土层的罐顶气浓度为全孔最高值，达 39228.8 μL/L (表 6-5)，为下伏储层中罐顶气浓度的 31.2 倍，从而形成一个良好的浓度异常盖层，必然要对下伏储层烃分子扩散起到抑制作用。15.15 ~ 26.75 m 浅海相淤泥质黏土沉积物罐顶气的浓度比周围地层高，也可以限制下伏地层中的生物气向上运移，形成近岸浅海相烃浓度封闭层 (林春明等，1999b；Lin *et al.*，2010；Zhang *et al.*，2013)。

表 6-5　浙江省椒江地区 Jq-1 孔沉积物样品罐顶气分析数据 (据林春明等，1999b)

类别	岩性	深度 /m	罐顶气 /(μL/L)
间接盖层	近岸浅海相淤泥质黏土	4.85	481.10
		15.15	25393.90
		26.75	12986.70
直接盖层	古河口湾 – 河漫滩相粉砂质黏土	36.15	149.70
		46.46	39228.80
储层	古河口湾 – 河漫滩相粉砂	51.45	1256.70

6.3 生物气藏封闭机制形成因素探讨

6.3.1 人工放气后沉积物物性变化原因

放气后沉积物孔隙度、压缩模量和标贯击数的变化受两方面作用的影响。一方面，气体和地层水的释放使颗粒所受支撑力变小，导致地层孔隙度减小、压缩模量和标贯击数增大，地层更为致密；另一方面，气体的释放必然会使含气砂体和上覆盖层受到扰动，颗粒松散，表现为孔隙度增大、压缩模量和标贯击数减小。

杭州湾海域三北浅滩含气区人工放气试验结果表明，气体释放后粉砂质黏土和淤泥质黏土变得致密，砂层则变得松散 (表 6-2)。这说明盖层的物性变化主要受颗粒支撑力的减小所控制，而储层物性的变化在很大程度上是沉积物的扰动造成的。

黏土质粉砂和淤泥质黏土离生物气相对较远，气体的释放对盖层造成的扰动较小，因此盖层属性的变化主要是颗粒支撑力的减小造成的。直接盖层中原始气体浓度比间接盖层大 (表 6-6)，直接盖层中气体给沉积物颗粒提供的支撑力更大，因此气体释放后直接盖层孔隙度的减小更显著，压缩模量和标贯击数的增加幅度更大。此外，间接盖层的孔隙度、水饱和度、液性指数和压缩系数均小于直接盖层 (表 6-1)，说明间接盖层的强度明显小于直接盖层。当扰动发生时，间接盖层更易于恢复原状，这也造成间接盖层孔隙度、压缩模量和标贯击数变化要小于直接盖层。

储层的孔隙度、水饱和度、液性指数和压缩系数均比盖层小 (表 6-1)，这说明储层压缩性弱、强度大、致密，所以气体释放对砂层的扰动更强烈。此外，生物气主要存储在砂层中，其释放对周围砂层造成的扰动肯定比上覆的盖层更强烈。砂层中孔隙度变化较小，表明砂层沉积物扰动导致的孔隙度增加足以抵消气体释放造成的孔隙度减小。

6.3.2 孔隙水压力封闭机理的形成

孔隙水压力及其消散试验结果表明，盖层中的高孔隙水压力对生物气藏的形成具有重要的作用。孔隙水压力封闭机理形成的原因，主要包括不均衡压实、黏土矿物膨胀、生物气的形成和有利的保存条件 (适合高孔隙水压力保存的地质条件)。

1) 不均衡压实

不均衡压实被用来解释许多老盆地中形成的超压 (Van Ruth et al., 2004；Vejbaek，2008)，不均衡压实被认为是超压形成的最主要原因 (Osborne and Swarbrick, 1997)。泥质沉积物的机械压实往往伴随着孔隙流体的排出和沉积物颗粒的重新排列 (Lash and Blood, 2007)，压力增加和地层排水能力之间的不平衡就导致了超压的形成 (Tingay et al., 2009)，由不均衡压实产生的超压在盆地深部比浅部要大 (Daniel, 2001)。

江浙沿海平原砂层附近粉砂质黏土沉积物的孔隙度比粉砂质黏土层中部的孔隙度小 (图 6-1)，说明粉砂质黏土层中部处于欠压实状态。压实程度的差异与古河口湾 – 河漫

滩相较大的沉积速率和层厚有关。古河口湾 – 河漫滩相沉积物的平均沉积速率为 2.9 mm/a
(林春明等, 1999a；Lin *et al.*, 2005)。砂层附近的粉砂质黏土层中的孔隙流体易于排出,
因此形成一个压实程度略高的封闭层；而厚层的粉砂质黏土沉积物中部的孔隙水不能有效
排出, 造成压实 – 排液作用不平衡, 从而处于欠压实状态。孔隙流体承受了一部分地层压
力, 从而形成了高孔隙水压力。

2) 黏土矿物的膨胀

所有的黏土矿物都具有湿润性和膨胀性。一般来说, 黏土矿物的湿润性和膨胀性具
有蒙脱石 > 伊 / 蒙混层矿物 > 高岭石 > 伊利石 > 绿泥石的关系。蒙脱石具有良好的湿润
性、膨胀性、低渗透性和好的自封闭能力, 已被广泛应用于衬料的制作, 垃圾填埋坑的
底衬 (陈延君等, 2006) 和核废料的密封 (Villar *et al.*, 2006)。当富含蒙脱石的土壤遭受降水、
喷灌或地面灌溉时, 土壤渗透性急剧渐弱, 形成一个沉积成因的封闭层 (Parker and Rae,
1998；Lado *et al.*, 2007)。

伊 / 蒙混层矿物占盖层黏土矿物总量的 28% ~ 45%, 高岭石、伊利石和绿泥石分别
占黏土矿物总含量的 8% ~ 13%、34% ~ 46% 和 8% ~ 18% (表 6-4)。江浙沿海平原地层
具有高孔隙水含量的特征, 这使地层中的黏土矿物发生膨胀。黏土矿物的膨胀会导致孔隙
中压力增加, 从而孔隙水压力也增加。

3) 生物气的生成

油气生成可能是沉积盆地中高流体压力形成的最有效的机制 (Lee and Deming,
2002), Lash 和 Blood (2007) 指出在阿巴拉契亚盆地纽约西部地区上泥盆统页岩中的超压
是在富有机质烃源岩中的干酪根向油气转化过程中形成的。干酪根向气体的转化将伴随巨
大的体积改变, 这种体积的变化就有可能形成超压 (Lee and Deming, 2002), 干酪根向天
然气转化过程中, 体积膨胀可达 25%, 干酪根向甲烷和其他低分子烃类转化过程中的体积
膨胀更为明显 (曹华等, 2006)。压实作用往往是不可逆的, 因此孔隙流体体积膨胀时, 孔
隙本身体积不改变, 其结果便是产生超压 (Neuzil, 1995；Tingay *et al.*, 2009)。

江浙沿海平原直接盖层和间接盖层都是生物气源岩, 大量有机质在粉砂质黏土和淤泥
质黏土层中被分解生成生物气, 这种有机质向甲烷气体的转化会造成明显的孔隙流体体积
增大, 从而进一步形成高的孔隙水压力。

4) 有利的保存条件

超压的保存对封闭层形成至关重要, 超压本身是不稳定的, 往往试图恢复到静水平衡,
一般认为超压只存在于产生超压的沉积物内或其附近 (Tingay *et al.*, 2009)。沉积序列在
地质时间内维持超压的能力往往取决于沉积物的渗透性和压缩性 (Vejbaek, 2008), 较低
的渗透性和较高的压缩性有利于异常压力的维持。江浙沿海平原直接盖层和间接盖层的
平均压缩系数分别为 0.27 和 0.61, 说明盖层沉积物压缩性强, 能够较好地维持高压。直
接盖层和间接盖层渗透率平均值依次为 1.87×10^{-3} μm^2 和 2.12×10^{-3} μm^2。江浙沿海平原
粉砂质黏土层和淤泥质黏土层的形成时间为 12000 ~ 4000 a BP (Lin *et al.*, 2005), 因此
盖层中较高的孔隙水压力应在 12000 a BP 以后形成。维持百万年尺度的异常压力要求渗
透率为 $10^{-8} \times 10^{-3}$ ~ $10^{-6} \times 10^{-3}$ μm^2 (Lee and Deming, 2002；Vejbaek, 2008), 江浙沿海平

原粉砂质黏土层和淤泥质淤泥层的渗透率应足以满足 12000 年的高孔隙水压力的维持。

前人研究指出异常压力可以通过气毛细管封闭作用在沉积盆地长时间保存 (Revil *et al.*，1998；Lee and Deming，2002)，气毛细管封闭的研究源于非饱和带土壤，然后被应用于沉积盆地 (Revil *et al.*，1998)。气毛细管封闭是由互层的、有粒度变化的沉积物中有自由相气体存在时产生的渗透性阻挡层所产生的，粗、细粒沉积物互层的地层中有气体存在时，在粗、细粒沉积物的气水界面处就会形成气毛细管封闭。江浙沿海平原古河口湾 – 河漫滩相粉砂质黏土层中夹大量粉砂质和砂质透镜体，海相淤泥质黏土中也存在许多粉砂纹层和砂质透镜体。甲烷生成之后，孔隙流体包括水和甲烷。甲烷气体优先在粗粒沉积物中富集，甲烷气体聚集到一定程度后，气相就形成一个内部连通的微型“气体盖层”，从而阻滞甲烷气体和水的流动，即形成气毛细管封闭。相对粗粒级的粉砂、细砂和细粒级的粉砂质黏土、淤泥质黏土的交互沉积可以在江浙沿海平原形成气毛细管封闭，从而维持较高的孔隙水压力。

此外，盖层中大量的分散有机质和黏土矿物的膨胀导致不连通孔隙数量增加，连通孔隙的半径减小。孔隙和孔喉半径的减小使孔隙水和孔隙水压力难以散失，这对盖层中高孔隙水压力的保存也是有帮助的。

6.3.3 直接盖层和间接盖层封闭性对比

1) 直接盖层具有较强的封闭性

从沉积层属性来看，粉砂质黏土层和淤泥质黏土层的压缩系数、液性指数都比砂质透镜体的大 (表 6-1)，表明它们具有更强的压缩性，更好的封闭能力。人工放气试验结果也表明，粉砂质黏土和淤泥质黏土变形能力相对较弱，扰动后容易恢复原状，因此它们可以作为生物气藏的良好盖层。

粉砂质黏土层的 q_c、f_s 和 FR 都比淤泥质黏土层高 (表 6-1)，指示粉砂质黏土层的黏性和封闭性比淤泥质黏土层好。渗透率测试试验结果也表明间接盖层、直接盖层的渗透率数值变化范围依次为 0.21×10^{-3} ~ 5.26×10^{-3} μm^2 和 0.19×10^{-3} ~ 6.37×10^{-3} μm^2，平均值分别为 2.12×10^{-3} μm^2 和 1.87×10^{-3} μm^2，直接盖层的渗透率明显小于间接盖层 (表 6-1)，表明直接盖层的排替压力更大，封闭性更好，可以更有效地防止储层中气体的散失。

在夹灶浅气田 JS1 孔钻探过程中，钻头钻到 47.3 m 后拔钻，拔钻过程中，当钻头抬升到 26.5 m 深度时，地表可明显看到气体渗漏 (图 6-5)，钻头拔出得越多，气体渗漏越明显；当钻头抬升到 16 m 时，地表有大量气体渗漏，点火剧烈燃烧 (图 6-5)。之后钻头重新向下钻进以阻止气体的渗漏，其钻进得越多，气体渗漏明显减少；当钻头下降到 26.5 m 深度时，地表有少量气体渗漏，点火不燃烧 (图 6-5)；钻头再下降十几厘米后，地表则未见气体渗漏 (图 6-5)，这种现象说明 26.5 m 以下的沉积物比其上的沉积物具有更好的封闭能力。同时 26.5 m 是浅海相淤泥质黏土层和古河口湾相粉砂质黏土层的界线 (图 6-5)，这说明直接盖层比间接盖层封闭性强 (Zhang *et al.*，2013)。

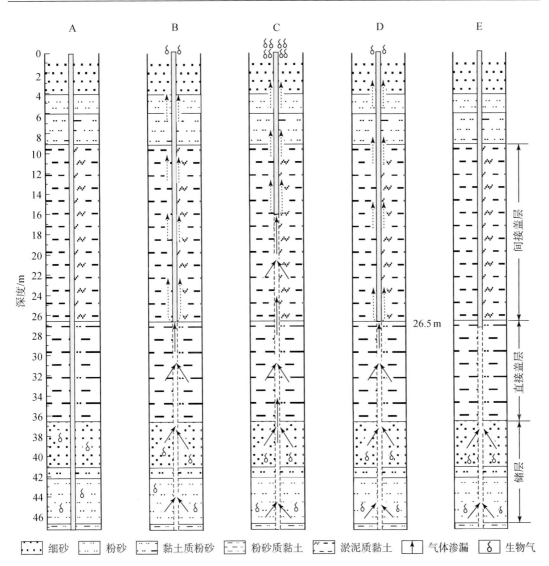

图 6-5　杭州湾地区夹灶浅气田 JS1 井拔钻和堵钻过程中气体渗漏及封堵示意图

A.地表无气体渗漏；B.地表有少量气体渗漏，点火不燃烧；C.地表有大量气体渗漏，点火剧烈燃烧；D.地表有少量气体渗漏，
点火不燃烧；E.地表无气体渗漏

2) 直接盖层具有更强封闭性的原因

首先，直接盖层比间接盖层具有更强的毛细管封闭能力，因为直接盖层埋深更大，渗透率更小，黏土矿物富集程度更高。当埋深增加时，沉积物压实作用增强，孔隙半径减小，排替压力增大，毛细管封闭能力增强。粉砂质黏土比淤泥质黏土具有较大的塑性指数和 FR（表 6-1），说明粉砂质黏土层中的黏土矿物含量更高。不同类型黏土矿物的相对含量在直接盖层和间接盖层中差别不大，只是润湿膨胀性的黏土矿物在直接盖层中更富集，其体积膨胀将更明显，导致孔隙喉道半径下降，形成更强的毛细管封闭能力。

其次，直接盖层具有更强的孔隙水压力封闭能力，因为直接盖层的孔隙水压力和孔隙水压力与静水压力差均大于间接盖层 (图 6-4)。欠压实程度产生的超压在深部比浅部更大，直接盖层的埋深比间接盖层大，所以直接盖层的超孔隙水压力更大。同时，直接盖层中的黏土矿物膨胀比间接盖层中更明显，导致直接盖层中孔隙水压力的增加更大。此外，直接盖层比间接盖层有更高的有机质含量，且直接盖层中的不溶性有机质为典型腐殖型，而间接盖层中有机质为含腐泥腐殖型 (Lin *et al.*，2004)，所以直接盖层比间接盖层具有更大的生气潜力。当大量生物气在直接盖层中形成时，直接盖层的孔隙水压力要承受比间接盖层中更大的压力，形成更大的孔隙水压力、更强的孔隙水压力封闭能力。

最后，直接盖层比间接盖层有更高的气体浓度 (表 6-5)，与上下地层的烃浓度差更大，形成了更强的烃浓度封闭能力。除了较强的生气能力之外，直接盖层还有更高的温度和压力，因此具有了比间接盖层更强的气体溶解能力。

6.3.4 孔隙水压力封闭的重要性

毛细管封闭、孔隙水压力封闭和烃浓度封闭的相互作用对江浙沿海平原生物气藏的形成起着至关重要的作用，其中的孔隙水压力封闭可能是浅层生物气藏得以保存的最重要因素。

与常规的深埋藏盖层相比，江浙沿海平原生物气盖层埋藏浅，毛细管封闭能力较弱。分散在盖层的有机质使不连通孔隙数量增加，最大连通孔隙半径减小，造成突破压力和排替压力增大。同时，有机质的存在可以降低甲烷的扩散系数，增加沉积物对天然气的吸附能力，在一定程度上增强毛细管封闭的作用 (Schlömer and Krooss，1997)。此外，较高的水饱和度和黏土矿物含量对毛细管封闭起增强作用。总体来说，盖层的孔隙半径较小，气体通过盖层所需的毛细管压力比通过储层所需的毛细管压力要大，所以毛细管压力具有一定的封闭性。但是江浙沿海平原盖层的孔隙度和渗透率均较大，能否由盖层毛细管压力本身形成大规模和高效的生物气藏还有待进一步研究。

江浙沿海平原盖层的孔隙水压力远远大于下伏砂质储层的孔隙水压力和原始气体压力之和，因此，较大的孔隙水压力使本区盖层具有较强的封闭能力。刘方槐 (1991) 对欠压实的黏土层中由异常孔隙水压力和毛细管压力所封闭的气柱高度进行了统计，结果表明，当压力系数为 1.3 和 2.0 时，由异常孔隙水压力封闭的气柱高度分别是由毛细管压力封闭气柱高度的 11 和 38 倍。因此认为在欠压实的盖层中孔隙水压力封闭比毛细管压力封闭更重要。孔隙水压力除本身可以封闭气体外，还可以增强盖层的毛细管封闭和烃浓度封闭能力，同时增强黏土矿物的吸附能力。毛细管封闭只能阻滞游离相气体的散失，烃浓度封闭仅限制扩散相天然气的运移，孔隙水压力封闭不仅可以阻滞游离相气体和扩散相天然气的运移，而且也可以阻止溶解相气体的散失 (刘纯刚等，2007)。较高的孔隙水压力对盖层封闭性的形成做出了重大贡献，因此，孔隙水压力封闭机制是江浙沿海平原生物气藏保存的最重要的机制 (Zhang *et al.*，2013)。

第 7 章　晚第四纪浅层生物气藏的勘探方法

对埋藏较浅的全新世沉积物中的生物气的研究虽得到了一些地质学家的关注 (Vilks *et al.*, 1974；Whiticar *et al.*, 1986；Okyar and Ediger, 1999)。然而，把分布在全新世沉积物中、埋深小于 100 m 的生物气作为单独勘探开发对象，运用系统的有针对性的技术，并发现了具有工业性或商业性的生物气田 (藏)，获得一定的经济效益的勘探工作还不多见 (Lin *et al.*, 2004)。生物气藏埋藏浅、气层薄、压力低、分布分散，所以传统的勘探方法效果差、费用太高而不适用于浅层气勘探 (蒋维三等，1997；Lin *et al.*, 2004；李广月，2005；Li and Lin，2010；Feldman and Demko，2015)。如何寻求一套适合勘探开发浅层天然气资源的综合配套实用探采技术，无疑将是一项非常重要的工作 (李广月，2005；林春明等，2006b；李艳丽，2010)。近年来，人们采用的静力触探、地震、化探、电法等多种方法使勘探成本明显降低，并取得较好经济效益。本书通过总结近年来在浅层生物气藏勘探开发所应用的方法，较为系统地对不同的方法在实际应用中出现的优点和不足进行分析，力争使浅层生物气藏的勘探开发取得更大的突破。

7.1　生物气藏的勘探方法

7.1.1　静力触探

静力触探是一种地基工程勘察的原位测试技术，它是勘探与测试相结合的勘察手段，已被广泛应用于调查近地表浅层未固结沉积物 (Amorosi and Marchi，1999；Tillmann *et al.*, 2008；Butlanska, *et al.*, 2014；Styllas, 2014)，因为它可获得原位连续垂直剖面，并具有快速、低廉、精确度高、可重复等优点 (Lafuerza *et al.*, 2005；Stewart and North, 2006)。此外，静力触探曲线能够与沉积序列直接对比，提供高分辨率的粒度垂向分布，从而被用于岩性、地层数据搜集 (Hubbard *et al.*, 2001；Lee *et al.*, 2003)、沉积特征描述、确定层序边界 (Robertson，1990；Lafuerza *et al.*, 2005；李艳丽，2010)。

静力触探机主要由动力机、高压油泵、主机、地钳、探头、探杆、记录装置等组成 (图 7-1)。一般使用双桥探头，上部连接探杆。探杆内穿过电缆线，两端分别连接探头和地表记录装置，探杆由高强度无缝钢管组成，每根长 1 m，外径为 38 ~ 42 mm。在探头以 2 cm/s 的速度随探杆下压贯入地层后，其锥尖所受的阻力 (q_c) 和侧壁摩擦力 (f_s) 通过传感器、电阻应变片转换成电位差信号传输到地面记录仪，在电脑显示屏上显示，并记录下来，因此可以现场判断钻入地层情况。随钻得到 q_c、f_s 曲线等，根据曲线变化的形态进行地质解释，较好地解释岩性、岩相，识别硬黏土，判断古河谷、古河口湾的存在 (林春明，1995)。

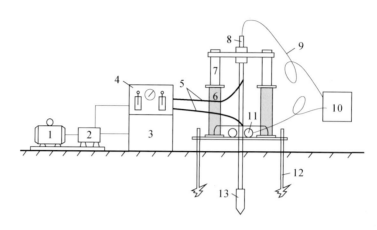

图 7-1　静力触探机装置组成图

1. 电机；2. 高压油泵；3. 油箱；4. 操作台；5. 高压油管；6. 油缸；7. 活塞；8. 探杆；9. 电缆；10. 记录仪；
11. 计数绞机；12. 地锚；13. 探头

贯入阻力的大小与地层的性质有关，因此通过分析贯入阻力的变化即可达到了解地层性质的目的。目前对触探机理的研究还很不够，尚无工程应用所需的理论公式，而是采用数理统计的方法建立了经验公式，但经验公式仍具有一定的可靠性和实用价值。

1. 岩性解释及岩相划分

目前，国内外普遍采用的静力触探指标为锥尖阻力 (q_c)、侧壁摩阻力 (f_s)、摩阻比 (FR= $f_s / q_c \times 100\%$)，利用 q_c 和 f_s 曲线的线形特征、两曲线间的相互位置关系等确定地层性质。不同地区触探曲线特征与沉积物的关系不尽相同。我们在确定地层岩性名称前，首要的工作就是在不同地区选择晚第四纪地层保存完整的某一典型取心井，以及其附近配套一口静力触探井，经过详细观察分析，可找出岩心岩性与触探曲线的对应关系，并以该静力触探井为基准，对全区触探曲线进行岩性划分对比，本书分别介绍静力触探在钱塘江、太湖下切河谷和长江三角洲地区应用情况。

1) 钱塘江、太湖下切河谷地区

在钱塘江下切河谷地区，对夹灶浅气田夹 4 取心井 (图 3-11) 及其附近配套一口静力触探 J4 井 (图 5-2) 曲线进行对比分析，可看到对应于不同岩性的触探曲线，其形态特征和 q_c、f_s 曲线分布的相对位置、间距大小，以及 q_c 和 f_s 曲线的变化幅度、峰谷高低、宽窄等具明显差异但呈一定规律 (Li and Lin，2010)。夹灶浅气田区晚第四纪地层的岩性大致划分出粉砂质黏土、黏土质粉砂、粉砂、细砂、淤泥质黏土、黏土、中砂、含砾粗砂 8 种类型 (图 7-2 和表 7-1)。其中，粉砂质黏土所对应的触探曲线起伏不大，q_c 曲线在 f_s 曲线左侧，q_c 和 f_s 均较小；黏土质粉砂所对应的 q_c 和 f_s 曲线起伏较大，间距明显，q_c 曲线在 f_s 曲线左侧，q_c 和 f_s 比粉砂质黏土的大；粉砂所对应的 q_c 和 f_s 曲线起伏较大，间距不大，常呈相互重叠交割状，q_c 和 f_s 比黏土质粉砂的大；细砂所对应的 q_c 和 f_s 曲线起伏很大，间距也大，q_c 曲线总在 f_s 曲线右侧；淤泥质黏土所对应的曲线近似于直线，接近基线，q_c 和 f_s 最小，表明其所受阻力最小；黏土层曲线起伏明显，间距较大，q_c 曲线总在 f_s 曲线左侧；中砂岩所对应的 q_c 和 f_s 曲线起伏很大，间距也大，q_c 曲线或连续在 f_s 曲线左侧，或连续在其右侧；含砾粗砂层曲线起伏很大，间距明显，q_c 和 f_s 均很大，q_c 曲线总在 f_s 曲线右侧。

表 7-1　江浙沿海平原晚第四纪地层岩性及对应的静力触探曲线特征

地区及钻井	岩性	q_c、f_s 曲线形态特征	q_c 和 f_s/MPa	FR /%	层序
钱塘江下切河谷夹灶浅气田夹 4 井与 J4 静力触探曲线	粉砂质黏土	曲线起伏不大，峰谷宽广呈平缓波状，变化幅度小，q_c 曲线在 f_s 曲线左侧	q_c: 1.54 ~ 2.39/2.09 (48) f_s: 0.02 ~ 0.03/0.03 (48)	1.28 ~ 1.59 /1.39	第 1 层
	黏土质粉砂	起伏显著，峰谷窄小呈波状，曲线间距明显，一般 q_c 曲线在 f_s 曲线左侧	q_c: 1.48 ~ 11.32/6.33 (119) f_s: 0.03 ~ 0.14/0.09 (119)	0.83 ~ 2.07 /1.39	第 2 层
	粉砂	起伏明显，峰谷窄小呈锯齿状，曲线间距不大，q_c 曲线常在 f_s 曲线左侧，有时在右侧，常相互重叠交割	q_c: 6.92 ~ 14.12/10.72 (91) f_s: 0.05 ~ 0.16/0.10 (91)	0.46 ~ 1.44 /0.98	第 3 ~ 第 5 层
	细砂	起伏很大，曲线间距大、相互分离，q_c 曲线总在 f_s 曲线右侧	q_c: 15.19 ~ 21.35/19.21 (57) f_s: 0.08 ~ 0.16/0.14 (57)	0.53 ~ 0.88 /0.72	第 6 层
	淤泥质黏土	曲线接近基线，近似直线，q_c 曲线在 f_s 曲线左侧，曲线变化幅度和间距极小，与上下岩性段的曲线极易区别	q_c: 0.07 ~ 0.25/0.18 (234) f_s: 0.01 ~ 0.02/0.01 (234)	3.00 ~ 12.50 /6.48	第 7 ~ 第 9 层
	黏土	起伏显著，峰谷宽大呈圆滑波状，曲线间距较大，q_c 曲线总在 f_s 曲线左侧	q_c: 1.71 ~ 2.49/2.04 (57) f_s: 0.01 ~ 0.03/0.02 (57)	0.65 ~ 1.30 /0.85	第 11 层
	中砂	起伏很大，峰谷尖锐呈长锯齿形，有的呈短锯齿形。曲线间距大、相互分离，q_c 曲线或总在 f_s 曲线左侧，或总在 f_s 曲线右侧	q_c: 5.52 ~ 18.06/10.79 (140) f_s: 0.11 ~ 0.33/0.20 (140)	0.74 ~ 3.80 /2.17	第 12 ~ 第 13 层
	含砾粗砂	起伏很大，间距明显，q_c 曲线变化大，常由小急剧增大。q_c 曲线总在 f_s 曲线右侧	q_c: 25.46 ~ 29.39/27.83 (13) f_s: 0.21 ~ 0.23/0.22 (13)	0.72 ~ 0.86 /0.80	第 14 层
长江三角洲启东 ZK01 井与相应静力触探曲线	粉砂质黏土	起伏很小，变化幅度较小，一般 q_c 曲线在 f_s 曲线左侧	q_c: 0.32 ~ 1.51/0.69 (16) f_s: 0.02 ~ 0.08/0.04 (16)	2.29 ~ 9.23 /5.89	第 2 层
	粉砂质细砂	起伏显著，峰谷窄小呈锯齿形，变化幅度大，一般 q_c 曲线在 f_s 曲线右侧	q_c: 3.51 ~ 9.94/6.91 (74) f_s: 0.03 ~ 0.07/0.05 (74)	0.44 ~ 1.68 /0.81	第 3 、第 5 层
	夹黏土粉砂质细砂	起伏大，峰谷尖锐呈长锯齿形，q_c 曲线一般在 f_s 曲线右侧，有时在左侧	q_c: 0.92 ~ 9.27/3.45 (57) f_s: 0.04 ~ 0.09/0.06 (57)	0.48 ~ 5.40 /2.24	第 6 、第 7 层
	淤泥质黏土	离基线较近，但呈锯齿状尖峰出现，q_c 曲线在 f_s 曲线左侧，变化幅度小	q_c: 0.87 ~ 2.09/1.41 (230) f_s: 0.02 ~ 0.08/0.03 (230)	1.46 ~ 4.29 /2.19	第 8 层
	黏土	起伏较小，变化幅度较小，两线间距较大，一般 q_c 曲线在 f_s 曲线左侧	q_c: 1.68 ~ 3.90/2.43 (94) f_s: 0.03 ~ 0.12/0.07 (94)	1.53 ~ 4.96 /2.70	第 9 、第 10 层
	砂质粉砂	起伏很大，峰谷窄小呈锯齿形，变化幅度较大，q_c 曲线在 f_s 曲线右侧，有时在左侧	q_c: 2.25 ~ 6.33/3.29 (11) f_s: 0.06 ~ 0.15/0.10 (11)	2.06 ~ 4.85 /3.16	第 11 层

续表

地区及钻井	岩性	q_c、f_s 曲线形态特征	q_c 和 f_s/MPa	FR /%	层序
长江三角洲启东 ZK01 井与相应静力触探曲线	粉砂质砂	起伏大，峰谷尖锐呈长锯齿形，两线间距大，q_c 曲线一般在 f_s 曲线右侧，有时在左侧	q_c: 3.15 ~ 12.56/6.22 (17) f_s: 0.03 ~ 0.16/0.11 (17)	0.58 ~ 3.11 /1.95	第 11、第 12 层
	含砾石和粗砂粉砂	起伏很大，曲线常由小急剧增大，q_c 曲线一般在 f_s 曲线左侧	q_c: 6.22 ~ 20.19/11.53 (19) f_s: 0.10 ~ 0.15/0.13 (19)	0.47 ~ 2.19 /1.21	第 13 层

注: 1.54 ~ 2.39/2.09 表示最小值~最大值/平均值，括号内数值为测点统计数。

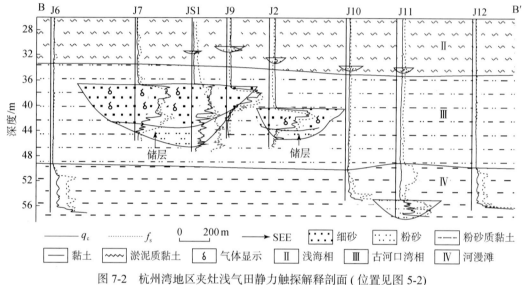

图 7-2　杭州湾地区夹灶浅气田静力触探解释剖面 (位置见图 5-2)

　　如上所述，利用触探资料能很好地划分岩性，那么它能否用来识别岩相，能否用来确定相界线？我们知道，岩性界线不完全等同于岩相界线，因此触探曲线所反映的岩性界线不能一概看作沉积相界线。必须对取心井做粒度、微体古生物学、沉积构造等工作来划分沉积相，观察取心井相对应的触探资料，找出一些规律，然后才能在全区仅用触探资料定性地划分沉积相。由图 3-11 可知，现代河口湾相与浅海相，触探曲线特征相差甚大，从非常高值突然降到极低，触探曲线所反映的岩性界线也是沉积相界线。浅海相与古河口湾相，根据粒度、微体古生物学、沉积构造等资料，相界线定在 35 m 左右处，浅海相与古河口湾顶部岩性基本一致，均为淤泥质黏土，但后者压实程度高于前者，地层水含量和矿化度低于前者，因此 q_c 和 f_s 略高于前者，q_c 与 f_s 线间距也增大，35 m 以下 q_c 曲线略微突变，由在 f_s 线左侧变到右侧，两曲线值同时有增大的趋势。总之，利用触探曲线能划分岩相并大致地确定不同沉积相的界线。根据上述静力触探曲线在岩性解释及岩相划分的特点，本书以夹 4 取心井及其配套静力触探井 J4 为基准，对夹灶浅气田触探曲线进行了岩性及岩相划分对比，识别出了主力产气层古河口湾 – 河漫滩相砂质透镜体 (图 7-2)，古河口湾相为松散的砂体，河漫滩相为串沟状或条带状透镜砂体。此外，在对夹 4 全取心井与相应的静力触探曲线 J4 对比分析之后，将 J4 静力触探井 q_c、FR 数值指标做了摩阻比 – 锥尖阻力关系

图 (图 7-3),结果显示钱塘江下切河谷地区静力触探指标投点结果与参考岩性岩相能较好对应。浅海相淤泥质黏土的 q_c 和 FR 投点主要分布在摩阻比 – 锥尖阻力关系图的 2 和 3 区域,即参考岩性为黏土区域;现代河口湾相沉积物的 q_c 和 FR 投点主要分布在 7 和 8 区域,少部分在 6 或 9 区域,沉积物粒径明显变粗;古河口湾相沉积物的 q_c 和 FR 投点主要分布在 6 和 7 区域,少部分在 9 区域,沉积物略有变细 (图 7-3)。由此,浅海相沉积物明显区别于现代河口湾相和古河口湾相沉积物,现代河口湾相与古河口湾相沉积物之间也略有不同。显然,静力触探技术在钱塘江下切河谷地区能有效地判别浅部地层岩性和岩相。

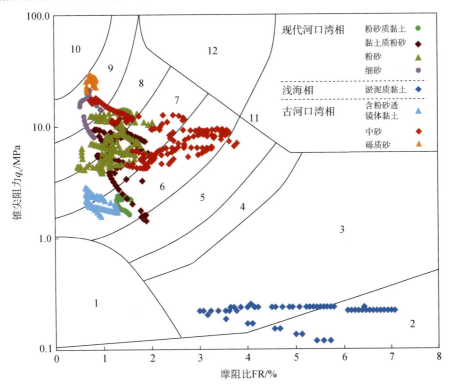

图 7-3　钱塘江下切河谷地区 J4 静力触探井 q_c 与 FR 投点图 (底图据 Robertson *et al.*,1986)

1. 敏感的细颗粒;2. 有机物;3. 黏土;4. 粉砂质黏土 – 黏土;5. 黏土质粉砂 – 粉砂质黏土;6. 砂质粉砂 – 粉砂质黏土;
7. 粉砂质砂 – 砂质粉砂;8. 砂 – 粉砂质砂;9. 砂;10. 砾质砂 – 砂;11. 极坚硬细颗粒;12. 砂 – 黏土质砂

2) 长江三角洲地区

用同样的方法,本书对长江三角洲地区 ZK01 和 ZK02 全取心井与相应的静力触探曲线进行分析对比,其中,ZK01 井相对应的触探曲线 (图 3-18) 可作为长江三角洲地区岩性划分对比的典型曲线。ZK01 井位于长江三角洲启东市北新镇民新村,地理坐标为 121°33′24.08″E,31°50′26.74″N,孔深 112.00 m,钻井揭穿了长江三角洲末次冰期以来下切河谷地层,末次冰期以来沉积层序底界在 83.4 m 处,为一河流侵蚀不整合面 (图 3-18),静力触探井仅仅达到 70.40 m,由于地层连续为较硬的砂层而无法继续钻进。末次冰期以来沉积地层自下而上划分为河床、河漫滩、古河口湾、浅海和三角洲 5 种沉积相类型 (图 3-18),这与杭州湾地区末次冰期以来下切河谷地层结构极其相似 (Zhang *et al.*,2014;林春明等，2015），岩性也基本相同，主要有粉砂质细砂、淤泥质黏土、砂质粉砂、粉砂质砂和黏土（表 7-1）。最大不同是，长江沉积物输入量（4.8×10^8 t/a）远远大于钱塘江（6.58×10^6 t/a），含砂量也远远大于钱塘江（Lin *et al.*，2005），使沉积地层含砂明显，q_c 和 f_s 曲线表现出明显的锯齿状尖峰，即使是海相淤泥质黏土层也不例外，这和钻井岩心观察、粒度分析完全吻合（图 3-18）。据统计，淤泥质黏土、黏土 FR 大，粉砂质细砂 FR 小，与杭州湾地区地层 FR 特征基本一致（表 7-1），如现代河口湾相第 3、第 5 层粉砂质细砂偶夹灰黄色黏土薄层 FR 为 0.44 ~ 1.68，均值为 0.81，第 6、第 7 层为粉砂质细砂与黏土层薄互层，由于黏土含量增加，FR 迅速增加，FR 曲线呈现出强烈的锯齿状（图 3-18）；在浅海相淤泥质黏土 FR 均高于砂层，但并不像杭州湾地区那样大于 2%，而是小于 2%（图 3-18）。此外，在 ZK01 全取心井与相应的静力触探曲线对比分析之后，将静力触探井 q_c、FR 数值指标做了摩阻比 – 锥尖阻力关系图（图 7-4），结果显示长江三角洲地区静力触探指标投点结果与参考岩性能较好对应，即静力触探指标能有效地反映末次盛冰期以来形成地层的垂向变化特征和沉积相的不同。ZK01 孔古河口湾 – 河漫滩相黏土和浅海相淤泥质黏土的 q_c 和 FR 投点主要分布在摩阻比 – 锥尖阻力关系图的 5 区域，q_c 较低，即参考岩性为黏土质粉砂 –粉砂质黏土区域，表示长江三角洲地区黏土和淤泥质黏土的粒度组成主要为粉砂和黏土级别，这与长江三角洲地区的实际情况相符（表 7-1）。三角洲相的粉砂质细砂明显集中分布在 8 区域，吻合砂 – 粉砂质砂岩性的分类标准。

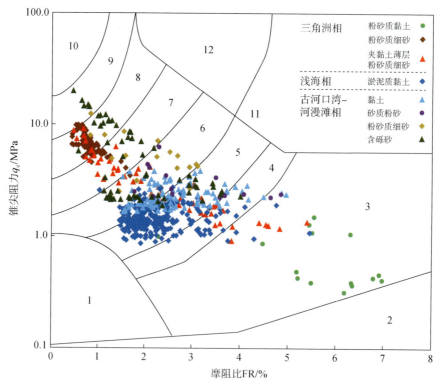

图 7-4　长江三角洲启东地区 ZK01 井相应静力触探井 q_c 与 FR 投点图（底图据 Robertson *et al.*，1986）

1. 敏感的细颗粒；2. 有机物；3. 黏土；4. 粉砂质黏土 – 黏土；5. 黏土质粉砂 – 粉砂质黏土；6. 砂质粉砂 – 粉砂质黏土；7. 粉砂质砂 – 砂质粉砂；8. 砂 – 粉砂质砂；9. 砂；10. 砾质砂 – 砂；11. 极坚硬细颗粒；12. 砂 – 黏土质砂

综合静力触探在钱塘江下切河谷和长江三角洲地区应用结果，可观察到静力触探曲线与岩心岩性岩相有密切的关系：① 岩性越粗，q_c 和 f_s、曲线起伏及其间距越大，浅海淤泥质黏土由于含水饱和度最高，润滑性最好，q_c 和 f_s 最小，这样可以十分明显地把黏土与泥质粉砂粒级以上的砂类土区别开，即非常容易把储层识别出来；② 相同岩性的 q_c 和 f_s 曲线，随深度增大，两线间距、q_c 和 f_s 均有增大的趋势，其原因是向下地层含水量递减、压实程度递增，因为地层含水量较高时，孔隙水多为自由水，不仅自身无抗剪能力，且对沉积物颗粒起隔离促松作用，同时对探头具明显的润滑作用 (林春明，1995)，它们可使锥尖阻力和侧壁摩阻力都降低，但对锥尖阻力的影响更大；③ q_c 和 f_s 曲线对砂层中富集的贝壳没有什么反映，这可能是因为其太薄了 (0.1 ~ 0.3 m)，难以增强 q_c 和 f_s；④ 对含砾粗砂层或较厚的砂层，随着继续钻进，q_c 会急剧增大到右端点，出现失真，有时 q_c 和 f_s 都急剧增大到右端点，在此情况下，触探机无法继续钻进；⑤ 相对来说，岩性越粗，FR 越小，利用 FR 可以将浅海相淤泥质黏土、古河口湾相黏土或粉砂质黏土区分开，也可以将古河口湾相砂体与古河口湾相黏土或粉砂质黏土区分开 (图 3-18)；⑥ 静力触探技术能准确地限定河床与河漫滩、浅海与三角洲的沉积界线，界线上下，静力触探曲线形态突变明显。

2. 硬黏土层的划分及其意义

在太湖下切河谷地区雷甸浅气田硬黏土的分布较普遍。静力触探机在钻遇硬黏土层时，曲线形态有两种表现 (图 7-5)，反映了两类不同沉积环境、不同性质的硬黏土特性。

第一类硬黏土，如 CPT4 井曲线特征 (图 7-5)，对应东 5 井 (图 7-6)，q_c 比较小，一般小于 1 MPa，曲线峰谷宽大呈圆滑状，起伏不大。f_s 也比较小，小于 0.06 MPa，曲线进入硬黏土层时迅速呈波浪状上升，达到中部时，f_s 为最大，然后又呈波浪状对称下降。q_c 曲线总在 f_s 曲线左侧，两线间距比较大。此类硬黏土，主要由浅灰略带灰黄色斑点的粉砂质黏土和黏土质粉砂组成，含少量贝壳碎片及少量灰白色泥砾，较为坚硬、致密，其下的岩性为黏土、粉砂、细砂、砂砾 (图 7-6)。埋藏深度一般为 21.3 ~ 46.0 m，厚度为 0.7 ~ 4.4 m (表 7-2)，静力触探机可以钻穿硬黏土层 (图 7-6)。

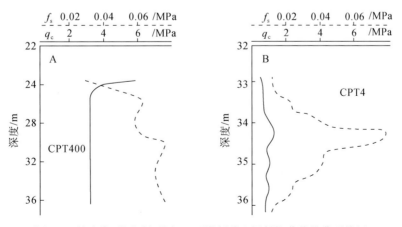

图 7-5　杭嘉湖平原雷甸浅气田两类硬黏土层触探曲线的典型特征

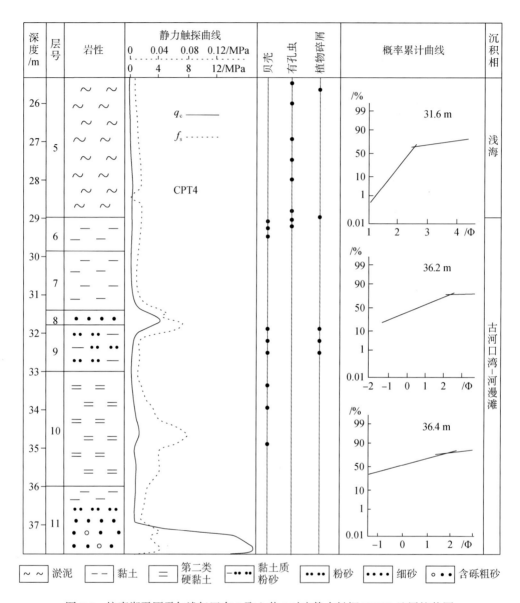

图 7-6　杭嘉湖平原雷甸浅气田东 5 取心井 (对应静力触探 CPT4) 地层柱状图

　　第二类硬黏土，触探曲线特征如 CPT400 井 (图 7-5)，两曲线值均抬升，q_c 比较大，一般大于 3 MPa，曲线平直，位于 f_s 曲线左侧，f_s 也比较大，大于 0.06 MPa，曲线峰谷宽大，呈波状起伏，两线间距很大。此类硬黏土，主要由灰绿、黄绿色、黄棕色粉砂质黏土和黏土质粉砂组成，致密坚硬。这类硬黏土埋藏深度比第一类硬黏土浅，一般为 9.8 ~ 33.6 m，厚度比第一类硬黏土大，静力触探机不能钻穿硬黏土层 (表 7-2)。

表 7-2　杭嘉湖平原雷甸浅气田硬黏土层分布及生物气显示

	触探井	2	3	4	8	11	15	16
	埋深 /m	33.0 ~ 35.2	31.0 ~ 32.2	32.9 ~ 36.0	29.0 ~ 31.0	36.0 ~ 39.0	30.8 ~ 33.5	29.1 ~ 30.5
	厚度 /m	2.2	1.2	3.1	2.0	3.0	2.7	1.4
	出气显示	较强	中等	特强	强	无	较弱	强
	触探井	17	21	24	35	36	40	41
	埋深 /m	29.5 ~ 31.9	35.5 ~ 36.5	28.8 ~ 30.4	34.8 ~ 37.5	36.0 ~ 38.0	29.1 ~ 30.4	28.5 ~ 29.9
	厚度 /m	2.4	1.0	1.6	2.7	2.0	1.3	1.4
	出气显示	较强	无	无	微弱	无	中等	无
第一类硬黏土	触探井	42	46	48	52	54	55	56
	埋深 /m	32.2 ~ 34.2	27.5 ~ 28.5	33.5 ~ 36.5	34.5 ~ 36.5	37.0 ~ 38.0	35.2 ~ 38.0	35.2 ~ 37.0
	厚度 /m	2.0	1.0	3.0	2.0	1.0	2.8	1.8
	出气显示	较强	较弱	中等	强	中等	无	强
	触探井	83	97	155	167	178	181	195
	埋深 /m	16.0 ~ 18.8	38.0 ~ 40.7	38.2 ~ 40.7	34.5 ~ 38.0	43.0 ~ 46.0	36.0 ~ 38.5	29.0 ~ 33.3
	厚度 /m	2.8	2.7	2.5	3.5	3.0	2.5	4.3
	出气显示	无	无	中等	特强	中等	微弱	微弱
	触探井	196	200	201	206	208	209	213
	埋深 /m	39.6 ~ 40.3	21.3 ~ 24.7	36.1 ~ 37.6	35.0 ~ 37.5	35.0 ~ 37.6	35.0 ~ 39.4	36.4 ~ 37.3
	厚度 /m	0.7	3.4	1.5	2.5	2.6	4.4	0.9
	出气显示	强	微弱	微弱	较弱	特强	微弱	微弱
	触探井	239	240	297	402	403	404	
	埋深 /m	38.0 ~ 42.4	30.3 ~ 31.7	37.0 ~ 38.2	32.5 ~ 34.5	32.0 ~ 34.4	33.7 ~ 34.5	
	厚度 /m	4.4	1.4	1.2	2.0	2.4	0.8	
	出气显示	特强	强	强	较弱	无	无	
	触探井	75	76	78	79	80	81	86
	埋深 /m	9.8 ~ 21.6	13.2 ~ 26.6	15.2 ~ 31.8	24.5 ~ 32.5	11.8 ~ 22.0	18.0 ~ 33.0	22.4 ~ 29.0
	厚度 /m	>11.8	>13.4	>16.6	>8.0	>10.2	>15.0	>6.6
	出气显示	无	无	无	无	无	无	较强
第二类硬黏土	触探井	87	88	89	90	91	101	102
	埋深 /m	24.5 ~ 29.0	21.2 ~ 31.0	21.5 ~ 35.8	36.0 ~ 42.7	33.0 ~ 35.5	25.0 ~ 38.8	15.3 ~ 25.8
	厚度 /m	>4.5	>9.8	>14.3	>6.7	>2.5	>13.8	>10.5
	出气显示	无	无	无	中等	无	中等	无
	触探井	103	104	400	401			
	埋深 /m	20.3 ~ 25.7	18.0 ~ 37.5	24.0 ~ 36.8	33.6 ~ 48.0			
	厚度 /m	>5.4	>19.5	>12.8	>14.4			
	出气显示	无	无	无	无			

注：①9.8 ~ 21.6 表示硬黏土层顶 - 底深度，"＞"表示未钻穿硬黏土层。②静力触探井出气显示级别划分：特强，气喷高度达 2 m 以上；强，气喷高度达 1 ~ 2 m；较强，气喷高度达 1m 以下；中等，火苗小，但能持续不自熄；弱，火苗能持续一段时间；微弱，点火可燃，但又立即熄灭；无气，无气喷声，又点不着火。

　　从硬黏土平面分布上看，第二类硬黏土一部分落在雷甸浅气田最西边，一部分落在浅气田的东南 (图 7-7)。遇此类硬黏土层，一般无气显示 (表 7-2)，即使有气，也很微弱，没有利用价值。此类硬黏土层，其当时的沉积环境无疑为古河间地，这与杭州湾北岸、长江三角洲地区晚更新世硬黏土层特征一致 (陈东强、李从先，1998)，因此称其为河间地硬黏土层。第一类硬黏土落在第二类硬黏土之间区域，部分与浅气田西边的第二类硬黏土接触 (图 7-7)。本书认为，第一类硬黏土层可能是古河间地沉积物，受洪水影响被冲到下切河谷河漫滩或古河口湾中重新沉积而成；或者原本就是下切河谷内河漫滩沉积，后曾暴露地表遭受淡水淋滤、风化所成。第一类硬黏土无论从岩性、颜色、坚硬程度、厚度、埋深、分布位置、岩相以及触探曲线形态等都有别于古河间地硬黏土层 (第二类硬黏土)，因此称其为河漫滩相硬黏土层。

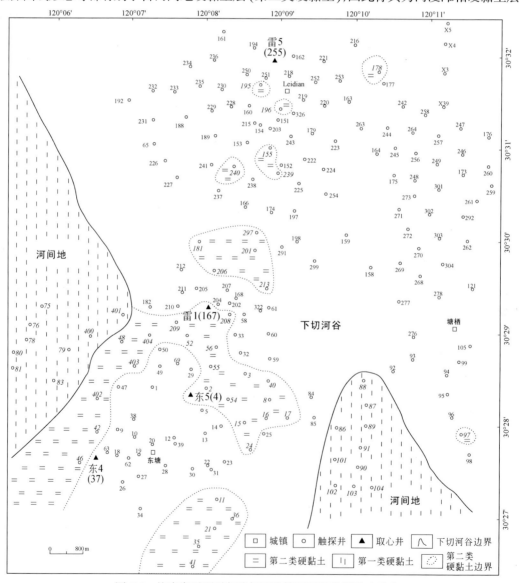

图 7-7　杭嘉湖平原雷甸浅气田晚第四纪两类硬黏土分布

斜体触探井号代表两类硬黏土分布区；正体触探井号代表下切河谷分布区

通过不同沉积环境、不同性质的硬黏土的识别，便大致可以划分出下切河谷的边界、识别下切河谷的分布 (图 7-7)，而生物气主要分布在下切河谷内古河口湾 - 河漫滩相的砂质透镜体中，因此，下切河谷的边界、下切河谷分布的确定，为生物气勘探指明了方向。

大量的观察实践表明，触探井显示的出气强弱，与地下所含气量的大小有关，一般显示强，气量大，但却无绝对的一一对应关系，出气强弱还与储气层的压力、孔渗性、水动力及地表土的坚硬程度有关。从出气角度看，布设生产井除了根据触探井气显示程度外，还要结合该生产井井位所处的岩相古地理条件及气田的地质情况。

3. 天然气显示

用触探技术进行勘探，若地层中含天然气，则触探杆提出后，天然气就会由井口喷出，遇到压力较高或气量较大时，触探杆尚未提完，井口的周围便开始冒气。根据天然气喷出地面的高度、气喷发出的声音大小、点火火焰高度等显示程度，可定性地判断含气情况。然而，当静力触探井穿过多个储层时，如果井口出气，就不能直接地判别地下多个储层中，哪个有气，哪个无气，也不能判断气层的厚度以及是纯气层还是气水同层。为此，需要在静力触探井完钻后进行中途测试来判断地层含气情况，并与触探曲线配合，确定气层的层位、出气强度、有效厚度、气压和产能等。主要操作步骤如下：① 现场根据触探曲线初步确定生气层、含气层和盖层位置和厚度，确定试气层位和深度。② 使用由触探杆、滑筒、导气孔等组成的中途测试器，重新下杆到试气深度，在向下压入触探杆时，滑筒由于摩擦力向上移动，关闭触探杆上的进气孔，当中途测试器进入相应的试气层位 (深度) 后，向上提起触探杆 30 ~ 50 cm，依靠向下的摩擦力或者重力使滑筒下移，露出导气孔。含气层中的天然气通过导气孔进入中空触探杆中，在压力作用下喷出地表。③ 在地表触探杆上接上一段有弹性的软管，软管另一端放到水桶中，如果有气体流出，水中产生气泡，可以简单判断出气层位、出气强度和含气厚度。④ 同时地表触探杆加上压力表和流量计，大致测出储气层气体的压力和气体流量。本次在长江三角洲启东地区一口静力触探井 67.5 m 河床砂体中测得含气层单层压力最大为 0.53 MPa，单层气层最大流量为 144 m^3/d。

为此，在长江三角洲南通启东地区 16 口静力触探井施工完毕后，本书选择 13 口井在可能含气的层位进行了中途测试试气工作。结果表明 (表 7-3，图 5-7)，在浅海和古河口湾 - 河漫滩相的黏土层中试气，均未见气显示，相对来说，古河口湾 - 河漫滩相砂体气显示比较强烈，次为河床及三角洲相砂体，浅海相的砂体气显示最差。古河口湾 - 河漫滩相砂体一般分布在 50 ~ 70 m，相邻钻井砂体埋深可相差数十厘米至数米；砂体厚度不稳定，单砂层厚 0.5 ~ 2.5 m，在某些情况下，砂体层数可达 7 层、8 层之多，砂体累计厚度达 10 余米，被古河口湾 - 河漫滩相黏土所包围，多呈透镜状、串珠状分布 (图 5-7)，利于气源岩生成的气体及时有效地向储集层运移并富聚成藏，上覆浅海相沉积物的快速沉积，不但为其提供丰富的气源，更重要的是提供了良好保存条件，使古河口湾 - 河漫滩相砂质透镜体更易于捕获气体而富集成藏，形成自生自储同生型成气组合。相比于古河口湾 - 河漫滩相砂体，河床相砂体粒度更粗，颗粒间隙更大，单层厚度更大，可达 10 ~ 15 m (图 5-7)，河床相砂体连通性非常好，生物气在此砂体中易于流动，砂体能否储气主要取决于是否有大量生物气的供给和能否形成有效的圈闭两个因素,一般在生物气量充足,其顶部在具有局部圈闭等条件下,方可储集生物气,预测向海方向由于砂体埋藏深度增大可能成为较好的储气体。浅海相所夹粉砂、细砂、黏土质粉砂中薄层厚度相对较小,特别是粉砂薄层,岩性太细,不能作为好的储层。三角洲相粉砂质细砂、砂质粉砂和细砂层虽然厚度大,岩性粗,但埋藏深度浅,且上覆没有盖层,也不能作为好的储层(图5-7)。

表7-3 长江三角洲地区晚第四纪地层静力触探中途测试结果

触探井号	深度/m	地层岩性	沉积相	试气情况	触探井号	深度/m	地层岩性	沉积相	试气情况
CT00	20.0	砂体	三角洲	较强		17.0	砂体	三角洲	较强
	70.0	砂体	古河口湾-河漫滩相	较强		21.0	黏土	浅海	微弱
CT11	14.5	砂体	三角洲	较强	CT12	30.0			无气
	21.5	黏土	浅海	无气		44.5			无气
	41.5			无气		53.0	黏土	河漫滩-河口湾	无气
	46.0			无气		70.0	砂体	河床	无气
	50.0	砂体	古河口湾-河漫滩相	较强	CT03	68.5	砂体	河床	较强
	56.0			无气	CT04	70.0	砂体	河床	较强
	60.0			较强	CT05	70.0	砂体	河床	较强
	65.5			较强	CT06	65.0	砂体	河床	较强
	67.5	砂体	河床	较强	CT08	70.0	砂体	河床	强烈
	70.5			较强					
CT15	49.5	砂体	浅海	较强	CT14	70.0	砂体	河床	微弱

注:在CT11孔67.5 m河床砂体中测得含气层单层压力最大为0.53 MPa,单层气层最大流量为144 m³/d。

7.1.2 浅层横波地震勘探

根据天然气的成藏原理,即密度轻的天然气从生气层中排出,受浮力作用控制总是沿地层岩石中的孔隙向上运移,上覆封闭层(泥岩、岩盐层)封盖作用使其不能进一步向上运移和逸散。生气层中不断生成的浅层气只能在疏导层中横向运移,在砂层或透镜砂体的顶部汇聚。在浅层气汇聚过程中,气体不断排挤砂层中原孔隙水所占据的空间,逐渐在砂体顶部汇聚成藏,下部砂层的孔隙仍然含水,形成气、水同层的气藏。下伏砂层孔隙中含气,其块体密度轻,与上覆黏土之间的波阻抗差相对较大,其反射界面在地震剖面上反射振幅相对较强,这对于识别浅层气藏是有利的。

1992年以来,在夹灶浅气田实施了9条浅层横波地震剖面,每条剖面的长度为44.85 km。现场采用ES-2420型地震仪进行横波地震勘探,道间距2 m,6次覆盖,记录长度1000 ms,采样间隔0.5 ms,采用横向枕木槌击方式激发。获得的横波地震剖面质量很好,反射波组连续性好、反射特征明显、分辨率高(图7-8)。图7-8中见有4套明显的地震反射层序,为T4~T3、T3~T2、T2~T1和T1以上段。经地质标定,分别代表

河床、古河口湾 – 河漫滩、浅海和现代河口湾砂坝相沉积。桩号 3050、3400、3650 点附近，
T4 反射面上覆地层明显可见上超点。T4 底界往北端逐渐加深，形成 3 个阶梯坡度，这表
明 T4 反射面代表不整合面，为晚第四纪沉积底界面。储气砂层顶界常形成强反射，当含
气砂体横向尖灭时，反射波也急剧减弱，据此可圈定含气砂体的边界，如 J15 含气砂体向
北至 2200 点附近，砂体顶界由强反射急剧减弱，并出现同相轴下拉。

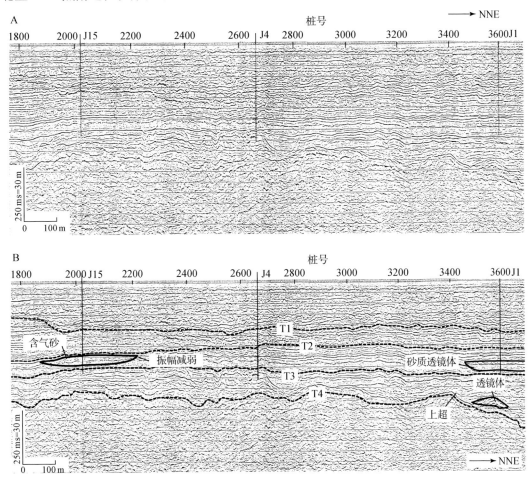

图 7-8　钱塘江下切河谷地区夹灶浅气田横波地震剖面（位置参见图 6-1）（据 Li and Lin，2010）

7.1.3　土壤气氡勘探

氡用于油气勘探已有数十年历史（Poole *et al.*，1997；Matolin *et al.*，2008）。放射性勘
探的实践表明，油气田上方呈微弱的低值放射性异常，大体对应于油气田在平面上的轮廓，
而在油气田边缘常出现放射性高值异常（尹兵祥等，2002）。在剖面上异常表现为中间低、
两边高，并向外围逐渐变为正常场。放射性元素在油、气、水中的不均匀分布和垂直运移
是地表氡异常形成的主要原因（马志飞等，2008）。放射性元素在油田水中和油水边界的含

量是油气中的400多倍(贾国相等, 2005a, 2005b)。富氡的油田水中和油田边界水在温度差、压力差和浓度差作用下沿断裂带垂直运移(董自强等, 1999；尹兵祥等, 2002)。放射性气体可以通过扩散、对流和微气泡流向地表扩散(Nazaroff, 1992；Ciotoli et al., 2005)。油气田上方的氡异常与油田水、油田边界水和氡自身的垂向运移有关。

^{222}Rn及其子体为 α 放射性核素，因此方方和贾文懿(1998)提出的 α 杯法测氡法可用于原位氡异常测量。使用 α 杯法完成3条NE-SW向(图7-9A中a-a′、b-b′和c-c′线)的氡异常试验剖面，共207个测点，用来探测钱塘江下切河谷区的氡气分布特征。检测中使用了一个 α 计数器和几个采样杯。便携性的 α 计数器能够检测氡及其子体的 α 射线强度。采样器为内表面有吸附膜的敞口塑料杯。确定采样位置和间距之后，在每一个采样点挖一个直径为35 cm、深40 cm的坑将采样杯口朝下放入，然后用土埋好。6小时之后，取出采样杯并进行分析。

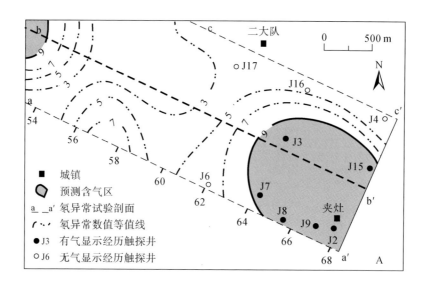

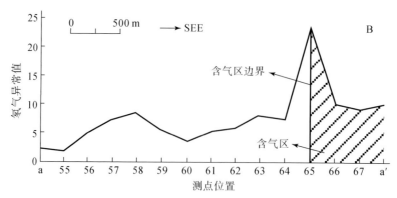

图7-9 钱塘江下切河谷地区氡异常分布图(据 Li and Lin, 2010)

A. 夹灶浅气田区氡调查测线位置、氡计数率等值线和氡异常确定的含气区；B. a-a′氡异常剖面图

测点 65 处氡异常值高达 24 CPM (计数率，每分钟检测到的氡异常数据)，为 a-a′ 测线的最大值。测点 65 两侧的氡异常相对较弱，但右侧异常比左侧更明显 (图 7-9B)。氡异常分布表明气田位于 65 号测点右侧，且气田边界经过 65 号测点所在位置。氡异常在平面上表现为环带状特征 (图 7-9A)，氡气异常区面积约为 1.6 km²，图中右侧氡异常区域与夹灶浅气田的位置比较吻合，基本反映了气田的边界。夹灶浅层气田中静力触探 J2、J3、J9、J15 井有气显示，均位于氡异常区域内；位于异常区域外静力触探 J4、J6、J16、J17 井没有气显示 (图 5-1)。

7.1.4 微生物勘探

油气微生物勘探以细菌对烃类的作用为基础。细菌具有氧化烃类，比如说甲烷、乙烷和丙烷，并以烃类为食的能力 (Soli，1957)。来自油气田的轻烃向地表扩散，为细菌繁殖提供了有利条件，导致细菌数量明显增加 (Wagner *et al.*，2002)。因此，确定土壤中细菌及其代谢产物相对含量的方法能够用于确定深部是否有烃类聚集，并在平面上确定油气藏的位置 (Soil，1957；Brown，1979)。大量的实践表明，油气微生物勘探是一种快速、经济、有效的勘探方法 (Wagner *et al.*，2002；Yuan，2008)。

根据浙江萧山地区 200 多个土壤样品的微生物生态调查和试验分析结果，确定甲烷消耗菌为浅层生物气的指示菌，其他 5 种土壤细菌 (黄杆菌属、芽孢杆菌属、不动细菌属、黄单孢菌属和假单孢菌属) 的含量及分布状况也有一定指示作用。在已知的夹灶浅气田区 (图 7-10)，甲烷消耗菌含量最大，其他 5 种土壤细菌含量中等，且波动较大。在中等含气区域 (梅林—东方红—长沙地区)，甲烷消耗菌含量中等，但其他 5 种土壤细菌含量大且值域变化大。在无气区 (群力—合兴地区)，甲烷消耗菌和其他 5 种土壤细菌含量都较小。因此，可以推测出甲烷消耗菌、黄杆菌属、芽孢杆菌属、不动细菌属、黄单孢菌属和假单孢菌属的含量在含气区较高，在无气区则较低 (Li and Lin，2010)。

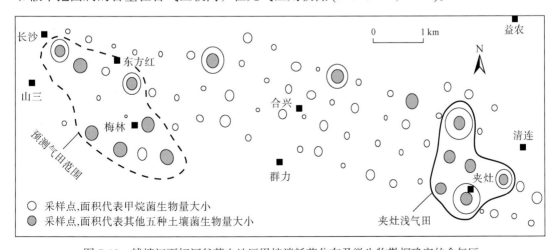

图 7-10　钱塘江下切河谷萧山地区甲烷消耗菌分布及微生物勘探确定的含气区

7.1.5　电磁勘探

电磁勘探通过同时测量电、磁变化，为了解地下地层的电阻率特征提供了一个极好的方法 (Lange and Seidel，2007)。由美国 Geometrics and EMI Electromagnetic Instruments 生产的 EH4 电磁成像系统以大地电磁测深法为设计原理，依靠先进的电磁数据自动采集和处理技术，将大地电磁法和可控源音频大地电磁法结合起来，实现了天然信号源与人工信号源的采集和处理，成为国际先进的双源大地电磁测深系统 (刘鸿泉等，2002；Liu et al.，2006；Shen et al.，2008a)。大于 750 Hz 的天然高频信号通常较弱，利用人工信号增强天然信号，可提高电阻率 – 深度剖面在浅部的分辨率，从而提高勘探精度 (Shen et al.，2008b；Gontijo-Pascutti et al.，2009)。不同种类岩石的电阻率存在明显差异，通过研究电阻率差异，来研究地下电性界面，依此来区分地下异常体，获得研究对象的地质构造，是 EH4 电磁成像系统应用于地质研究的基础 (倪芬明、刘泰生，1999)。理论上，EH4 电磁成像系统的测量深度为地下十米至 1000 多米，能获得各种地形条件下电导率变化的连续剖面，但是，600 m 之上的分辨率较高，可以反映出详细的地下地质信息，超过 600 m 分辨率较低，只能反映出主要的地质信息 (Shen et al.，2008b)。剖面的长度会影响分辨率。由于一侧数据缺乏，剖面两端分辨率会低于剖面中部 (Torres-Verdin and Bostick，1992)。因此，实际应用时剖面长度要比目标深度大 (Shen et al.，2008b)。

以往 EH4 电磁成像系统主要应用在如下几个方面：①水文地质勘查，包括地下水资源开发，碱、淡水分界面确定，地下水矿化度划分 (武毅等，2001；Finizola et al.，2004)；②煤田、铀等金属、非金属矿产资源的勘查 (Liu et al.，2006；Shen et al.，2008a，2008b)；③环境和工程地质调查，包括水环境、岩溶发育状况、岩土电导率分层、岩层孔隙率调查等 (Kwon et al.，2006)；④地下构造和地层研究，包括基岩起伏调查、地质构造填图、地层界面确定等 (李艳丽等，2007；Gontijo-Pascutti et al.，2009)。

EH4 电磁成像系统通过测量电阻率的变化来预测地下地质情况，也就是说，当地下相邻地质体的电阻率差异达到一定值时，电磁成像系统就能将它们区分出来。钱塘江下切河谷区的含气砂层夹于古河口湾 – 河漫滩沉积中，埋深较浅，受潮汐作用影响，砂层中地层水的矿化度相对高，总矿化度一般在 10000 mg/L 左右 (林春明、钱奕中，1997)，具有良好导电性；气层导电性差、电阻率较高，与水层的电阻率形成明显差别。因此，可以通过测量气层和正常地层电阻率差异来识别气层 (蒋维三等，1997)。

试验表明，在新湾地区电磁法能否将气层反映出来主要受两个因素影响，即气层厚度和含气层与含水层电阻率的差值。在新湾地区地质条件下，含气层与含水层电阻率差值小于 4 Ω·m，气层厚度小于 3 m 时，电阻率曲线基本无显示，电磁方法不能将其反映出来；电阻率差值为 4 ~ 8 Ω·m，气层厚度为 3 ~ 5 m 时，电磁方法虽可以反映气层存在，但在电阻率曲线上仅有微弱显示，这种情况在比较理想的条件下，即在层状均匀介质且测量时无外界工业电干扰的情况下，是能够分辨出来的，若外界工业电干扰强或地层不均匀则会将这种微弱异常掩盖掉；当电阻率差异超过 10 Ω·m，气层厚度为 3 ~ 10 m 时，反演电阻率曲线有较强显示，并且随电阻率增大和气层厚度加大而变强，这种情况只要测量时不存在很大外界工业电干扰，一般能够分辨出气层。

利用曲线对比法对测点电磁勘探数据进行处理得到的单点电阻率变化曲线清楚地反映出地下介质的电阻率变化情况。如图 7-11 所示，新湾 1 号测线 128 测点电阻率在 45 m 处突然增大，到 51 m 处由原来的 4 Ω·m 增加到了 12 Ω·m，然后又突然减小。一般而言，当黏土质粉砂中夹有砂质层时，电阻率会先增加后减小，使电阻率曲线在砂质层位置呈凸起状，但是仅存在岩性变化时，电阻率变化的幅度没有这么大，变化速率也没这么快。因此推断该处电阻率的大幅度突变不只说明对应位置存在砂体，而且说明砂体可能含气 (李艳丽等，2007)，该推断已被静力触探井钻探所证实。图中推测出的气层厚度为 6 m，这个结果与相邻地区夹灶浅气田用容积法和压降法计算出的气层厚度 5.6 m 相近 (林春明等，1997)，说明 EH4 推测的气层厚度是可信的。由上可知，储集层通常为被黏土包围的砂体，在电性特征上表现为两个低阻层之间的高阻层，气层则为对应高阻层上部的电阻率异常部位。

以往气田边界的确定都是根据静力触探井资料进行的，由于钱塘江下切河谷区生物气储存在古河口湾 – 河漫滩相单个互不连通的砂质透镜体中，而非大面积连续分布，因此，仅仅依靠静力触探井圈定的气田范围内可能有无气的地方，气田范围以外也可能还有含气区被遗漏。例如，图 5-5 中含气边界是根据静力触探井资料确定的，258 静力触探井拔钻后有天然气喷出，而 223 静力触探井拔钻后没有天然气显示，据此将含气边界确定在这 2 口井之间。然而，电阻率 – 深度剖面图 (图 7-12) 显示电磁测点 93 和 105 之间在 50 m 附近存在一高阻层。与它们对应的 223、258 静力触探井则分别为无气显示井和强气显示井。因此在这 2 口静力触探井之间存在的明显高阻层，应为一较大的含气砂质透镜体。258 静力触探井虽然出气，但钻遇的仅是一个小的砂质透镜体，以往将含气边界确定在 258 静力触探井和 223 静力触探井之间并不符合实际地质情况。因此，通过反演电阻率的差异，EH4 电磁成像系统可以很好地识别气层，圈定含气边界 (李艳丽等，2007；Li and Lin，2010)。

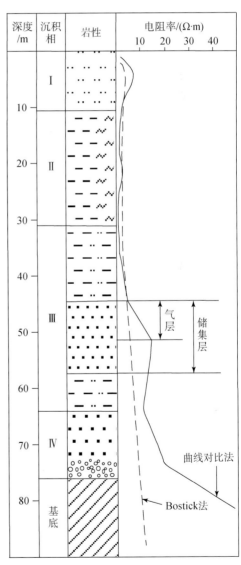

图 7-11　钱塘江下切河谷地区电磁勘探测线 XW-1 北端 128 测点岩性和电阻率图 (位置参见图 4-6)

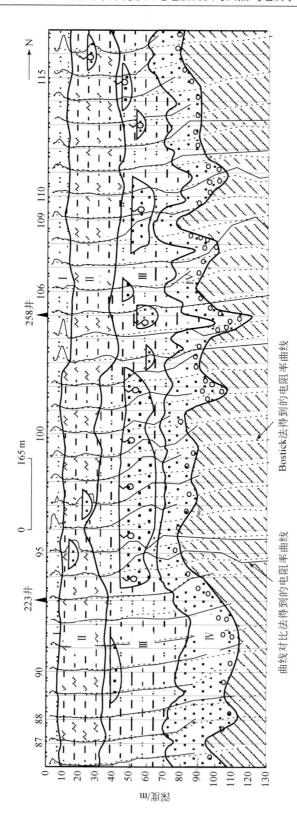

图7-12 钱塘江下切河谷新湾地区电磁勘探测线XW-1北段气层分布图(位置参见图4-6)

在第 4 章中，已经介绍了利用 EH4 电磁成像系统可以获得晚第四纪基底形态的变化，在此基础上，可以更好地确定古地形起伏及下切河谷分布范围，进而掌握浅层天然气的宏观分布规律，确定天然气勘探的目标区。此外，EH4 电磁成像系统还可以用于沉积相的划分与地层对比，可以识别古河口湾 – 河漫滩相及其内部砂质透镜体，对下切河谷区天然气勘探具有重要的意义。

7.2　勘探方法有效性与有效勘探步骤

许多方法被用于确定钱塘江下切河谷区浅层生物气的分布，并都取得了一些成果。但每一种方法都有它的优点与不足，查明每种方法的优势与不足可以提高勘探有效性，并可在各个勘探阶段选择合适的方法。

7.2.1　各种勘探方法优点与不足

静力触探技术应用于浅层天然气勘探的优点包括：①设备轻便、成本低廉，仅为同样深度旋转钻井成本的 1/10 左右；②随钻可获得 q_c 曲线和 f_s 曲线，能用于判断垂向地层层序，特别是砂层和黏土层的识别；③可以定性判断所钻穿地层中是否含气，如果含气，钻头拔出后气体会从钻孔中喷出。然而，其局限性包括：①探测深度有限，在钱塘江下切河谷区一般只能探测到 90 余米；②不适合于砾质层探测，遇含砾石多于 30% 的地层时，资料会出现失真甚至无法钻进 (林春明等，2006b)；③如果气体存在且有多个砂体时，不能判断哪一层含气，哪一层无气；④由于井眼太小容易堵塞，一般不适合打生产井。针对实际生产中的问题，为了使静力触探技术能更适合浅层天然气的勘探，对其进行了一些技术改造和完善，主要是增加了随钻中途测试、随钻视电阻率测井和堵井技术，取得了较好的效果 (蒋维三等，1997)。

地震剖面上清晰、高分辨率的反射特征可以用于储层识别和沉积相对比。横波地震是一种勘探浅层生物气的有效方法，但也存在一些问题。所获资料质量受到地表条件限制多，激发条件差，只能在硬质路面上施工，不能下稻田，有效反射深度仅在 100 m 以内；由于道间距很小，单位长度的野外施工和室内处理工作量都很大，勘探成本较高。因此，不适用于大面积的勘探。

土壤气氡勘探能够依据地表异常特征，快速、经济地确定并预测生物气藏的位置。土壤气氡勘探能够为降低勘探成本、提高钻探成功率提供地球化学方面的资料。在铀、钍含量高的地区，土壤气氡勘探获得的信息更精确。为保证结果的正确性，野外采集的资料必须要精确、有代表性。构造、地球化学特征、地形和地下水都会对土壤气氡测量结果产生影响。当异常峰两侧的异常强度差不多时，如果没有其他方面信息支持，很难对异常原因做出解释，也不能预测气藏位置 (贾国相等，2005b)。

油气微生物勘探方法的优点包括：①快速、经济、有效；②测量结果重复性好；③虽然采样深度、地层温度和压力、湿度等会影响测量结果，但总体上，环境影响小；④样品采集方便易行；⑤敏感性强，多解性少。当然，油气微生物勘探方法也有它的不足。油气微生物勘探只能确定气藏在平面上的位置，不能预测储层的埋深和厚度。总体来说，油气微生物勘探可以作为地质和地球物理勘探的很好补充，可以更好地降低勘探风险。在未勘探区，油气微生物勘探是一种费用低廉的预探方法。在成熟区，油气微生物勘探可以通过确定充填位置和储层特征对地震确定的地质构造进行等级评定 (Wagner et al., 2002)，可以确定烃异常的详细分布。

与其他物探方法相比，EH4 电磁成像系统具有以下一些特点（刘福生，2002；刘鸿泉等，2002）：①采用人工场源与天然场源共同作用的方式进行电导率测量，人工场源可以弥补天然场源在某些频段的不足，从而完成整个频段的测量，对解决浅部地质问题尤为有用；②既具有有源电磁法的稳定特性，又具有无源电磁法测深大和轻便灵活的特性；③具有较高的分辨率；④既可做单点测深又可做连续剖面观测，点距、频点密集，能较充分反映地下地质信息；⑤不受高阻盖层影响，性能稳定、轻巧便携、操作方便、施工简单和成本低廉等。因此，这种方法可用于开展大面积普查工作，可以有效扩大勘探范围。特别是根据电磁勘探获得的电阻率曲线能够判断含气层位的具体深度，通过电阻率深度剖面，可以较准确地确定含气范围，这些都有利于勘探目标的确定，可以提高勘探效率，也可以为钻探风险评价提供依据。但是气层厚度、含气层与含水层电阻率差异会影响储气层的识别。气层厚度、含气层与含水层电阻率差值越大，气层在电阻率曲线上的显示越强，反之则越弱。此外，工业电会对环境的电磁信号造成影响，所以电磁勘探不适用于有强烈工业电干扰的地区。

7.2.2 浅层气勘探的有效步骤

基于各种勘探方法优缺点的分析结果，可以总结出在勘探各个阶段适合采用的勘探方法，以提高勘探效率。在勘探早期，可以使用静力触探方法确定砂质透镜体的分布。之后可以在砂质透镜体分布区进行大间距的微生物勘探，以确定烃异常位置，圈定有利勘探区。然后可以在有利勘探区，进行浅层横波地震、小间距微生物勘探和土壤气氡异常分析，以进一步细化砂质透镜体的位置，从而确定勘探目标区。最后可以进行电磁勘探，精确确定含气层位和范围，估计含气强度，进而确定勘探深度。在已知气田区扩边时，可以采用密集打静力触探钻井和电磁勘探的方法 (Li and Lin, 2010；李艳丽, 2010)。

第8章　中国生物气成藏特征及其影响因素

　　与常规天然气相比，生物气具有分布范围广、埋藏深度浅和勘探开发效益好的特点，从 20 世纪末开始，生物气的勘探受到广泛重视，陆续在中国许多沉积盆地中发现了具有工业或商业价值的生物气藏，特别是柴达木盆地，它是世界著名的第四系生物气产区，气源岩为典型陆相湖泊泥质沉积物，有机质含量低，但厚度大，而且由于快速沉积于寒冷、高盐度的水体中，有利于生物气的保存和成藏。因此，解剖世界著名的柴达木盆地第四系生物气藏，总结中国生物气的成藏特征，探讨中国生物气成藏的有利条件，显得尤为必要。

8.1　柴达木盆地生物气成藏特征

　　柴达木盆地生物气总资源量 1.4755×10^{12} m^3，探明地质储量 2770.98×10^8 m^3，控制地质储量 431.72×10^8 m^3，已向兰州、西宁、格尔木等地供气，年产气 21.7×10^8 m^3，成为中国四大气田之一。柴达木盆地为中新生代大型叠合盆地，周边为祁连山、昆仑山、阿尔金山环绕，面积 12×10^4 m^2，内部划分为北部块断带、茫崖拗陷带、三湖拗陷带和德令哈拗陷构造单元。构造演化历经早侏罗世断陷、古近纪—中新世走滑拉分拗陷、上新世—第四纪压扭拗陷 3 个阶段，沉积岩最厚 1.34×10^4 m，其中第四系地层厚 160~3200 m。三湖拗陷位于盆地东南部，面积 3.7×10^4 m^2，可划分为南斜坡、中央凹陷和北斜坡 3 个次一级构造单元，第四系及上新统发育大套浅湖 – 半深湖相暗色泥岩，为生物气生成和富集的主要地区 (图 8-1)。已发现涩北一号、涩北二号、台南、盐湖、驼峰山、台吉乃尔 6 个气田 (图 8-1)，单个气田含气面积 0.8 ~ 69 km^2，气层累计厚度 7.3 ~ 119 m，单层厚度 1 ~ 3 m，埋深 300 ~ 1730 m，气藏压力系数 1.06 ~ 1.19，单井产量 (1.54 ~ 10.4) $\times 10^4$ m^3/d，气体甲烷 $\delta^{13}C_1$ 含量 –68.51‰ ~ –65‰，为典型生物气藏 (顾树松，1996；党玉琪等，2004；Pang *et al.*，2005；周飞等，2013)。

　　柴达木盆地第四系分为更新统和全新统，自下而上分为下更新统、中更新统、上更新统和全新统，生物气藏主要分布在柴达木盆地三湖拗陷下、中更新统的七个泉组。七个泉组埋深较浅，岩性以灰色泥岩、灰黄色泥岩、灰色砂质泥岩和灰黄色砂质泥岩为主，局部见有灰色砾质砂岩、灰色细砂岩，自下而上可划分为 5 个亚段，分别对应 $K_1 \sim K_3$、$K_3 \sim K_5$、$K_5 \sim K_7$、$K_7 \sim K_{10}$、$K_{10} \sim K_{13}$ 电性层 (表 8-1，图 8-2)。

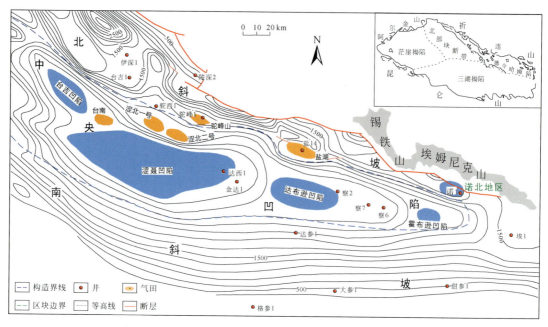

图 8-1　柴达木盆地三湖拗陷构造划分及第四系生物气田分布

表 8-1　柴达木盆地三湖拗陷第四系中下更新统七个泉组地层简表

段	电性层	厚度 /m	泥地比 /%	岩性描述
五段	$K_1 \sim K_3$	141	59.6	以灰色泥岩、灰色细砂岩为主，见少量砾质砂岩
四段	$K_3 \sim K_5$	278	45.3	以灰色砂质泥岩、灰色细砂岩为主，见少量灰黄色泥岩
三段	$K_5 \sim K_7$	239	41.0	以灰色砂质泥岩、灰色细砂岩为主，见少量灰色泥岩
二段	$K_7 \sim K_{10}$	310	46.4	以灰色砂质泥岩、灰黄色砂质泥岩为主，见灰色细砂岩、灰色泥岩、灰黄色泥岩
一段	$K_{10} \sim K_{13}$	271	58.3	以灰色砂质泥岩、灰黄色砂质泥岩为主，见灰色细砂岩、灰色泥岩、灰黄色泥岩

8.1.1　第四系沉积相展布及沉积演化

柴达木盆地第四纪沉积演化分为 5 个阶段（徐永昌，1994；邓津辉，2002），分别是更新世早期的湖泊形成阶段、更新世中期的湖泊鼎盛阶段、更新世中晚期的湖泊稳定阶段、更新世晚期的湖泊萎缩阶段和全新世的湖泊消亡阶段。三湖拗陷是柴达木盆地第四纪沉积、沉降中心，第四纪快速沉积了超过 3100 m 厚的湖、沼相地层。

柴达木盆地自新生代以来，便具有沉积中心与沉降中心叠合，并同步向东迁移的特征（顾树松，1996）。更新世早期，沉积中心没有完全迁移到三湖拗陷，早期湖泊分布面积相对较小，河流 – 三角洲分布范围较大，陆源碎屑丰富，沉积物相对较粗，此时是柴达木盆地三湖拗陷湖泊的形成期（图 8-3A）。更新世中期，沉积中心的继续东移，使三湖拗陷的

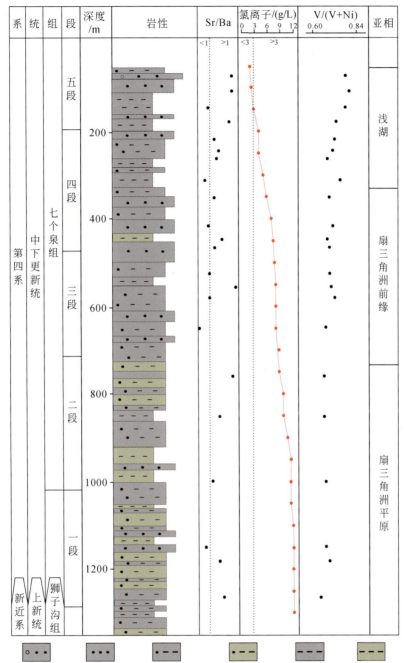

灰色砾质砂岩　灰色细砂岩　灰色砂质泥岩　灰黄色砂质泥岩　灰色泥岩　灰黄色泥岩

图 8-2　柴达木盆地诺北地区诺 1 井第四系地层综合柱状图

地势越来越低, 柴达木盆地三湖拗陷出现了第四纪分布最广、水深最大的湖泊, 此时是湖泊的鼎盛期 (图 8-3B)。更新世中晚期, 湖泊相对稳定, 湖泊分布面积与更新世中期相当, 此时是湖泊的稳定期 (图 8-3C)。更新世晚期, 由于受到第四纪构造运动的影响, 柴达木盆地逐步抬升, 伴随着气候的进一步干旱寒冷, 水体补给量减少, 湖泊逐渐收缩, 水体变浅、变咸，湖泊沉积范围迅速变小，此时是湖泊的萎缩期 (图 8-3D)。全新世，柴达木盆地整体抬升，湖泊收缩并逐渐消亡，水体变咸，形成盐湖和盐沼，此时是湖泊的消亡期 (图 8-3E)。根据察尔汗湖泊水体中盐类物质测算，晚更新世三湖拗陷古湖泊仍然处于淡水环境至少持续了 100 ka 左右，其后由西向东古湖水逐渐咸化，约距今在 15 ka 以后这段时间内完成了成盐过程。

总体来讲，柴达木盆地三湖拗陷沉积相种类较多，平面上呈带状分布，由凹陷两侧的南北斜坡到凹陷中心，颗粒由粗变细，沉积物砂质含量由多变少；沉积环境逐渐由滨浅湖相向半深湖相过渡。在南斜坡，由于构造运动，其总的地势高于北斜坡，昆仑山冰雪融水丰富，山前物源丰富，沉积了大量的冲、洪积相、河流三角洲相。从现在主要气田所在的位置来看，纵向上主要是滨浅湖相与较深湖湘交替出现，最上部沉积盐湖相。

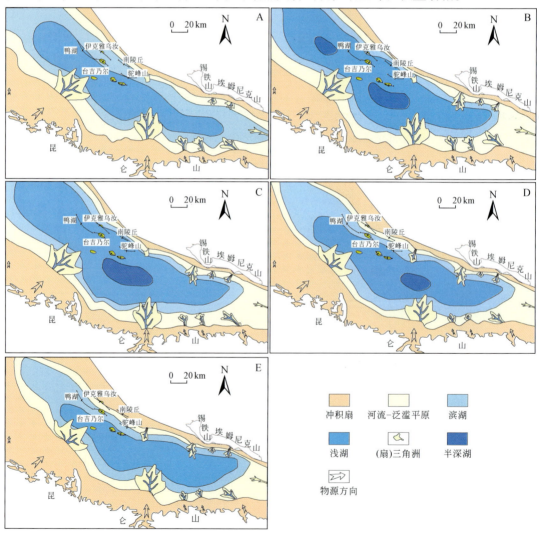

图 8-3 柴达木盆地三湖拗陷第四纪沉积演化

A. 柴达木盆地第四纪更新世早期沉积相图，距今 280 ~ 235 万年；B. 柴达木盆地第四纪更新世中期沉积相图，距今 235 ~ 194 万年；C. 柴达木盆地第四纪更新世中晚期沉积相图，距今 194 ~ 151 万年；D. 柴达木盆地第四纪更新世晚期沉积相图，距今 151 ~ 73 万年；E. 柴达木盆地全新世沉积相图，距今 73 ~ 10 万年

8.1.2　气源岩条件

柴达木盆地三湖拗陷生物气气源岩为灰色泥岩、粉砂质泥岩，偶见碳质泥岩，分布面积 $3.68 \times 10^4 \, m^2$，厚 800~1600 m，平均厚度 1200 m，气源岩占地层厚度的 85%。有机碳平均含量 0.3%，氯仿沥青 "A" 平均含量 0.0135%，总烃平均含量 $52 \times 10^{-6} \sim 76 \times 10^{-6}$，有机质平均含量 1.46%，有机质类型以 II 型和 III 型为主，镜质组反射率为 0.2% ~ 0.49%，未成熟，目前正处于生物化学生气阶段，气源岩样品甲烷产率 0.2 ~ 1.4 mL/g，平均 0.94 mL/g，第四系、上新统的有机碳产气率分别为 673 m^3/t 和 275 m^3/t，生气强度 $(40 \sim 160) \times 10^4 \, m^3/km^2$，总生气量 $171.25 \times 10^{12} \, m^3$（顾树松，1996; Dang et al., 2008; 周飞等，2013）。

寒冷的气候和高盐度的地下水环境是三湖拗陷生物气形成的重要条件，柴达木盆地地面海拔高，气候寒冷，地表年均温度 3.7 ℃，地温梯度 3.17 ℃/100 m。地下水总矿化度为 50.1 ~ 263.4 g/L，水型为 $CaCl_2$，有利于有机质在沉积初期的保存，避免了有机质的过早消耗（党玉琪等，2004; 帅燕华等，2007，2009）。本书统计了柴达木盆地涩北一号、涩北二号气田 23 口钻井的地层水温度与产气量的数据，得出该气田水温度与产气量关系的散点图（图 8-4），从图中可以看出涩北一号、涩北二号气田产气量较高的地层水温度集中在 33~65 ℃，这与甲烷菌的最适生存温度 35 ~ 42 ℃（林春明等，2006a）是一致的。三湖拗陷诺北地区第四系野外露头含有丰富微体介形类，为研究诺北地区第四系古环境提供了条件。诺北地区介形虫的属种主要为玻璃介和土星介，前者主要为角玻璃介、纯净小玻璃介、疏忽玻璃介和盐湖玻璃介，后者包括布氏土星介与无刺土星介; 此外，还有少量大型窄星介和疑边栏介（图 8-5）。其中，喜冷的玻璃介和无刺土星介占整个样品的 92%，喜热的布氏土星介、大型窄星介和疑边栏介占 8%（图 8-5），表明诺北地区第四纪沉积时水体温度较低，这与现今柴达木盆地年平均气温较低相一致。

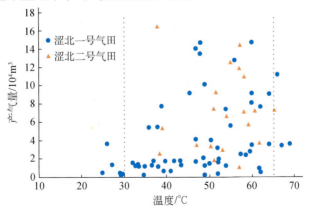

图 8-4　柴达木盆地涩北一号、涩北二号气田地层水温度与产气量关系图

氯离子含量与盐度有着较好的相关性（表 8-2），此次研究中以氯离子含量近似代替盐度，对三湖拗陷第四系东西部盐度进行了对比，其中驼西 1 井、盐 14 井和诺 1 井位于北斜坡，达西 1 井位于中央凹陷带，格参 1 井位于南斜坡。由柴达木盆地三湖拗陷各井氯

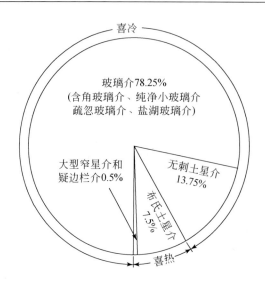

图 8-5　柴达木盆地诺北地区第四系七个泉组野外露头介形虫分类图

离子含量随深度变化图 (图 8-6) 可知，北斜坡地区氯离子含量远大于中央凹陷带和南斜坡，普遍大于 4000×10^{-6}，盐度大于 5‰，属于咸水区；中央凹陷带和南斜坡氯离子含量较低，普遍小于 4000×10^{-6}，盐度小于 5‰，属于淡水区。生物模拟试验表明，形成于咸化水体的柴达木盆地第四系岩心样品，一般都具有较高的产气潜力，而形成于同期淡化水体的岩心样品，则缺乏盐类对微生物分解作用的抑制，致使沉积有机质的易降解组分在沉积初期的浅埋藏阶段过度消耗，因而样品的产气率普遍较低 (周翥虹等，1990)。Sr/Ba 也常用来区分淡水和咸水沉积环境，一般来讲，淡水沉积的 Sr/Ba<1，咸水沉积的 Sr/Ba>1。三湖拗陷诺北地区诺 1 井第四系七个泉组地层 15 块样品 Sr/Ba 除了极少数数据小于 1 外，都大于 1，平均值 2.02 (图 8-2，表 8-3)，反映了七个泉组沉积时期以咸水环境为主。诺 1 井 15 块样品碳氧同位素分析数据 (表 8-4)，显示 $\delta^{18}O_{PDB}$ 含量为 –10.3‰~–9.0‰，平均 –5.9‰；$\delta^{13}C_{PDB}$ 含量为 –5.0‰~–2.6‰，平均 –3.95‰，整体特征为 $\delta^{13}C_{PDB}$、$\delta^{18}O_{PDB}$ 偏负。利用 Keith 和 Weber (1964) 提出的盐度经验公式 $S=\delta^{18}O_{PDB}+21.2/0.61$ 计算，盐度 24.44‰~25.79‰ (表 8-4)，平均盐度 25.35‰，达到咸水湖的标准。此外，X 射线衍射全岩矿物分析也检测到较高含量的碳酸盐岩矿物 (表 8-4)，平均含量 11.35%，其中白云石平均含量 6.64%、方解石平均含量 4.71%，也在一定程度上指示了诺北地区较为干旱的微咸水 – 咸水环境。

表 8-2　柴达木盆地中氯离子含量与盐度的关系 (据党玉琪等，2004)

类别	淡水湖泊	微咸水湖泊	半咸水湖泊	咸水湖泊	盐湖
氯离子 /10⁻⁶	<846	846 ~ 3000	3000 ~ 5692	5692 ~ 19154	>19154
盐度 /‰	<1	1 ~ 5	5 ~ 10	10 ~ 35	>35

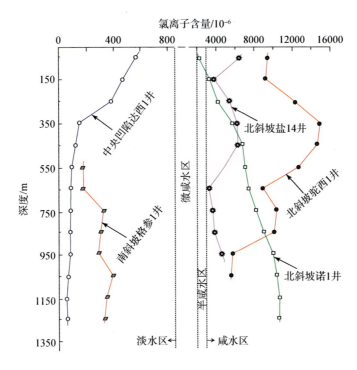

图 8-6　柴达木盆地三湖拗陷内部各井氯离子含量随深度变化图

8.1.3　氧化还原性与酸碱度

微量元素比值在氧化还原性的研究中有着广泛的运用，Hatch 和 Leventhal (1992) 指出 V/(V+Ni) 大于 0.84 指示了水体分层，并且底部水体中出现 H_2S 的厌氧环境；V/(V+Ni) 为 0.60 ~ 0.82，指示了水体分层不强的厌氧环境；V/(V+Ni) 为 0.46 ~ 0.60，指示了水体分层弱的贫氧环境。柴达木盆地三湖拗陷诺北地区诺 1 井的 V/(V+Ni) 为 0.64 ~ 0.79 (图 8-2；表 8-3)，反映了诺 1 井在七个泉组沉积时期为水体分层不强的厌氧环境，且各段变化较小，环境稳定。δCe 也可用于判断氧化还原性，$\delta Ce > 1$ 时，为正铈异常，即铈的富集代表氧化环境；$\delta Ce < 1$ 时，为负铈异常，即铈的亏损代表还原环境 (鲁洪波、姜在兴，1999)。诺北地区诺 1 井 δCe 为 0.30 ~ 0.32，平均 0.30 (表 8-4) 也指示了研究区较强的还原环境。此外，沉积环境中的黄铁矿通常被看作还原环境的标志，诺 1 井黄铁矿平均含量 6.46% (表 8-4)，也指示了诺 1 井在七个泉组沉积时期为还原环境。

对于水介质酸碱性的研究主要通过轻、重稀土的富集关系，鲁洪波和姜在兴 (1999) 指出在酸性介质中 (pH= 4.7 ~ 5.6) 先沉淀沉积的是轻稀土，而后才是重稀土。柴达木盆地三湖拗陷诺北地区诺 1 井各个样品的轻、重稀土元素比值相差不大 (表 8-4)，说明诺北地区诺 1 井七个泉组沉积时期环境较为稳定。轻、重稀土分异度很大 (L/H 平均 9.17)，表现为轻稀土富集、重稀土亏损，为中性 – 偏碱的水体环境。

表 8-3　柴达木盆地三湖拗陷诺北地区诺 1 井第四系七个泉组元素地球化学分析数据表

段	井深 /m	岩性描述	沉积亚相	Sr	Ba	V	Ni	Sr/Ba	V/(V+Ni)
五段	74.00	粉砂质泥岩	浅湖	333.60	119.80	45.20	13.00	2.78	0.78
	108.00	泥质粉砂岩		204.90	73.30	44.30	11.40	2.80	0.80
	146.00			197.40	185.60	41.40	12.00	1.06	0.78
	178.00			208.60	80.50	42.70	15.80	2.59	0.73
四段	218.00	泥岩	浅湖	246.20	162.80	97.90	37.40	1.51	0.72
	244.00	粉砂质泥岩		332.80	183.10	97.50	39.30	1.82	0.71
	262.00			346.80	207.80	85.60	40.40	1.67	0.68
	312.00		扇三角洲前缘	197.50	243.00	44.20	15.10	0.81	0.75
	352.00	泥岩		329.80	220.50	71.00	31.90	1.50	0.69
	416.00			293.00	271.90	96.00	39.20	1.08	0.71
	446.00			304.20	149.90	93.40	43.10	2.03	0.68
	466.00			263.60	171.50	89.40	40.30	1.54	0.69
三段	526.00	泥岩	扇三角洲前缘	270.50	241.80	75.10	33.80	1.12	0.69
	556.00	粉砂质泥岩		245.90	81.00	84.70	36.70	3.04	0.70
	580.00			258.10	224.20	85.10	32.60	1.15	0.72
	650.00			278.70	728.80	72.60	35.30	0.38	0.67
二段	760.00	泥岩	扇三角洲平原	267.60	94.50	97.40	49.50	2.83	0.66
	852.00			310.10	166.00	71.20	36.70	1.87	0.66
	1000.00	粉砂质泥岩		257.70	194.60	88.30	43.50	1.32	0.67
一段	1150.00	粉砂质泥岩	扇三角洲平原	261.80	314.10	83.60	41.60	0.83	0.67
	1182.00	泥岩		290.00	157.70	93.70	42.20	1.84	0.69
	1264.00			253.70	118.00	84.30	47.00	2.15	0.64
平均值				270.10	187.20	77.40	34.00	2.02	0.70

8.1.4　储盖层及圈闭条件

三湖拗陷生物气储层岩性以粉砂岩、泥质粉砂岩为主，单层厚度 1 ~ 3 m，累计厚度 200 ~ 300 m，占地层厚度的 16% ~ 28%，压实作用弱，原生粒间孔发育，孔隙度 25% ~ 41%，渗透率 10×10^{-3} ~ 500×10^{-3} μm^2，储气能力强 (李本亮等，2003; Pang *et al.*, 2005; 周飞等，2013)。

表 8-4　柴达木盆地三湖拗陷诺北地区诺 1 井第四系七个泉组泥岩 X 射线衍射全岩矿物及地球化学分析数据表

段	深度/m	沉积亚相	X 射线衍射全岩矿物成分/%								碳氧同位素分析/‰			稀土元素分析/10^{-6}	
			黏土矿物	浊沸石	石英	斜长石	白云石	方解石	黄铁矿	硬石膏	$\delta^{18}O_{PDB}$	$\delta^{13}C_{PDB}$	古盐度 S	L/H	δ Ce
二段	923	扇三角洲平原	31.80	0.00	28.10	4.40	15.50	7.90	12.3	0.00	−10.30	−3.50	24.44	9.12	0.30
	1003		32.30	34.50	11.90	4.50	4.40	3.90	8.50	0.00	−9.60	−3.30	25.16	9.19	0.30
	1023		37.40	26.3	13.70	4.70	5.80	4.40	7.70	0.00	−9.10	−3.50	25.63	9.01	0.30
	1043		36.70	24.20	18.50	4.70	5.70	4.40	5.80	0.00	−9.70	−2.60	25.09	8.78	0.32
	1084		37.30	24.80	14.40	2.90	8.80	4.70	7.10	0.00	−9.50	−4.20	25.27	9.04	031
	1103		28.30	32.50	18.90	0.20	8.70	4.50	6.80	0.00	−9.50	−4.30	25.28	9.32	0.31
	1123		31.30	28.50	22.60	1.90	6.30	5.20	4.20	0.00	−9.40	−3.90	25.32	8.82	0.30
	1163		31.30	26.00	12.40	5.60	6.50	5.00	7.70	0.00	−9.00	−4.20	25.79	8.98	0.31
一段	1225	扇三角洲平原	29.10	27.50	16.70	10.10	6.70	4.10	5.80	0.00	−9.40	−4.00	25.36	9.36	0.31
	1247		36.60	28.20	15.40	3.50	6.10	4.00	6.20	0.00	−9.30	−4.00	25.49	8.94	0.31
	1269		39.50	24.60	15.30	6.00	4.70	4.10	5.80	0.00	−9.00	−4.90	25.71	9.42	0.32
	1287		34.60	26.60	16.10	5.90	6.90	4.40	5.50	0.00	−9.30	−3.60	25.47	9.77	0.31
	1315		46.30	22.90	17.80	0.40	1.00	4.90	4.20	2.50	−9.80	−3.70	24.94	9.24	0.30
	1345		39.20	23.90	14.30	3.80	6.30	4.20	8.30	0.00	−9.10	−5.00	25.67	9.24	0.31
	1385		38.00	24.00	14.70	3.80	6.20	5.00	7.60	0.70	−9.00	−4.50	25.76	9.29	0.30
平均值			35.31	24.97	16.72	4.16	6.64	4.71	6.90	0.21	−9.40	−3.95	25.35	9.17	0.30

巨厚的暗色泥岩既是三湖拗陷生物气气源岩，也是三湖拗陷生物气的盖层。直接盖层厚 3 ~ 20 m，区域盖层厚 500 ~ 1000 m，泥岩厚度补偿了封盖能力的不足。泥岩的平均孔隙度为 36%，埋深大于 1700 m 时，泥岩平均孔隙度为 24.2%。饱含煤油时泥岩的排替压力为 0.1 ~ 0.8 MPa，饱和地层水后泥岩的突破压力上升为 5.4 ~ 11.5 MPa，具有较强的封闭能力。高矿化度的地层水不仅有利于生物气的形成，而且有利于气藏的保存 (Pang et al., 2005; 帅燕华等, 2007, 2009; 周飞等, 2013)。

三湖拗陷普遍发育同沉积背斜构造，圈闭面积 22.8 ~ 151 km^2，幅度 18.5 ~ 680 m，并以小于 100 m 的低幅度构造为主。这些构造在第四纪初期开始形成，中晚期定型，与生物气的生成及运移期相同，有利于生物气的聚集成藏 (Pang et al., 2005; 帅燕华等, 2007, 2009)。

8.2　中国生物气成藏特征

8.2.1　中国生物气藏分布

1) 气藏类型

对已发现的生物气藏分析表明，中国生物气藏类型主要有背斜、断背斜、岩性和构造岩性复合型 4 种类型，生物气藏类型相对比较简单。

2) 层位上分布

中国生物气分布最新的地层是浙江及东南沿海的第四系全新统地层，这里全新统底界地质年龄为 10 ~ 12 ka BP; 最老的地层的是下白垩统，如松辽盆地的阿拉新气藏 (张顺等, 2004) 及二连盆地的阿南气藏 (孙志华等, 2001)。现已发现的气藏分布在第四系、古近系和白垩系大致各占 1/3，气藏规模以第四系最大、白垩系次之，而古近系则较为零散，探明储量主要集中在第四系 (Lin et al., 2010)。

3) 平面上分布

有无生物气气源岩 (未成熟烃源岩) 是决定有无生物气的关键因素之一，大部分有一定规模的未成熟烃源岩分布的盆地均发现了生物气藏，也有一些盆地因工作程度等因素影响并未发现生物气。目前柴达木盆地、苏北盆地、河套盆地、江汉盆地、百色盆地、渤海湾盆地、松辽盆地和浙江沿海地区的生物气勘探开发均取得重要进展。

4) 深度上分布

中国生物气藏分布深度均小于 2000 m，最浅的仅十几米，深度分布在 400 ~ 1500 m 的生物气藏较多，同时生物气的聚集规模也较大。在这一深度范围内，成岩程度较低，储层物性极好，生物气采收率较高，而且浅层地震分辨率高且成本低，钻井费用也低，因此生物气的勘探成本将大大降低。

8.2.2　中国生物气藏类型

1) 低温 – 同生成岩 – 浅埋藏

该种类型的生物气藏以杭州湾地区晚第四纪浅层生物气藏为代表，这类气藏的形成条件比较特殊，生物气的形成随温度升高而增加。储层处于未成岩状态，物性极好；盖层发育往往不好，但饱含水的粉砂质黏土层和淤泥质黏土层可作为盖层并对气藏起较好的封盖作用 (Lin et al.，2004，2010；Zhang et al.，2013；曲长伟等，2013)。圈闭以岩性圈闭为主，同时也有披覆背斜圈闭发育。

2) 中温 – 早成岩 A 期 – 中深埋藏

该种类型的生物气藏以柴达木盆地东部第四系生物气藏为代表，这类气藏形成的地质条件有利于生物气的大规模聚集。生物气的产生正值高峰期，气源充足，成岩作用程度不高，储层物性好；泥岩具有一定的固结程度，封盖能力大为加强，加之有一定的埋藏深度，保存条件得到改善。只要有较好的圈闭存在，完全可以聚集成藏，目前已发现的圈闭主要为构造圈闭和岩性圈闭，以构造圈闭为主 (Pang et al.，2005；帅燕华等，2009；周飞等，2013)。

3) 高温 – 早成岩 B 期 – 深埋藏

高温 – 早成岩 B 期阶段的温度较高，对微生物的生存有不利影响，生物气产率下降；砂岩的成岩程度增高，不仅有原生孔隙存在，同时已出现次生孔隙，但总体来说储层物性仍然较好；盖层条件更好，有利于生物气保存。因为此阶段烃源岩已接近成油门限 (已进入未熟油阶段)，所以根据生物气藏与油藏伴生气关系划分为两种情况：① 生物气藏与油藏 (包括伴生气) 各自成藏，如二连盆地阿南气藏 (孙志华等，2001)，生物气藏与油藏在同一个地层体系中，生物气藏在上，油藏在下，其间有泥岩作为隔层，并未串通。② 生物气藏与油藏伴生气混合，如渤海湾盆地东濮凹陷刘庄气藏 (常振恒等，2008)，气藏之下有油藏，有较多的开启型断层使气藏和油藏沟通，使油藏伴生气运移至气藏中，使生物气具有混源的特征。江汉盆地潭口地区广三段气藏和油藏中的油气均来自其下伏潜江组未成熟 – 低成熟烃源岩，潜江组烃源岩产生的油气沿断层向上运移，至广三段被封堵成藏，这种条件下生物气 (未成熟烃源岩的产物) 与原油伴生气 (低成熟烃源岩的产物) 在运移过程中及聚集以后都可能混合，使生物气具混合气特征。

造成生物气与原油伴生气混合的烃源岩条件大致有两种情况，一是原油伴生气从深部通过断层或其他渗滤层向上运移与生物气混合，二是同一层烃源岩因埋深不同，处于成熟门限以下的烃源岩已开始热解成油成气，而门限以上的烃源岩则可能形成生物气，在油气运聚过程中二者混合。

8.3　中国生物气成藏有利条件探讨

8.3.1　有利的生气条件

生物气生成的根本因素不仅在于要有甲烷菌可以利用的营养源 (有机质)，而且还必须具备适宜甲烷菌生存和繁衍的地质条件。除满足上述条件外，要形成大规模生物气藏，甲烷在表层沉积物的生成速度应受到抑制，以利于埋深较大时有机质可以分解生成大量甲烷气体并聚集成藏。研究结果表明，生物气的生成受有机质条件、还原环境及水介质条件、浅层的抑制作用和沉降速率 4 个因素的控制。

1) 有机质条件

众所周知，甲烷菌不具有直接分解有机质的能力，它主要依赖发酵菌和硫酸盐还原菌分解有机质而产生的 CO_2、H_2 和乙酸等获取碳源和能源得以生存，并以此为基质进行生物化学作用而生成生物甲烷气。甲烷菌的营养来源主要是纤维素、半纤维素、糖、淀粉和果胶等碳水化合物，这些物质在草本植物中含量最丰富，这就决定了生物气的母质主要是草本腐殖型有机质，草本腐殖型有机质的特点之一是氯仿抽提物中非烃高、沥青质低，与木本腐殖型迥然不同。

柴达木盆地东部第四系生物气气源岩中孢粉大部分或全部为草本植物孢粉，有机质属草本腐殖型有机质，有机碳丰度平均为 0.3%，干酪根先体元素的 C/N 主要分布在 4.3 ～ 30.18，来自脂肪或其他类脂物等细菌易降解物的饱和烃高达 67.7%，这表明柴达木盆地东部第四系生物气气源岩有机质条件较好，具有较强的生气能力 (李本亮等，2003；帅燕华等，2007)。

2) 还原环境及水介质条件

甲烷菌是一种厌氧细菌，必须生长在还原环境中，适合于甲烷菌生长的氧化还原电位 (Eh) 为 –540 ～ 590 mV，甲烷菌开始生长时 Eh 一般为 –360 mV 左右，因此在自然界中，甲烷菌要等所有的氧、所有的硝酸盐和大部分硫酸盐还原之后才能繁殖。生物气藏气源岩是否处于还原环境是能否生成生物气的决定性因素之一，中国目前已发现的生物气藏的气源岩均处于还原环境条件下。

水介质 pH 分布在 5.9 ～ 8.8，近于中性，有利于甲烷菌的生长，当然也有利于生物气的生成。如松辽盆地阿拉新气藏所在的泰康地区青二段、三段地层水 pH 为 7 ～ 8，为中性至微咸性环境，有利于甲烷菌生长，对泰康地区萨尔图油层地层水进行细菌分析，发现每毫升水中有成千上万个细菌存在，这是该区生物气形成的有利条件之一 (杨勉等，2012)。杭州湾地区晚第四纪地层中水介质的 pH 一般分布在 6.6 ～ 7.1 (表 5-6)，有利于生物气的生成。

3) 浅层的抑制作用

一般来说，有机质在浅埋藏阶段进入厌氧环境即开始发生厌氧生化产气作用，如果这种产气作用持续进行，大部分有机质可能在浅地表至数米埋深内遭受损失，生成的甲烷及其他气体很快在浅地表逸散。要阻止生物气在浅地表的逸散，必须要有某种因素抑制有机质在浅层的厌氧生化产气作用，从而有效地阻止生成的生物气在浅地表的散失；并且这种抑制作用需同步于圈闭形成或在圈闭之前形成，在圈闭形成之后抑制作用得到解除，有机质进行厌氧生化产气作用，这样才有利于生物气的聚集成藏。

柴达木盆地东部第四系生物气藏就存在着这种抑制作用，研究表明，该区高盐度沉积环境和硫酸盐的存在 (干酪根有机质包裹的黄铁矿、抽提无色质分析有单质硫等存在，均表明曾存在着硫酸盐）使有机质在浅层的厌氧生化产气作用得到抑制，形成了与同沉积背斜发展一致的缓慢解抑和产甲烷过程，从而形成了有利于生物气聚集的成藏条件（帅燕华等，2007，2009；张英等，2007；魏水建等，2009；郭泽清等，2011）。此外，杭州湾地区浅层生物气气源岩在表层也曾存在硫酸盐的抑制作用，椒浅参 1 井淤泥质黏土氯仿抽提物芳烃组分的质谱分析中，普遍检测到有机硫化物（苯咬吩、苯并荼噻吩等），抑制了有机质在浅地表的厌氧生化产气作用，阻止了生物气在地表的逸散（林春明、钱奕中，1997）。

4）沉降速率

对于生物气来说，沉积速率的重要性有双重作用，既有有利于保存有机质（尤其是那些易被细菌所利用又易于被破坏的有机质），又有利于阻止甲烷的扩散耗失，同时也减弱了从上覆水体中不断补给溶解硫酸盐，从而为微生物群落的生存和繁殖创造了有利的环境和物质基础。杭州湾地区第四纪沉积物沉积速率高，冰后期平均沉积速率为 2.9 mm/a，是江浙沿海平原生物气藏形成的有利因素之一（Lin et al.，2005；林春明等，1999a）；柴达木盆地东部第四系沉积物沉积速率近 1000 m/Ma（魏水建等，2009），莺琼盆地沉积速率也达 800 ~ 900 m/Ma（杨计海等，2005），较高的沉积速率有利于这些盆地形成生物气藏。

8.3.2　储层的物性条件及其规模

生物气藏的源岩主要限定于未成熟源岩段，生物气藏的储层可能多种多样，根据现有的勘探成果，中国主要盆地生物气藏的储层也主要处于未成熟源岩段范围内。中国生物气藏的储层绝大多数为碎屑岩类，即砂砾岩、砂岩和粉砂岩；储层厚度一般只有几米到 20 m，柴达木盆地生物气藏储层厚度可达 120 ~ 300 m。储层物性一般都较好，孔隙度一般 >15%，且大部分为 20% ~ 30%；渗透率一般为 $100×10^{-3}$ ~ $400×10^{-3}$ μm^2，在 $400×10^{-3}$ μm^2 以上的也极为常见；储层孔隙喉道半径也大，其原因在于生物气藏的储层处于同生成岩阶段，岩石成岩程度低、固结作用较弱，以原生孔隙为主，造成生物气藏的储层物性较好，有利于生物气富集，且易获得高产。

杭州湾地区晚第四纪地层中粉砂层和细砂层等为浅层生物气藏的储层，孔隙度平均为 39.87%，渗透率可达 $4000×10^{-3}$ μm^2 以上（表 6-4），有利于浅层生物气的富集（Lin et al.，2004，2010；Zhang et al.，2013；曲长伟等，2013）。柴达木盆地第四系生物气藏的储层岩性较细，主要为粉砂岩及泥质粉砂岩，个别为泥质细砂岩，由于地层时代较新和压实作用较差，储层的物性较好，如涩北二号气田涩中 6 井、涩中 1 井取心和北参 3 井井壁取心证实，生物气藏的储层孔隙度最大可达 42.8%，平均为 32.2%，渗透率最大可达 $1729.9×10^{-3}$ μm^2，平均为 $270×10^{-3}$ μm^2，这种较好的物性条件有利于生物气在储层中聚集成藏（Pang et al.，2005；Dang et al.，2008；周飞等，2013）。

在其他条件具备的情况下，储层规模（面积、厚度）是气藏规模和含气丰度的决定性因素。柴达木盆地东部第四系生物气藏储层分析表明，在其他条件相同的前提下，砂岩所占比例的多少是这个气田储量丰度高低的主要因素，如涩北二号涩深 6 井及涩中 1 井中砂岩厚度占地层厚度的 14.18% 和 14.55%，而台南气田中 4 井砂岩厚度可占地层厚度的 23.92%，涩北一号大体情况与涩北二号类同，这三个构造的构造发育史及所处生气凹陷位置基本相同，但气田丰度以台南气田为最佳，砂岩较多的事实可能为主要有利条件之一，是形成台南气田含气丰度最大的主要原因 (帅燕华等，2009；周飞等，2013)。二连盆地阿南气藏腾二段生物气藏储层仅限阿南构造高点，且储层厚度不大，横向相变较大 (孙志华等，2001)，造成该气藏的规模不会太大。

8.3.3　盖层封闭保存条件

盖层的封闭保存条件也是油气成藏的重要因素，对天然气藏的形成更为如此，而对成岩程度较低的生物气聚集成藏则尤为重要。好的盖层不但可以有效地阻挡和减缓生物气的逸散，而且在一定条件下可促使生物气在低压区聚集。好的盖层无疑必须具有低渗透性，岩石的渗透率越低，排驱压力越高，即存在相应的封闭能力；若渗透率较高，盖层的厚度就变得更为重要，较大的厚度可以补偿渗透性较好的不足，以便有利于提高盖层的封闭能力。

杭州湾晚第四纪浅层生物气藏存在直接盖层和间接盖层，直接盖层为古河口湾 – 河漫滩相粉砂质黏土层，间接盖层为浅海相淤泥质黏土层，盖层存在毛细管封闭机理、孔隙水压力封闭机理和烃浓度封闭机理，这三种封闭机理相互作用、相互影响，使生物气藏盖层具有较强的封闭能力 (Lin $et\ al.$, 2010；Zhang $et\ al.$, 2013；曲长伟等，2013)。百色盆地香炉生物气藏直接盖层厚度小于 1.5 m，是一层横向分布稳定的含水的膨润土矿，膨润土遇水膨胀，具有极好的封盖性能 (黄绍甫、朱扬明，2004)。

区域盖层对于生物气聚集至关重要，区域盖层的作用在于在较大范围内阻止生物气散失，从而使更多的生物气保存于地下以便进行运移聚集成藏。区域盖层不好或没有相当于气源岩产出的气无 "顶盖"，使生物气更易大面积、大规模地散失，不利于聚集成藏。直接盖层因为往往横向分布范围较小，通常所起作用是面积较大、分布范围较广的区域盖层。

江汉盆地潭口气藏虽然规模不大，但其保存条件很具特色，该气藏的区域盖层是只有 15 ~ 26 m 厚的湖相泥岩，但岩性致密，排驱压力大，具有较强的封堵能力；直接盖层仅 1 m 左右，之所以能成为盖层，是因为它是一层品质较好的石膏质泥岩 (张广英、陈凤玲，2007)。柴达木盆地东部第四系生物气藏盖层为一套滨浅湖 – 半深湖相沉积的灰、浅灰色泥岩，平均渗透率小于 $10 \times 10^{-3}\ \mu m^2$，但由于地层饱含高矿化度的地层水，其渗透率大大降低，一般为 $0.5 \times 10^{-3} \sim 1 \times 10^{-3}\ \mu m^2$，同时该段地层中分布有盐岩类沉积，由于以上特性这套地层成为本区的区域盖层。台南气田区域盖层达 1000 m 以上，其含气丰度达到 $8.5 \times 10^8\ m^3/km^2$，涩北二号气田区域盖层 500 m 左右，丰度为 $3.9 \times 10^8\ m^3/km^2$，盐湖气田最薄，仅 50 多米，丰度仅 0.31×10^8 m^3/km^2（李本亮等，2003；Pang *et al.*，2005；帅燕华等，2007，2009；Dang *et al.*，2008；周飞等，2013），区域盖层的薄厚从宏观上影响了气田的丰度，对生物气藏的形成及富集程度起至关重要的作用。

8.3.4　早期圈闭及同沉积圈闭

中国生物气藏基本都存在同生沉积圈闭或古构造圈闭，它们或临近（处于）生气凹陷，或位于生物气运移的指向地区。松辽盆地红岗气藏的圈闭在其气源岩明水组沉积前即已具雏形，明水组沉积末期已经形成圈闭，这种背斜圈闭在生物气开始形成时即已存在，有利于生物气的聚集（刘运成等，2009）；松辽盆地阿拉新气藏的研究表明，阿拉新古构造是松辽盆地西部斜坡隆起较早的构造之一，早于该区的龙虎泡和敖古拉构造，所以泰康—齐家—古龙西翼生烃区生成的生物气向西运移时，阿拉新构造具有明显优先聚集生物气的条件（杨勉等，2012）；二连盆地阿南气藏其圈闭也属早期圈闭，在腾格尔期早期的断拗、隆剥阶段阿南背斜就已形成，至腾二段沉积时（腾二段是阿南气藏的源岩）背斜构造继续发育，阿南背斜构造一直处于阿南凹陷的高部位，是生物气的指向区（孙志华等，2001）。

柴达木盆地已有气田和含气构造均属同沉积背斜圈闭，同沉积背斜是形成生物气藏的主要控制因素，发育早、隆起幅度高的同沉积背斜更有利于生物气富集，如涩北一号和涩北二号构造，二者具有基本相同的发育史，且现今幅度相差不大，都属于发育早、隆起幅度较高的同沉积背斜，有利于聚集生物气；驼峰山的构造发育强度和隆起幅度远低于其他构造，且在发育期出现停顿现象，含气充满程度仅 6.5%，不利于生物气的富集成藏（李本亮等，2003；Pang *et al.*，2005；帅燕华等，2007，2009；Dang *et al.*，2008；周飞等，2013）。

8.3.5　生物气的不间断产生

生物气的产生只要有适合细菌生存和繁衍的环境，且有机质大量保存就能连续不断地进行，生物气的形成不同于热解气需要埋深达到一定程度才能使有机质热解形成，也就是说绝大部分生物气气源岩目前仍在不断进行生物化学作用产生生物气，这是生物气的第一个地质特征；生物气藏储层和盖层成岩程度相对较低，岩石固结程度不高，岩石孔渗性相对较好，势必使生物气的扩散、渗滤散失量增大，这是生物气的第二个地质特征；生物气的第三个地质特征是生物气生成、聚集层段均处于盆地的浅部沉积岩系中。上述特征决定了生物气不断产生以补偿气藏中生物气的散失是不容忽视的，正是由于生成补偿与散失达到一种动态平衡，生物气才聚集成藏，这种动态平衡至今仍在起作用。

参 考 文 献

蔡祖仁，林洪泉．1984. 浙北杭嘉湖平原全新世地层. 地层学杂志, 8(1): 10-18.

曹光杰，王建．2005. 长江三角洲全新世环境演变与人地关系研究综述. 地球科学进展, 20(7): 757-764.

曹华，龚晶晶，汪贵峰．2006. 超压的成因及其与油气成藏的关系. 天然气地球科学, 17(3): 422-425.

曹沛奎，谷国传，董永发，等．1989. 杭州湾泥沙运动的基本特征 // 陈吉余，王宝灿，虞志英，等. 中国海岸发育过程和演变规律. 上海: 上海科学技术出版社.

常振恒，蒋有录，鲁雪松．2008. 东濮凹陷文南 – 刘庄地区油气藏类型及成藏模式. 断块油气田, 15(1): 12-15.

陈安定，刘桂霞，连莉文．1991. 生物甲烷形成试验与生物气聚集的有利地质条件探讨. 石油学报, 12(3): 7-17.

陈吉余．2007. 中国河口海岸研究与实践. 北京: 高等教育出版社.

陈吉余，恽才兴．1989. 南京、吴松间河槽的演变 // 陈吉余，沈焕庭，等. 长江河口动力过程和地貌演变. 上海: 上海科学技术出版社.

陈吉余，罗祖德，陈德昌，等．1964. 钱塘江河口沙坎的形成及其历史演变. 地理学报, 30 (2): 115-123.

陈吉余，虞志英，陈德昌，等．1989. 钱塘江河日湾的沉积物搬运及河床变形. 中国海岸发育过程和演变规律. 上海: 上海科学技术出版社.

陈庆强，李从先．1998. 长江三角洲地区晚更新世硬黏土层成因研究. 地理科学, 18(1): 53-57.

陈沈良，陈吉余，谷国传．2003. 长江口北支的涌潮及其对河口的影响. 华东师范大学学报 (自然科学版), 2: 74-80.

陈延君，王红旗，赵勇胜．2006. 改性膨润土作为防渗层材料的性能研究及影响因素分析. 环境科学研究, 19 (2): 90-94.

陈英．1993. 浙江沿海平原第四系全新统浅层生物气及气源岩的有机地球化学研究. 中国石油勘探开发研究院硕士学位论文.

陈英，戴金星，戚厚发．1994. 关于生物气研究中几个理论及方法问题的研究. 石油实验地质, 16(3): 209-219.

陈章明，姜振学，郭水生，等．1995. 泥质岩盖层封闭性综合评价及其在琼东南盆地的应用. 中国海上油气 (地质), 9(1): 1-6.

陈中原，杨文达．1991. 长江河口地区第四纪古地理古环境变迁. 地理学报, 46(4): 436-447.

程克明，王铁冠，钟宁宁，等．1995. 烃源岩地球化学. 北京: 科学出版社.

戴金星，陈英．1993. 中国生物气中烷烃组分的碳同位素特征及其鉴别标志. 中国科学 (B 辑), 23(3): 303-310.

党玉琪，张道伟，徐子远，等．2004. 柴达木盆地三湖地区第四系沉积相与生物气成藏. 古地理学报, 6(1): 109-118.

邓程文．2017. 末次盛冰期以来长江下切河谷充填物沉积特征和环境演化. 南京大学硕士学位论文.

邓程文，张霞，林春明，等．2016. 长江三角洲 ZK01 孔末次冰盛期以来沉积物粒度特征及环境演化. 沉积与特提斯地质, 36(3): 37-46.

邓津辉．2002. 柴达木盆地中东部地区新生代沉积相研究及生物气聚集条件分析. 中国科学院兰州地质研究所硕士学位论文.

董永发．1991. 杭州湾底质的粒度特征和泥沙来源. 上海地质, 3: 44-51.

董自强, 宋立中, 王娜, 等. 1999. 土壤测氡在油气勘探中的应用及其成效分析. 石油学报, 20(2): 35-39.

方方, 贾文懿. 1998. 杯法测氡原理及应用. 物探与化探, 22 (3):191-198.

冯旭东. 2017. 江浙沿海平原全新世浅层生物气气源岩地球化学特征研究. 南京大学硕士学位论文.

付广, 姜振学. 1994. 松辽盆地三肇凹陷扶余油层天然气扩散量及其地质意义. 石油与天然气地质, 15 (1): 94-99.

付广, 陈章明, 姜振学. 1996. 轮南地区石炭系泥岩盖层物性封闭特征及其对油气聚集的控制作用. 石油实 验地质, 18(5): 36-42.

付广, 薛永超, 杨勉. 1999. 泥质岩盖层各种封闭能力的影响因素. 复式油气田, 2: 44-48.

傅光翮. 2003. 黄东海平原海岸潮汐河口地貌剖析. 南京大学学报 (自然科学), 39(3): 423-432.

谷国传. 1989. 长江口增减水初步分析 // 陈吉余, 沈焕庭, 等. 长江河口动力过程和地貌演变. 上海: 上 海科学技术出版社.

谷国传, 胡方西. 1989. 长江径流与长江河口海平面关系 // 陈吉余, 沈焕庭, 等. 长江河口动力过程和地 貌演变. 上海: 上海科学技术出版社.

顾明光. 2009. 钱塘江北岸晚第四纪沉积与古环境演变. 中国地质, 36(2): 378-386.

顾树松. 1996. 柴达木盆地第四系生物气藏的形成与模式. 天然气工业, 16(5): 6-9.

关德师. 1990. 甲烷菌的生存条件与生物气. 天然气工业, 10(5): 13-18.

关德师, 戚厚发, 钱贻伯, 等. 1997. 生物气的生成演化模式. 石油学报, 18(3): 31-36.

郭泽清, 孙平, 徐子远, 等. 2011. 柴达木盆地三湖地区第四系岩性气藏形成的主控因素. 石油学报, 32(6): 985-990.

郝石生, 张振英. 1993. 天然气在地层水中的溶解度变化特征及地质意义. 石油学报, 14(2): 12-22.

郝石生, 黄志龙, 高耀斌. 1991. 轻烃扩散系数研究及天然气运聚动平衡原理. 石油学报, 12(3): 17-24.

郝石生, 柳广弟, 黄志龙, 等. 1993. 天然气资源评价的运聚动平衡模型. 石油勘探与开发, 20(3): 16-21.

贺松林. 1991. 东海近岸带沉积物陆源矿物组份的比较研究. 华东师范大学学报 (自然科学版), 1: 78-86.

侯读杰, 冯子辉. 2011. 油气地球化学. 北京 : 石油工业出版社.

胡惠民, 黄立人, 杨国华. 1992. 长江三角洲及其邻近地区的现代地壳垂直运动. 地理学报, 47(1): 22-29.

黄绍甫, 朱扬明. 2004. 百色盆地浅层气成藏机制分析. 天然气工业, 24(11): 11-15.

惠荣耀, 连莉文. 1994. 产甲烷菌等微生物群体在中浅层天然气藏形成中的作用. 天然气地球科学, 5(2): 38-39.

贾国相, 赵友方, 姚锦其, 等. 2005a. 氢气勘查地球化学技术的研究与应用——氢气地球化学特性、方法 原理、异常模式. 矿产与地质, 19(107): 60-65.

贾国相, 赵友方, 姚锦其, 等. 2005b. 氢气勘查地球化学技术的研究与应用——干扰因素的影响与消除办 法及其存在问题. 矿产与地质, 19(107): 653-659.

蒋国俊, 张志忠. 1995. 钱塘江河口段动力沉积探讨. 杭州大学学报 (自然科学版), (3):306-312.

蒋维三, 叶舟, 郑华平, 等. 1997. 杭州湾地区第四系浅层天然气的特征及勘探方法. 天然气工业, 17(3):20-23.

金翔龙. 1992. 东海海洋地质. 北京 : 海洋出版社.

李保华, 王强, 李从先. 2010. 长江三角洲亚三角洲地层结构对比. 古地理学报, 12(6): 685-698.

李本亮, 王明明, 魏国齐, 等. 2003. 柴达木盆地三湖地区生物气横向运聚成藏研究. 地质论评, 49(1): 93-100.

李春初. 1981. 珠江三角洲沉积特征及其形成过程的若干问题 // 中国海洋湖沼学会. 海洋与湖沼文集. 北 京: 科学出版社.

李从先, 赵娟. 1995. 苏北琼港辐射沙洲研究的进展和争论. 海洋科学, 100(4): 57-60.

李从先, 张桂甲. 1996. 晚第四纪长江和钱塘江河口三角洲地区的层序界面和沉积间断. 自然科学进展, 6(4): 461-469.

李从先, 汪品先. 1998. 长江晚第四纪河口地层学研究. 北京: 科学出版社.

李从先, 郭蓄民, 许世远, 等. 1979. 全新世长江三角洲地区砂体的特征和分布. 海洋学报, 1(2): 252-267.

李从先, 陈刚, 王传广, 等. 1985. 滦河冲积扇 – 三角洲沉积体系. 石油学报, 6(2): 27-36.

李从先, 闵秋宝, 孙和平. 1986. 长江三角洲南翼地层和海侵. 科学通报, 31(21): 1650-1653.

李从先, 陈刚, 钟和贤, 等. 1993. 冰后期钱塘江口沉积层序和环境演变. 第四纪研究, 1: 16-24.

李从先, 陈庆强, 范代读, 等. 1999. 末次盛冰期以来长江三角洲地区的沉积相和古地理. 古地理学报, 1(4):12-25.

李从先, 范代读, 杨守业, 等. 2008. 中国河口三角洲地区晚第四纪下切河谷层序特征和形成. 古地理学报, 10(1): 87-97.

李广雪, 刘勇, 杨子赓, 等. 2004. 末次冰期东海陆架平原上的长江古河道. 中国科学 (D 辑), 35(3): 284-289.

李广雪, 杨子赓, 刘勇. 2005. 中国东部海域海底沉积物成因环境图. 北京: 科学出版社.

李广月. 2005. 杭州湾地区晚第四纪浅层生物气成藏条件、分布规律及勘探技术方法. 南京大学博士学位论文.

李国平, 郑德文, 欧阳永林. 1996. 天然气封盖层研究与评价. 北京: 石油工业出版社.

李明宅, 张洪年, 郜建军. 1995. 生物气的生成演化模式和初次运移特征. 石油实验地质, 17(2): 147-155.

李萍, 杜军, 刘乐军, 等. 2010. 我国近海海底浅层气分布特征. 中国地质灾害与防治学报, 21(1): 69-74.

李小艳, 石学法, 程振波, 等. 2010. 渤海莱州湾表层沉积物中底栖有孔虫分布特征及其环境意义. 微体古生物学报, 27(1): 38-44.

李艳丽. 2010. 晚第四纪以来钱塘江下切河谷充填物特征及古环境演化. 南京大学博士学位论文.

李艳丽, 林春明, 于建国, 等. 2007. EH4 电磁成像系统在杭州湾地区晚第四纪地层中的应用. 地质论评, 53(3): 413-420.

李艳丽, 林春明, 张霞, 等. 2011. 钱塘江河口区晚第四纪古环境演化及其元素地球化学响应. 第四纪研究, 31(5): 822-836.

李阳. 2010. 长江口舟山群岛海域浅部地震地层层序及环境资源意义. 吉林大学硕士学位论文.

林炳尧, 曹颖. 2000. 杭州湾潮汐特性分析. 河口与海岸工程, 2: 16-25.

林春明. 1995. 静力触探技术在钱塘江口全新统超浅层天然气勘探中的应用. 南方油气地质, 1(4): 38-45.

林春明. 1996. 末次冰期深切谷的识别及其在生物气勘探中的意义——以钱塘江深切谷为例. 浙江地质, 12(2): 35-41.

林春明. 1997a. 杭州湾地区 15000a 以来层序地层学初步研究. 地质论评, 43(3): 273-280.

林春明. 1997b. 浙江沿海平原晚第四纪超浅层生物气形成、富集规律研究. 同济大学博士学位论文.

林春明, 钱奕中. 1997. 浙江沿岸平原全新统气源岩特征及生物气形成的控制因素. 沉积学报, 15(s1): 75-80.

林春明, 蔡雅萍, 陈建林, 等. 1994. 浙江杭州湾地区第四系浅层天然气勘探区块地质综合评价. 浙江石油勘探处 (内部报告).

林春明, 蒋维三, 李从先. 1997. 杭州湾地区全新世典型生物气藏特征分析. 石油学报, 18(3): 44-50.

林春明, 黄志诚, 朱嗣昭, 等. 1999a. 杭州湾沿岸平原晚第四纪沉积特征和沉积过程. 地质学报, 73(2): 120-130.

林春明, 王彦周, 黄志诚, 等. 1999b. 中国东南沿海平原晚第四纪生物气盖层研究. 高校地质学报, 5(1): 42-49.

林春明, 李广月, 卓弘春, 等. 2005a. 杭州湾地区晚第四纪下切河谷充填物沉积相与浅层生物气勘探. 古地理学报, 7(1): 12-24.

林春明, 卓弘春, 李广月, 等. 2005b. 杭州湾地区浅层生物气资源量计算及其地质意义. 石油与天然气地质, 26(6): 823-830.

林春明, 李艳丽, 漆滨汶. 2006a. 生物气研究现状与勘探前景. 古地理学报, 8(3): 327-340.

林春明, 李广月, 李艳丽, 等. 2006b. 杭州湾地区晚第四纪浅层生物气藏勘探方法研究. 石油物探, 45(2): 202-208.

林春明, 张霞, 邓程文. 2014. 南通地区浅层天然气田沉积与成藏特征研究. 南京大学 (内部报告).

林春明, 张霞, 徐振宇, 等. 2015. 长江三角洲晚第四纪地层沉积特征与生物气成藏条件分析. 地球科学进展, 30(5): 589-601.

林春明, 张霞, 邓程文, 等. 2016. 江苏南通地区晚第四纪下切河谷沉积与环境演变. 沉积学报, 34(2): 19-31.

刘苍字, 董永发. 1990. 杭州湾的沉积结构与沉积环境分析. 海洋地质与第四纪地质, 4: 10-15.

刘纯刚, 郭淑梅, 徐艳姝, 等. 2007. 泥岩盖层对各种相态天然气封闭性演化阶段划分及意义. 大庆石油地质与开发, 26(3): 13-17.

刘方槐. 1991. 盖层在气藏保存与破坏中的作用及其评价方法. 天然气科学, 1(5): 220-232.

刘福生. 2002. 全新概念的找水仪美国产 EH4 连续电导率剖面仪. 内蒙古水利, 23(1): 116.

刘鸿泉, 孙希奎, 张华兴, 等. 2002. 电磁成像系统在煤矿中的应用研究. 煤炭科学技术, 30(10): 39-46.

刘建, 徐莹, 赵智鹏, 等. 2015. 生物气源岩评价指标体系研究. 海洋地质前沿, 31(1): 16-23.

刘运成, 阮宝涛, 李忠诚, 等. 2009. 吉林油田红岗气藏低阻气层成因分析. 石油天然气学报 (江汉石油学学学报), 31(4): 213-215.

刘振夏, Berne S, L'ATALANTE 科学考察组. 2000. 东海陆架的古河道和古三角洲. 海洋地质与第四纪地质, 20(1): 9-14.

柳广弟. 2013. 石油地质学 (第四版). 北京: 石油工业出版社.

卢双舫, 刘绍军, 申家年, 等. 2008. 评价生物气生气量、生气期的元素平衡法及其应用. 地学前缘, 15(2): 195-199.

鲁洪波, 姜在兴. 1999. 稀土元素地球化学分析在岩相古地理研究中的运用. 石油大学学报 (自然科学版), 23(1): 6-9.

陆伟文, 海秀珍. 1991. 生物气模拟生成实验及地层中生物气生气量的估算. 石油实验地质, 13(1): 65-75.

吕延防, 付广, 张发强. 2000. 超压盖层封烃能力的定量研究. 沉积学报, 18(3): 465-468.

马贡 L B. 1992. 含油气系统——研究现状和方法. 杨瑞召, 周庆凡, 汪时成, 等译. 北京: 地质出版社.

马志飞, 刘鸿福, 张新军. 2008. 基于氡氦团簇理论的油气藏上方氦异常成因分析. 勘探地球物理进展, 31(3): 178-182.

孟广兰, 韩有松, 王少青. 1989. 东海长江口区晚第四纪孢粉组合及其地质意义. 海洋地质与第四纪地质, 9(2): 13-26.

倪芬明, 刘泰生. 1999. EH-4 电磁仪的原理及应用. 石油仪器, 13(1): 32-34.

潘峰, 林春明, 李艳丽, 等. 2011. 钱塘江南岸 SE2 孔晚第四纪以来沉积物粒度特征及环境演化. 古地理学报, 13(2): 236-244.

戚厚发, 戴金星. 1982. 浅谈我国生物成因的天然气. 天然气工业, 2(2): 35-41.

钱宁, 谢汉祥, 周志德, 等. 1964. 钱塘江河口砂坎的近代过程. 地理学报, 30(2): 124-141.

曲长伟. 2014. 杭州湾地区超浅层生物气成藏地质条件研究. 南京大学硕士学位论文.

曲长伟, 张霞, 林春明, 等. 2013. 杭州湾地区晚第四纪浅层生物气藏盖层物性封闭特征. 地球科学进展, 28(2): 209-220.

沈焕庭, 李九发, 朱慧芳, 等. 1989. 长江河口悬沙输移特性 // 长江河口动力过程和地貌演变. 上海: 上海科学技术出版社.

帅燕华, 张水昌, 赵文智, 等. 2007. 陆相生物气纵向分布特征及形成机理研究——以柴达木盆地涩北一号为例. 中国科学 (D 辑), 37(1): 46-51.

帅燕华, 张水昌, 苏爱国, 等. 2009. 柴达木盆地三湖地区产甲烷作用仍在强烈进行的地球化学证据. 中国科学 (D 辑), 39(6): 734-740.

宋金星, 郭红玉, 陈山来, 等. 2016. 煤中显微组分对生物甲烷代谢的控制效应. 天然气工业, 36(5): 25-30.

孙和平, 李从先, 业治铮. 1987. 广西南流江三角洲全新世沉积层序及沉积过程. 沉积学报, 5(2): 133-143.

孙和平, 李从先, 李萍, 等. 1990. 钱塘江下游河段潮流和沉积特征. 上海地质, 1: 62-71.

孙湘平. 1981. 中国沿海海洋水文特征. 北京: 科学出版社.

孙志华, 洪月英, 吴奇之, 等. 2001. 二连盆地阿南凹陷气藏地震特征. 天然气工业, 21(3): 26-29.

童晓光, 牛嘉玉. 1989. 区域盖层在油气聚集中的作用. 石油勘探与开发, 4: 1-8.

汪品先, 叶国樑, 卞云华. 1979. 从微体化石看杭州西湖的历史. 海洋与湖沼, 10(4): 370-382.

汪品先, 闵秋宝, 卞云华, 等. 1981. 我国东部第四纪海侵地层的初步研究. 地质学报, 55(1): 1-12.

汪品先, 章纪军, 赵泉鸿, 等. 1988. 东海底质中的有孔虫和介形虫. 北京: 海洋出版社.

汪亚平, 潘少明, Wang H V, 等. 2006. 长江口水沙入海通量的观测与分析. 地理学报, 61(1): 35-46.

王川, 黄铮, 樊民星, 等. 1996. 天然气资源成藏模型评价系统的建立. 石油与天然气地质, 17(2): 102-109.

王大珍. 1983. 有机沉积区由微生物导致的物质与能量转化. 沉积学报, 1 (1): 75-85.

王金鹏, 彭仕宓, 管志强, 等. 2007. 柴达木盆地第四系生物气藏泥岩盖层封闭机理. 西南石油大学学报, 29(6): 63-68.

王靖泰, 郭蓄民, 许世远, 等. 1981. 全新世长江三角洲的发育. 地质学报, 55(1):67-81.

王开发, 张玉兰, 蒋辉, 等. 1984. 长江三角洲第四纪孢粉组合及其地层、古地理意义. 海洋学报, 8 (4): 485-496.

王昆山, 石学法, 林振宏. 2003. 南黄海和东海北部陆架重矿物组合分区及来源. 海洋科学进展, 21(1): 31-40.

王明义. 1982. 长江三角洲浅层天然气. 天然气工业, 2(3): 3-9.

王颖. 2012. 中国区域海洋学——海洋地貌学. 北京: 海洋出版社.

王宗涛. 1982. 浙江海岸全新世海面变迁. 海洋地质研究, 2(2): 79-87.

韦惺, 吴超羽. 2011. 全新世以来珠江三角洲的地层层序和演变过程. 中国科学 (D 辑), 41(8):1134-1149.

魏水建, 王金鹏, 管志强, 等. 2009. 柴达木盆地第四系陆相生物气形成机理与控制因素. 石油与天然气地质, 30(3): 310-315.

邬立言, 顾信章. 1986. 热解技术在我国生油岩研究中的应用. 石油学报, 7(2):13-19.

吴丹丹, 葛晨东, 高抒, 等. 2012. 长江口沉积物碳氮元素地球化学特征及有机质来源分析. 地球化学, 41(3): 207-221.

吴华林, 沈焕庭, 严以新, 等. 2006. 长江口入海泥砂通量初步研究. 泥砂研究, 6: 75-81.

武毅, 郭建强, 朱庆俊. 2001. 宁南埋深岩溶水勘查的物探新技术. 水文地质工程地质, 45(2): 45-48.

夏新宇, 王先彬. 1996. 西太平洋上层海水溶解甲烷浓度及碳同位素特征研究. 沉积学报, 14(4): 45-48.

向烨. 2012. 南通市第四系孢粉组合与气候演化特征. 中国地质大学 (北京) 硕士学位论文.

徐涛玉. 2013. 全新世以来长江三角洲高分辨率层序地层学研究. 中国科学院大学博士学位论文.

徐永昌. 1994. 天然气成因理论及运用. 北京: 科学出版社.

许丹. 2010. 钱塘江河口物质输移与能量数值研究. 浙江大学博士学位论文.

许怀先, 陈丽华, 万玉金, 等. 2001. 石油地质实验测试技术与应用. 北京: 石油工业出版社.

许建平, 杨义菊. 2007. 钱塘江与杭州湾河海界线的划分. 海洋学研究, 25(1): 44-54.

严钦尚, 黄山. 1987. 杭嘉湖平原全新世沉积环境的演变. 地理学报, 42(1): 1-15.

严钦尚, 邵虚生. 1987. 杭州湾北岸全新世海侵后期的岸线变化. 中国科学（B 辑), 11: 1225-1235.

颜乐. 2012. 南通市第四纪沉积物粒度特征及沉积环境分析. 中国地质大学 (北京) 硕士学位论文.

杨达源, 李徐生. 1998. 中国东部新构造运动的地貌标志和基本特征. 第四纪研究, 3: 249-255.

杨计海, 易平, 黄保家. 2005. 莺歌海盆地生物气藏特征. 天然气工业, 25(2): 4-7.

杨勉, 陈艳丽, 李培海. 2012. 松辽盆地北部西斜坡油气藏类型与分布预测. 科学技术与工程, 12(22): 5588-5592.

尹兵祥, 王南萍, 刘洪涛. 2002. 氡测量在油气勘探中的应用. 石油大学学报 (自然科学版), 26(2): 23-26.

于俊杰, 蒋仁, 劳金秀, 等. 2015. 长江三角洲古河谷区冰后期孢粉组合及古气候意义. 中国地质调查, 2(2): 61-68.

虞永林. 1992. 温州 – 镇海复式断裂带全新世构造运动及地震的地质构造标志. 浙江地质, 8(1): 30-37.

恽才兴, 蔡孟裔, 王宝全. 1981. 利用卫星照片分析长江入海悬浮泥砂扩散问题. 海洋与湖沼, 12(5): 391-401.

张广英, 陈凤玲. 2007. 潭口地区潜江组地层对比与油气勘探有利地带. 江汉石油职工大学学报, 20(2): 35-

38.

张桂甲 . 1996. 晚第四纪以来钱塘江河口湾沉积环境演化及其下切河谷体系研究 . 同济大学博士学位论文 .

张桂甲 , 李从先 . 1995. 钱塘江下切河谷充填及其层序地层学特征 . 海洋地质与第四纪地质 , 15(4): 57-67.

张辉 , 连莉文 , 张洪年 . 1992. 不同沉积环境中几种厌氧细菌的组成与分布 . 微生物学报 , 32(3): 182-190.

张家强 , 张桂甲 , 李从先 . 1998. 长江三角洲晚第四纪地层层序特征 . 同济大学学报 , 26(4): 438-442.

张水昌 , 张宝民 , 边立曾 , 等 . 2005. 中国海相烃源岩发育控制因素 . 地学前缘 , 12(4): 39-49.

张顺 , 冯志强 , 林春明 , 等 . 2004. 松辽盆地新生界生物气聚集及成藏条件 . 石油学报 , 25(3): 231-236.

张霞 . 2013. 强潮型钱塘江河口湾及其下切河谷体系研究 . 南京大学博士学位论文 .

张霞 , 林春明 , 高抒 , 等 . 2013. 钱塘江下切河谷充填物沉积序列和分布模式 . 古地理学报 , 15(6): 839-852.

张义纲 . 1991. 天然气动态平衡成藏的四个基本条件 . 石油实验地质 , 13(3):210-221.

张义纲 , 陈焕疆 . 1983. 论生物气的生成和聚集 . 石油与天然气地质 , 4(2): 160-169.

张英 , 李剑 , 张奎 , 等 . 2007. 柴达木盆地三湖地区第四系生物气源岩中可溶有机质丰度及地质意义 . 地质学报 , 81(12): 1716-1722.

张英 , 王晓波 , 李谨 , 等 . 2009. 不同类型有机质生物产甲烷模拟实验研究 . 石油实验地质 , 31(6): 633-636.

赵宝成 , 王张华 , 李晓 . 2007. 长江三角洲南部平原古河谷充填沉积物特征及古地理意义 . 古地理学报 , 9(2):217-226.

赵庆英 , 杨世伦 , 刘守祺 . 2002. 长江三角洲的形成和演变 . 上海地质 , (4): 25-30.

赵师庆 , 王飞宇 , 傅家谟 . 1992. 不同还原型腐殖煤及其镜质组生烃潜力的研究 . 煤炭学报 , 17(4): 101-110.

浙江省地质矿产局 . 1989. 浙江省区域地质志 . 北京 : 地质出版社 .

郑开富 . 1998. 江苏地区第四系浅层天然气的分布与勘探前景 . 天然气工业 , 18(3): 20-24.

周飞 , 段生盛 , 张永庶 , 等 . 2013. 柴达木盆地东部地区生物气形成机制 . 断块油气田 , 20(4): 422-425.

周翥虹 , 连莉文 , 梁家源 . 1990. 柴达木盆地东部第四系生物气模拟及其运用 . 天然气地球科学 , 2: 13-18.

周翥虹 , 周瑞年 , 管志强 . 1994. 柴达木盆地东部第四纪气源岩地化特征与生物气前景 . 石油勘探与开发 , 21(2): 30-36.

朱永其 , 李承伊 , 曾成开 , 等 . 1979. 关于东海大陆架晚更新世最低海面 . 科学通报 , 24(7): 317-320.

庄丽华 , 常凤鸣 , 李铁刚 , 等 . 2002. 南黄海 EY02-2 孔底栖有孔虫群落特征与全新世沉积速率 . 海洋地质与第四纪地质 , 22(4): 7-14.

Abrams M A. 1996. Distribution of subsurface hydrocarbon seepage in near-surface marine sediments// Schumacher D, Abrams M A (eds.). Hydrocarbon migration and its near-surface expression. AAPG Memoir, 66: 1-14.

Albert D B, Martens C S. Alperin M J. 1998. Biogeochemical processes controlling methane in gassy coastal sediments, Part 2: Groundwater flow control of acoustic turbidity in Eckernforde Bay Sediments. Continental Shelf Research, 18: 1771-1793.

Allen G P, Posamentier H W. 1991. Facies and structural patterns in incised valley complexes: Examples from the Recent Gironde Estuary (France) and the Cretaceous Viking Formation (Canada). Advances in Second Messenger & Phosphoprotein Research, 75:3(24):128-133.

Allen G P, Posamentier H W. 1993. Sequence stratigraphy and facies model of an incised valley fill: The Gironde estuary, France. Journal of Sedimentary Petrology, 63: 378-391.

Allen G P, Posamentier H W. 1994. Transgressive facies and sequence architecture in mixed tide-and wave-dominated incised valleys: example from the Gironde Estuary, France. SEPM Special Publication, 51: 225-239.

Amorosi A, Marchi N. 1999. High-resolution sequence stratigraphy from piezocone tests: An example from the Late Quaternary deposits of the southeastern Po plain. Sedimentary Geology, 128 (1-2): 67-81.

Anna L O. 2011. Effects of groundwater flow on the distribution of biogenic gas in parts of the northern Great Plains of Canada and United States: U.S. Geological Survey Scientific Investigations Report 2010-5251: 1-24.

Badruzzaman A. 2000. Comprehensive Bangladesh gas strategy. Oil & Gas Journal, 98(34): 18-23.

Berg R R. 1975. Capillary pressures in stratigraphic traps. AAPG Bulletin, 59: 939-956.

Bhandari S, Maurya D M, Chamyal L S. 2005. Late Pleistocene alluvial plain sedimentation in Lower Narmada Valley, Western India: Palaeoenvironmental implications. Journal of Asian Earth Sciences, 24: 433-444.

Blair N. 1998. The $\delta^{13}C$ of biogenic methane in marine sediments: The influence of Corg deposition rate. Chemical Geology, 152(1/2): 13-150.

Boggs S J. 2001. Principles of Sedimentology and Stratigraphy (3rd edition). Upper Saddle River: Prentice Hall, Inc.

Boyd R. 2010. Transgressive wave-dominated coasts//James N P, Dalrymple R W (eds.). Facies models 4. Geological Association of Canada: 265-294.

Boyd R, Bowen A J, Hall P K. 1987. An evolutionary model for transgressive sedimentation on the eastern shore of Nova Scotia//Fitzegerald D M, Rosen P S (eds.). Glacial coasts. New York: Academic Press.

Boyd R, Dalrymple R W, Zaitlin B A. 2006. Estuarine and incised-valley facies models//Posamentier H W, Walker R G (eds.), Facies models revisited. SEPM Special Publication, 84: 171-234.

Breda A, Mellere D, Massari F. 2007. Facies and processes in a Gilbert-delta-filled incised valley (Pliocene of Ventimiglia, NW Italy). Sedimentary Geology, 200: 31-55.

Brown L R. 1979. Microbiological prospecting for hydrocarbons. AAPG Bulletin, 63: 698.

Butlanska J, Arroyo M, Gens A, et al. 2014. Multi-scale analysis of cone penetration test (CPT) in a virtual calibration chamber. Canadian Geotechnical Journal, 51: 51-66.

Campanella R G, Weemees I. 1990. Development and use of an electrical resistivity cone for groundwater contamination studies. Canadian Geotechnical Journal, 27: 557-567.

Chaumillon E, Weber N. 2006. Spatial variability of modern incised valleys on the French Atlantic coast: Comparison between the Charente and the Lay-Sèvre incised valleys//Dalrymple R W, Leckie D A, Tillman R W (eds.). Incised valleys in Time and Space. SEPM Special Publication, 85: 57-85.

Ciotoli G, Etiope G, Guerra M, et al. 2005. Migration of gas injected into a fault in low-permeability ground. Quarterly Journal of Engineering Geology and Hydrogeology, 38: 305-320.

Collinson J D. 1979. Alluvial sediments//Reading H G (eds.). Sedimentary environments and facies. New York: Blackwell.

Cooper J. 1993. Sedimentation in a river-dominnated estuary. Sedimentology, 40: 974-1077.

Cranwell P A. 1984. Lipid geochemistry of sediments from Upton Broad, a small productive lake. Org Geochem, 7: 25-37.

Dabrio C J, Zazo C, Goy J L, et al. 2000. Depositional history of estuarine infill during the last postglacial transgression(Gulf of Cadiz, Southern Spain). Marine Geology, 162: 381-404.

Dalrymple R W. 1992. Tidal depositional systems//Walker R G, James N P (eds.). Facies Models-Response to Sea Level Change. Geological Association of Canada: 195-218.

Dalrymple R W. 2006. Incised valleys in time and space: An introduction to the volume and an examination of the controls on valley formation and filling//Dalrymple R W, Leckie D A, Tillman R W (eds.). Incised valleys in time and space. SEPM Special Publication, 85: 5-12.

Dalrymple R W, Zaitlin B A. 1994. High-resolution sequence stratigraphy of a complex, incised valley succession, Cobequid Bay-Salmon River estuary, Bay of Fundy, Canada. Sedimentology, 41: 1069-1091.

Dalrymple R W, Boyd R, Zaitlin B A. 1994. History of research, types and internal organization of incised-valley systems: Introduction to the volume//Dalrymple R W, Boyd R, Zaitlin B A (eds.). Incised-Valley systems: Origin and sedimentary sequences. SEPM Special Publication, 51: 3-10.

Dang Y Q, Zhao W Z, Su A G, et al. 2008. Biogenic gas systems in eastern Qaidam Basin. Marine and Petroleum Geology, 25: 344-356.

Daniel R B. 2001. Pressure prediction for a Central Graben wildcat well, UK North Sea. Marine and Petroleum Geology, 18: 235-250.

Downey M W. 1984. Evaluation seals for hydrocarbon accumulation. AAPG Bulletin, 68(11): 1752-1763.

Dyer K R, Huntley D A. 1999. The origin, classification and modelling of sand banks and ridges. Continental shelf Research, 19: 1285-1330.

Emery K O, Hoggan D. 1958. Gases in marine sediments. AAPG Bulletin, 42: 2174-2188.

Etiope G, Martinelli G. 2002. Migration of carrier and trace gases in the geosphere: An overview. Physics of the Earth and Planetary Interiors, 129: 185-204.

Fairbanks R G. 1989. A 17000-year glacio-eustatic sea level record: Influence of glacial melting rates on the Younger Dryas event and deep-ocean circulation. Nature, 342: 637-642.

Fan D D, Cai G F, Shang S, et al. 2012. Sedimentation process and sedimentary characteristics of tidal bores along the north bank of the Qiantang Estuary. Chinese Science Bulletin, 57(13): 1578-1589.

Faramawy S, Zaki T, Sakr A A E. 2016. Natural gas origin, composition, and processing: A review. Natural Gas Science and Engineering, 34: 34-54.

Feldman H, Demko T. 2015. Recognition and prediction of petroleum reservoirs in the fluvial/tidal transition// Ashworth P J, Best J L, Parsons D R. (eds.). Fluvial-tidal sedimentology, Developments in Sedimentology, 68:483-528.

Féniès H, Lericolais G. 2005. Internal architecture of an incised valley-fill on a wave- and tide-dominated coast (the Leyre incised valley, Bay of Biscay, France). Comptes Rendus Geoscience, 337: 1257-1266.

Féniès H, Lericolais G, Posamentier H W. 2010. Comparison of wave and tide-dominated incised valleys: Specific processes controlling systems tract architecture and reservoir geometry. Bulletin de la Société Géologique de France, 181(2): 171-181.

Finizola A, Lénat J F, Macedo O, et al. 2004. Fluid circulation and structural discontinuities inside Misti volcano (Peru) inferred from self-potential measurements. Journal of Volcanology and Geothermal Research, 135: 343-360.

Fisk H N, McFarlan D J. 1955. Late Quaternary deltaic deposits of the Mississippi River-local sedimentation and basin tectonics. Geological Society of America Bulletin, Special Paper, 62: 279-302.

Floodgate G D, Judd A G. 1992. The origins of shallow gas. Continental Shelf Research, 12: 1145-1156.

Françolin J B L, Filho J R S S. 1998. Integration of surface geological and geochemical data with geophysical surveys for hidrocarbon exploration in southern Bolivia. AAPG Bulletin , 82: 1915.

García-García A, Orange D L, Miserocchi S, et al. 2007. What controls the distribution of shallow gas in the Western Adriatic Sea? Continental Shelf Research, 27: 359-374.

Garcia-Gil S, Vilas F, Garcia-Garcia A. 2002. Shallow gas feature in incised-valley fills（Ria de Vigo, NW Spain）: A case study. Continental Shelf Research, 22(16): 2303-2315.

Gontijo-Pascutti A, Bezerra F H R, Terra E L, et al. 2009. Brittle reactivation of mylonitic fabric and the origin of the Cenozoic Rio Santana Graben, southeastern Brazil. Journal of South American Earth Sciences, 6(7): 175-229.

Grippa A, Bianca M, Tropeano M, et al. 2011. Use of the HVSR method to detect buried paleomorphologies (filled incised-valleys) below a coastal plain: The case of the Metaponto plain (Basilicata, southern Italy). Bollettino di Geofisica Teorica ed Applicata, 52(2): 225-240.

Grunau H R. 1984. Natural gas in major basins worldwide attributed to source type, thermal history and bacterial origin. Proceedings of the Eleventh World Petroleum Congress, Wiley (Chichester), 2: 293-302.

Hanebuth T, Stattegger K, Grootes P M. 2000. Rapid flooding of the Sunda Shelf: A late-glacial sea-level record. Science, 288: 1033-1035.

Harris P T, Collins M B. 1985. Bedform distributions and sediment transport paths in the Bristol Channel and Severn Estuary, U. K. Marine Geology, 62: 153-166.

Harris P T, Heap A D, Bryce S M, et al. 2002. Classification of Australian clastic coastal depositional environments based upon a quantitative analysis of wave, tidal, and river power. Journal of Sedimentary

Research, 72: 858-870.

Hatch J R, Leventhal J S. 1992. Relationship between inferred redox potential of the depositional environment and geochemistry of the Upper Pennsylyanian (Missourian)Stark Shale Member of the Dennis Limestone, Wabaunsee Country, Kansas, USA. Chemical Geology, 99: 65-82.

Hayes M O, Sexton W L. 1989. Modern clastic depositional environments, South Carolina. American Geophysical Bulletin, 50: 2119-2149.

He L F, Feng M H, He Z X, et al. 2006. Application of EM methods for the investigation of Qiyueshan Tunnel, China. Journal of Environmental and Engineering Geophysics, 11: 151-156.

Hildenbrand A, Schlömer S, Krooss B M. 2002. Gas breakthrough experiments on fine-grained sedimentary rocks. Geofluids, 2: 3-23.

Hori K, Saito Y, Zhao Q, et al. 2001a. Sedimentary facies and Holocene progradation rates of the Changjiang (Yangtze) delta, China. Geomorphology, 41: 233-248.

Hori K, Saito Y, Zhao Q, et al. 2001b. Sedimentary facies of the tide-dominated paleo-Changjiang (Yangtze) estuary during the last transgression. Marine Geology, 177: 331-351.

Hori K, Saito Y, Zhao Q, et al. 2002. Evolution of the Coastal Depositional Systems of the Changjiang (Yangtze) River in Response to Late Pleistocene-Holocene Sea-Level Changes. Journal of Sedimentary Research, 72(6): 884-897.

Hubbard S S, Chen J, Peterson J, et al. 2001. Hydrogeological characterization of the South Oyster bacterial transport site using geophysical data. Water Resources Research, 37: 2431-2456.

Hughes Z J. 2012. Tidal channels on tidal flats and marshes//Davis Jr R A, Dalrymple R W (eds.). Principles of Tidal Sedimentology. New York: Springer-Verlag.

Hunt J M. 1990. Generation and migration of petroleum from abnormally pressured fluid compartments. AAPG Bulletin, 74: 1-12.

Huuse M, Lykke-Andersen H. 2000. Overdeepened Quaternary valleys in the eastern Danish North Sea: morphology and origin. Quaternary Science Reviews, 19: 1233-1253.

Ishihara T, Sugai T, Hachinohe S. 2012. Fluvial response to sea-level changes since the latest Pleistocene in the near-coastal lowland, central Kanto Plain, Japan. Geomorphology, 147-148: 49-60.

Keith M L, Weber J N. 1964. Carbon and oxygen isotopic composition of selected lim estones and fossils. Geochimica et Cosmochimica Acta, 28: 1787-1816.

Khadkikar A S, Rajshekhar C. 2005. Holocene valley incision during sea level transgression under a monsoonal climate. Sedimentary Geology, 179: 295-303.

Kotelnikova S. 2002. Microbial production and oxidation of methane in deep subsurface. Earth Science Reviews, 58 (3): 367-395.

Krooss B M, Leythaeuser D. 1988. Experimental easurements of the diffusion parameters of light hydrocarbons in water-saturated sedimetary rock—II: Results and geochemical significance. Organic Geochemistry, 12: 91-108.

Krooss B M, Leythaeuser D. 1997. Diffusion of methane and ethane through the reservoir cap rock: Implications for the timing and duration of catacenesis: Discussion. AAPG Bulletin, 81: 155-161.

Kwon H S, Song Y, Yi M J, et al. 2006. Case histories of electrical resistivity and controlled-source magnetotelluric surveys for the site investigation of tunnel construction. Journal of Environmental and Engineering Geophysics, 11: 237-248.

Lado M, Ben-Hur M, Shainberg I. 2007. Clay mineralogy, ionic composition, and pH effects on hydraulic properties of depositional seals. Soil Science Society of America, 71: 314-321.

Lafuerza S, Canals M, Casamor J L, et al. 2005. Characterization of deltaic sediment bodies based on in situ CPT/CPTU profiles: A case study on the Liobregat delta plain, Barcelona, Spain. Marine Geology, 222: 497-510.

Lange G, Seidel K. 2007. Electromagnetic methods//Knödel K, Lange G, Voigt H J (eds.). Environmental geology. Handbook of field methods and case studies. Berlin: Springer.

Lash G G, Blood D R. 2007. Origin of early overpressure in the Upper Devonian Catskill Delta Complex, western New York state. Basin Research, 19: 51-66.

Law B E, Curtis J B. 2002. Introduction to unconventional petroleum systems. AAPG Bulletin, 86(11): 1851-1852.

Lee D H, Ku C S, Yuan H M. 2003. A study of the liquefaction risk potential at Yuanlin, Taiwan. Engineering Geology, 71: 97-117.

Lee Y, Deming D. 2002. Overpressures in the Anadarko Basin, southwestern Oklahoma: Static or dynamic. AAPG Bulletin. 86: 145-160.

Lericolais G, Berne S, Fenies H. 2001. Seaward pinching out and internal stratigraphy of the Gironde incised valley on the shelf (Bay of Biscay). Marine Geology, 175: 183-197.

Li C X, Zhang G J. 1996. The unconformity and diastems in the postglacial sequence in the Changjiang Delta and Qiantangjiang Estuary. Progress of Natural Science, 6: 206-216.

Li C X, Chen Q Q, Zhang J Q, et al. 2000. Stratigraphy and paleoenvironmental changes in the Late Quaternary. Journal of Asian Earth Sciences, 18: 453-469.

Li C X, Wang P, Sun H P, et al. 2002. Late Quaternary incised-valley fill of the Yangtze delta (China): Its stratigraphic framework and evolution. Sedimentary Geology, 152: 133-158.

Li C X, Wang P, Fan D D, et al. 2006. Characteristics and formation of late Quaternary incised-valley-fill sequences in sediment-rich deltas and estuaries: Case studies from China//Dalrymple R W, Leckie D A, Tillman R W (eds.). Incised valleys in Time and Space. SEPM Special Publication, 85: 141-160.

Li J, Yan Q T, Zhang Y, et al. 2008. The special sealing mechanism of caprock for Quaternary biogenetic gas in Sanhu area, Qaidam Basin, China. Science in China (Series D), 51: 45-52.

Li S, Dong M, Li Z, et al. 2005. Gas breakthrough pressure for hydrocarbon reservoir seal rocks: Implications for the security of long-term CO_2 storage in the Weyburn field. Geofuild, 5: 326-334.

Li Y L, Lin C M. 2010. Exploration methods for late Quaternary shallow biogenic gas reservoirs in the Hangzhou Bay area, eastern China. AAPG Bulletin, 94(11): 1741-1759.

Lin C M, Gu L X, Li G Y, et al. 2004. Geology and formation mechanism of late quaternary shallow biogenic gas reservoirs in the Hangzhou Bay Area, Eastern China. AAPG Bulletin, 98(5): 613-625.

Lin C M, Zhuo H C, Gao S. 2005. Sedimentary facies and evolution of the Qiantang River incised valley, East China. Marine Geology, 219(4): 235-259.

Lin C M, Li Y L, Zhuo H C, et al. 2010. Feature and sealing mechanism of shallow biogenic gas in incised valley fills (the Qiantang River, eastern China): A case study. Marine and Petroleum Geology, 27: 909-922.

Littke R, Cramer B, Gerling P, et al. 1999. Gas generation and accumulation in the west Siberian Basin. AAPG Bulletin, 83: 1642-1666.

Liu H T, Liu J M, Yu C M, et al. 2006. Integrated geological and geophysical exploration for concealed ores beneath cover in the Chaihulanzi goldfield, Northern China. Geophysical Prospecting, 54: 605-621.

Liu J P, Millman J D, Gao S, et al. 2004. Holocene development of the Yellow River's subaqueous delta, North Yellow Sea. Marine Geology, 209(1-4): 45-67.

Liu J P, Xu K H, Li A C, et al. 2007. Flux and fate of Yangtze River sediment delivered to the East China Sea. Geomorphology, 85: 208-224.

Martini A M, Walter L M, Budai J M. 1998. Genetic and temporal relations between formation waters and biogenic methane: Upper Devonian Antrim Shale, Michigan Basin, USA. Geochimica et Cosmochimica Acta, 62(10): 1699-1720.

Matolin M, Abraham M, Hanak J, et al. 2008. Geochemical and geophysical anomalies at the Zdanice oil- and gasfield, SE Czech Republic. Journal of Petroleum Geology, 31: 97-108.

McLaren P, Collins M B, Gao S, et al. 1993. Sediment dynamics of the Severn estuary and inner Bristol Channel.

Journal of the Geological Society, 150: 589-603.

Nazaroff W W. 1992. Radon transport from soil to air. Review of Geophysics, 30: 137-160.

Nelson J S, Simmons E C. 1995. Diffusion of methane and ethane through the reservoir cap rock: Implications for the timing and duration of catagenesis. AAPG Bulletin, 79: 1064-1073.

Neuzil C E. 1995. Abnormal pressures as hydrodynamic phenomena. American Journal of Science, 295: 742-786.

Nichols M M, Biggs R B. 1985. Estuaries//Davies R A Jr (ed.). Coastal sedimentary environments(2nd edition). New York: Springer-Verlag.

Nichols M M, Johnson G H, Peebles P C. 1991. Modern Sediments and facies model for a microtidal coastal plain estuary, the James Estuary, Virginia. Journal Sedimentary Petrology, 61(6): 883-899.

Okyar M, Ediger V. 1999. Seismic evidence of shallow gas in the sediment on the shelf off Trabzon, southeastern Black Sea. Continental Shelf Research, 19: 575-587.

Oomkens E. 1970. Depositional sequences and sand distribution in the postglacial Rhone delta complex//Morgan J P, Shaver R H (eds.), Deltaic sedimentation: modern and ancient, Tusla, Okla. SEPM Special Publication, 15: 312.

Orange D, García-García A, Lorenson T, et al. 2005. Shallow gas and flood deposition on the Po Delta. Marine Geology, 222: 159-177.

Osborne M J, Swarbrick R E. 1997. Mechanisms for generating overpressure in sedimentary basins: A revaluation. AAPG Bulletin, 81: 1023-1041.

Pandey G N, Rasin M T, Donalol Z K. 1974. Diffusion of fluids through porous media with implication in petroleum geology. AAPG Bulletin, 58: 291-303.

Pang X Q, Zhao W Z, Su A G, et al. 2005. Geochemistry and origin of the giant Quaternary shallow gas accumulations in the eastern Qaidam Basin, NW China. Organic Geochemistry, 36: 1636-1649.

Parker A, Rae J E. 1998. Enviorenmental interactions of clays: Clays and environment. NewYork: Springer-verlag.

Pauwels H, Baubron J C, Freyssinet P, et al. 1999. Sorption of metallic compounds on activated carbon: Application to exploration for concealed deposits in southern Spain. Journal of Geochemical Exploration, 66: 115-133.

Pemberton S G, MacEachern J A, Frey R W. 1992. Trace fossil faciesmodels: Environmental and allostratigraphic significance//Walker R G, James N P (eds.). Facies Models: Response to Sea Level Change. Geological Association of Canada: 47-72.

Plink-Björklund P. 2005. Stacked fluvial to tide-dominated estuarine deposits in high-frequency (fourth-order) sequences of the Eocene Central Basin, Spitsbergen. Sedimentology, 52: 391-428.

Plint A G, Eyles N, Eyles C H, et al. 1992. Control of sea level//Walker P G, James N P (eds.). Facies models: response to sea level changes. St. John's, Geological Association of Canada: 15-26.

Poole J C, McNeill G W, Langman S R, et al. 1997. Analysis of noble gases in water using a quadrupole mass spectrometer in static mode. Applied Geochemistry, 12: 707-714.

Posamentier H W, Erskin R D. 1991. Seismic expression and recognition criteria of ancient submarine fans// Weime P, Link M M (eds). Seismic facies and sedimentary processes of submarine fans and turbidite systems. New York: Springer-Verlag.

Posamentier H W, Allen G P, James D P, et al. 1992. Forced regressions in a sequence stratigraphic framework: Concepts, examples, and exploration significance. AAPG Bulletin, 76: 1687-1709.

Rashid M A, Vilks G. 1977. Environmental controls of methane production in Holocene Basin in eastern Canada. Organic Geochemistry, 1: 123-135.

Revil A, Cathles III L M, Shosa J D, et al. 1998. Capillary sealing in sedimentary basins: A clear field example. Geophysical Research Letters, 25: 389-392.

Rice D D, Claypool G E. 1981. Generation, accumulation, and resources potential of biogenic gas. AAPG

Bulletin, 65(1): 5-25.

Rieley G, Collier R J, Jones D M, *et al*. 1991. The biogeochemistry of Ellesmere Lake, U.K.—I: Source correlation of leaf wax inputs to the sedimentary lipid record. Org Geochem, 17: 901-912.

Robertson P K. 1990. Soil classification using the cone penetration test. Canadian Geotechnical Journal, 27: 151-158.

Robertson P K, Campanella R G, Gillespie D, *et al*. 1986. Use of piezometer cone data. in: Proceedings, in-situ'86, ASCE Specialty conference, Blacksburg, VA, United States (June 1986): 1263-1280.

Ronald D D, Christopher J S, William H P J. 1986. Methane production in Mississippi River deltaic plain peat. Organic geochemistry, 9: 193-197.

Roy P S. 1994. Holocene estuary evolution-stratigraphic studies from southeastern Australia//Dalrymple R W, Boyd R, Zaitlin B A (eds.), Incised-valley system: Origin and Sedimentary sequences. SEPM Special Publication, 51: 241-263.

Said F, Asbali A I, Thusu B, *et al*. 1998. Surface gas, microbiological and remote sense exploration for oil and gas: Experiences in the Kufra Basin, Libyan Desert. AAPG Bulletin, 82: 1961.

Saito Y, Katayama H, Ikehara K, *et al*. 1998. Transgressive and highstand systems tracts and post-glacial transgression, the East China Sea. Sedimentary Geology, 122(1-4): 217-232.

Santis V D, Caldara M. 2016. Evolution of an incised valley system in the southern Adriatic Sea (Apulian margin): An onshore-offshore correlation. Geological Journal, 51: 263-284.

Saunders D F, Buraon K R, Thompson C K. 1999. Model for hydrocarbon microseepage and related near-surface alterations. AAPG Bulletin, 83: 170-185.

Schlömer S, Krooss B M. 1997. Experimental characterization of the hydrocarbon sealing efficiency of cap rocks. Marine and Petroleum Geology, 14: 565-580.

Schoell M. 1983. Genetic characterization of natural gas. AAPG Bulletin, 67: 2225-2238.

Schowalter T T. 1979. Mechanics of secondary hydrocarbon migration and entrapment. AAPG Bulletin, 63: 723-760.

Schumm S A. 1993. River response to baselevel change, implications for sequence stratigraphy. The Journal of Geology Geology, 101: 279-294.

Serge B, Pierre V, Francois G, *et al*. 2002. Pleistocene forced regressions and tidal sand ridges in the East China Sea. Marine Geology, 188: 293-315.

Shaw J, Amos C L, Greenberg D A, *et al*. 2010. Catastrophic tidal expansion in the Bay of Fundy, Canada. Canadian Journal of Earth Sciences, 47:1079-1091.

Shen P, Shen Y C, Liu T B, *et al*. 2008a. Geology and geochemistry of the Early Carboniferous Eastern Sawur caldera complex and associated gold epithermal mineralization, Sawur Mountains, Xinjiang, China. Journal of Asian Earth Sciences, 32: 259-279.

Shen P, Shen Y C, Liu T B, *et al*. 2008b. Prediction of hidden Au and Cu-Ni ores from depleted mines in northwestern China: Four case studies of integrated geological and geophysical investigations. Miner Deposita, 43: 499-517.

Shurr G W, Ridgley J L. 2002. Unconventional shallow biogenic gas systems. AAPG Bulletin, 86(11): 1939-1969.

Simms A R, Anderson J B, Taha Z P, *et al*. 2006. Overfilled versus underfilled incised valleys: Examples from the Quaternary Gulf of Mexico//Dalrymple R W, Leckie D A, Tillman R W (eds.). Incised valleys in Time and Space. SEPM Special Publication, 85: 117-140.

Sivrikaya O, Toğrol E. 2006. Determination of undrained strength of fine-grained soils by means of SPT and its application in Turkey. Engineering Geology, 86: 52-69.

Soli G G. 1957. Microorganisms and geochemical methods of oil prospecting. AAPG Bulletin, 41: 134-145.

Stewart M, North L. 2006. A borehole geophysical method for detection and quantification of dense, non-aqueous phase liquids (DNAPL) in saturated soils. Journal of Applied Geophysics, 60: 87-99.

Styllas M. 2014. A simple approach to define Holocene sequence stratigraphy using borehole and cone penetration test data. Sedimentology, 61: 444-460.

Surdam R C, Jiao Z S, Ganshin Y. 2003. A new approach to exploring for anomalously pressured gas accumulations: The key to unlocking huge, unconventional gas resources. Geological Journal of China Universities, 9(3): 307-338.

Ta T K O, Nguyen V L, Tateishi M, et al. 2001. Sedimentary facies, diatom and foraminifer assemblages in a late Pleistocene-Holocene incised-valley sequence from the Mekong River Delta, Bentre Province, Southern Vietnam: the BT2 core. Journal of Asian Earth Sciences, 20: 83-94.

Tanabe S, Nakanishi T, Matsushima H, et al. 2013. Sediment accumulation patterns in a tectonically subsiding incised valley: Insight from the Echigo Plain, central Japan. Marine Geology, 336: 33-43.

Tessier B. 2012. Stratigraphy of tide-dominated estuaries//Davis Jr R A, Dalrymple R W (eds.). Principles of tidal sedimentology. New York: Springer Verlag.

Tillmann A, Englert A, Nyari Z, et al. 2008. Characterization of subsoil heterogeneity, estimation of grain size distribution and hydraulic conductivity at the Krauthausen test site using Cone Penetration Test. Journal of Contaminant Hydrology, 95: 57-75.

Tingay M R P, Hillis R R, Swarbrick R E, et al. 2009. Origin of overpressure and pore-pressure prediction in the Baram province, Brunei. AAPG Bulletin, 93: 51-74.

Tjallingii R, Stattegger K, Wetzel A, et al. 2010. Infilling and flooding of the Mekong River incised valley during deglacial sea-level rise. Quaternary Science Reviews, 29(11-12): 1432-1444.

Torres-Verdin C, Bostick F X. 1992. Implications of the Born approximation for the magnetotelluric problem in 3-dimensional environments. Geophysics, 57: 587-602

Uehara K, Saito Y. 2003. Late Quaternary evolution of the Yellow/East China Sea tidal regime and its impacts on sediments dispersal and seafloor morphology. Sedimentary Geology, 162: 25-38.

Uehara K, Saito Y, Hori K. 2002. Paleotidal regime in the Changjiang (Yangtze) estuary, the East China Sea, and the Yellow Sea at 6 ka and 10 ka estimated from a numerical model. Marine Geology, 183: 179-192.

Van Ruth P, Hillis R, Tingate P. 2004. The origin of overpressure in the Carnarvon Basin, Western Australia: Implications for pore pressure prediction. Petroleum Geoscience, 10: 247-257.

Van Wagoner J C, Posamentier H W, Mitchum R M, et al. 1988. An overview of the fundamentals of sequence stratigraphy and key definitions//Wilgus C K, et al. (eds), Sea-level changes: An integrated approach. SEPM Special Publication, 42: 39-45.

Van Wagoner J C, Mitchum R M, Campion K M, et al. 1990. Siliciclastic sequence stratigraphy in well logs, cores, and outcrops: Concepts for high-resolution correlation of time and facies. Methods in Exploration Series, 7:55.

Van Weering T C E, Klaver G T, Prins R A. 1997. Gas in marine sediments-an introduction. Marine Geology, 137: 1-3.

Vejbaek O V. 2008. Disequilibrium compaction as the cause for Cretaceous-Paleogene overpressures in the Danish North Sea. AAPG Bulletin, 92: 165-180.

Vilks G, Rashid M A, Van Der Linden W J M. 1974. Methane in recent sediments of the Labrador shelf. Canadian Journal of Earth Science, 11:1427-1434.

Villar M V, Pérez del Villar L, Martín P L, et al. 2006. The study of Spanish clays for their use as sealing materials in nuclear waste repositories: 20 years of progress. Journal of Iberian Geology, 32: 15-36.

Vital H, Furtado S F L, Gomes M P. 2010. Response of the Apodi-Mossoro estuary-incised valley system (NE Brazil) to sea-level fluctuations. Brazilian Journal of Oceanography, 58: 13-24.

Wagner M, Piske J, Smit R. 2002. Case histories of microbial prospection for oil and gas, onshore and offshore in northwest Europe//Schumacher D, Leschack L A(eds.). Surface exploration case histories: Applications of geochemistry, magnetics and remote sensing. AAPG Studies in Geology, 48: 453-479.

Warwick P D, Breland F C, Hackley P C. 2008. Biogenic origin of coalbed gas in the northern Gulf of Mexico coastal plain, U.S.A. International Journal of Coal Geology, 76(1/2): 119-137.

Watts N L. 1987. Theoretical aspects of cap-rock and fault seals for single and two phase hydrocarbon columns. Marine and Petrolum Geology, 4(4): 274-307.

Weber N, Chaumillon E, Tesson M, et al. 2004. Architecture and morphology of the outer segment of a mixed tide and wave-dominated-incised valley, revealed by HR seismic reflection profiling: The paleo-Charente River, France. Marine Geology, 207: 17-38.

Wescott W A. 1993. Geomorphic thresholds and complex response of fluvial systems-some implications for sequence stratigraphy. AAPG Bulletin. 77: 1208-1218.

Wescott W A. 1997. Channel versus valley: Semantics or significance? properly distinguishing between channels and valleys aids in the exploration and exploitation of related reservoirs. The Leading Edge, 6: 867-873.

Whiticar W J. 1999. Carbon and hydrogen isotope systematics of bacterial formation and oxidation of methane. Chemical Geology, 161(1-3): 291-314.

Whiticar M J, Faber E, Schoell M. 1986. Biogenic methane formation in marine and freshwater environments: CO_2 reduction vs. acetate fermentation-Isotope evidence. Geochimica et Cosmochimica Acta, 50: 693-709.

Wilkinson B H, Bane J R. 1977. Lavaca Bay transgressive deltaic sedimentation in centre Texas Estuary. AAPG Bulletin, 64(4): 527-545.

Woodroffe C D, Chappell J, Thom B G, et al. 1989. Depositional model of a macrotidal estuary and floodplain, South Alligator River, Northern Australia. Sedimentology, 36: 373-756.

Woodroffe C D, Mulrennan M E, Chappell J. 1993. Estuarine infill and coastal progradation, southern van Diemen Gulf, Northern Australia. Sedimentary Geology, 83: 257-275.

Wu Z Y, Jin X L, Cao Z Y. 2010. Distribution, formation and evolution of sand ridges on the East China Sea shelf. Science China, 53: 101-112.

Xu T Y, Shi X F, Wang G Q, et al. 2013. Sedimentary facies of the subaqueous Changjiang River delta since the late Pleistocene. Chinese Journal of Oceanology and Limnology, 31(5): 1107-1119.

Yang C, Sun J. 1988. Tidal sand ridges on the East China Sea shelf//de Bor P L, Van Gelder A, Nio S D (eds.). Tide-influenced sedimentary environments and facies. Reidel, Dordrecht: 23-38.

Yu Q, Wang Y W, Gao S, et al. 2012. Modeling the formation of a sand bar within a large funnel-shaped, tide-dominated estuary: Qiantangjiang Estuary, China. Marine Geology ,(299-302): 63-76.

Yuan Z H. 2008. New advancement on the microbiological exploration for oil and gas in China-an example from the Weixing oilfield, Daqing. Science in China (Series D), 38: 139-145.

Zaitlin B A, Dalrymple R W, Boyd R. 1994. The stratigraphic organization of incised valley systems. SEPM Special Publication, 51: 45-60.

Zehnder A J B, Wuhrmann K. 1977. Physiology of a Methanobacterium strain AZ. Archives of Microbiology, 111: 199-205.

Zhang G J, Li C X. 1996. The fills and stratigraphic sequences in the Qiantangjiang incised paleovalley, China. Journal of Sedimentary Research, 66: 406-414.

Zhang X, Lin C M. 2017. Characteristics of the shallow biogenic gas reservoirs in the modern Changjiang delta area, China. Petroleum Science, 14(2):261-275.

Zhang X, Lin C M, Li Y L, et al. 2013. Sealing mechanism for cap beds of shallow-biogenic gas reservoirs in the Qiantang River incised valley, China. Continental Shelf Research, 69: 155-167.

Zhang X, Lin C M, Dalrymple R W, et al. 2014. Facies architecture and depositional model of a macrotidal incised valley succession (Qiantang River estuary, eastern China), and differences from other macrotidal systems. Geological Society of America Bulletin, 126(3-4): 499-522.

Zhang X, Dalrymple R W, Yang S Y, et al. 2015. Provenance of Holocene sediments in the outer part of the Paleo-Qiantang River estuary, China. Marine Geology, 366: 1-15.

Zhong J H, Shen X H, Ni J R, et al. 2002. The Shenli I point bar on the Yellow River Delta: Three-dimensionalstructures and their evolution. Acta Geologica Sinica, 76: 463-477.

Zhou X J, Gao S. 2004. Spatial variability and representation of seabed sediment grain sizes: An example from the Zhoushan-Jinshanwei transect, Hangzhou Bay, China. Chinese Science Bulletin, 49(23): 2503-2507.